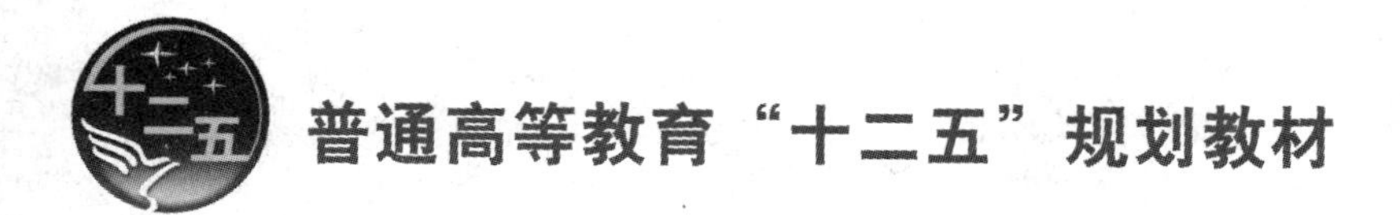

高等数学

GAODENG SHUXUE （下册）

（第二版）

主　编　全贤唐
副主编　张峰荣　范东梅　李明芳
参　编　良　燕　张　洪　田秋野
全长河　金喜子　潘淑霞
吕文砚
主　审　刘　红

中国电力出版社
CHINA ELECTRIC POWER PRESS

内 容 提 要

本书为普通高等教育“十二五”规划教材。全书分上、下两册。本书为下册，共分5章，主要内容包括向量代数与空间解析几何、多元函数微分、多元函数积分、无穷级数、常微分方程等。此外，每节配有适量习题，有利于巩固所学知识；每章的自测题及书末的试题，可供学生自己检查学习效果；书末附习题参考答案，以供参考。本书在内容安排上循序渐进、由浅入深、通俗易懂。

本书可作为普通高等院校高等数学课程教材，也可作为远程、函授等成人教育或高职高专用书，还可作为自学考试的参考用书。

图书在版编目（CIP）数据

高等数学. 下册/全贤唐主编. —2版. —北京：中国电力出版社，2014.8

普通高等教育“十二五”规划教材

ISBN 978-7-5123-6166-9

Ⅰ. ①高… Ⅱ. ①全… Ⅲ. ①高等数学—高等学校—教材 Ⅳ. ①O13

中国版本图书馆CIP数据核字（2014）第148925号

中国电力出版社出版、发行

（北京市东城区北京站西街19号 100005 http://www.cepp.sgcc.com.cn）

航远印刷有限公司印刷

各地新华书店经售

*

2010年3月第一版

2014年8月第二版 2014年8月北京第五次印刷

787毫米×1092毫米 16开本 10.25印张 244千字

定价**21.00**元

前　言

21 世纪的远程教育与函授教育得到迅速的发展，数学作为工程类、经济类重要的基础理论课，受到人们的广泛关注。而教材，在教学实践中，直接关系到教学质量，在引导教学教法、理论联系实际、指导实践等方面具有重要作用。为了培养出具有一定科学素质和职业技能的优秀人才，需要提供适合其发展的教材。但是现阶段适合远程教育与函授教育的教材很少。本教材紧密衔接初等数学，从特殊到一般，从具体到抽象，注重基本概念、基本定理的讲述，并从实际例子出发，内容深入浅出。本教材具有以下特点。

（1）由于远程教育与函授教育的学生基础相差比较大，以及高等数学的核心概念与方法在上册教材中已经有了较系统、全面的介绍，而不同层次学生的高等数学的学习内容主要体现在下册内容的选择上，根据教学大纲的要求，下册教材的内容比较简约。

（2）由于远程教育与函授教育的学生多数在职，教材的内容要体现工作实践的应用性，所以教材中选择了较多的应用问题；有关理论验证性的推导内容，在不影响后继课程学习和实际需要的情况下，适量进行了缩减。

（3）为了学生自查的学习效果，书后配有本科及专科各 3 套模拟试题与答案。

本书由北京科技大学全贤唐担任主编，张峰荣、范东梅、李明芳担任副主编。北京科技大学良燕、北京联合大学张洪、北京城市学院田秋野、中国人寿保险公司全长河、吉林医药学院潘淑霞、东北师范大学金喜子、聚宝中学吕文砚参加了本书的编写工作。全书由首都医科大学刘红担任主审。

限于编者水平，书中难免有不妥和疏漏之处，希望广大读者批评指正。

编　者

2014 年 6 月

目 录

第七章　向量代数与空间解析几何

向量是解决很多数学、物理、力学和工程技术问题的有用工具. 本章先介绍如何在空间直角坐标系中建立向量的坐标表示式，用代数方法讨论向量的运算，然后介绍空间解析几何的基本知识，再以向量为工具讨论平面与直线，以及介绍常见的曲面与曲线.

第一节　空间直角坐标系

（1）将数轴（一维）、平面直角坐标系（二维）进一步推广，建立空间直角坐标系（三维），见图 7-1，其符合右手规则，即以右手握住 z 轴，当右手的四个手指从正向 x 轴以 $\frac{\pi}{2}$ 角度转向正向 y 轴时，大拇指的指向就是 z 轴的正向.

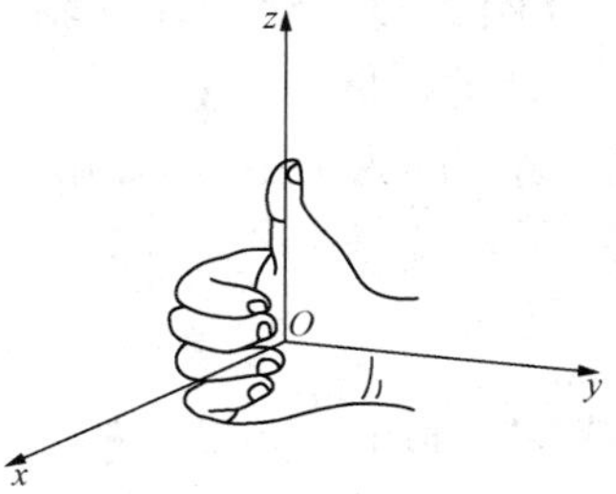

（2）空间直角坐标系共有八个卦限，各轴名称分别为 x 轴、y 轴、z 轴，坐标面分别为 xOy 面、yOz 面、zOx 面. 坐标面以及卦限的划分如图 7-2 所示.

图 7-1

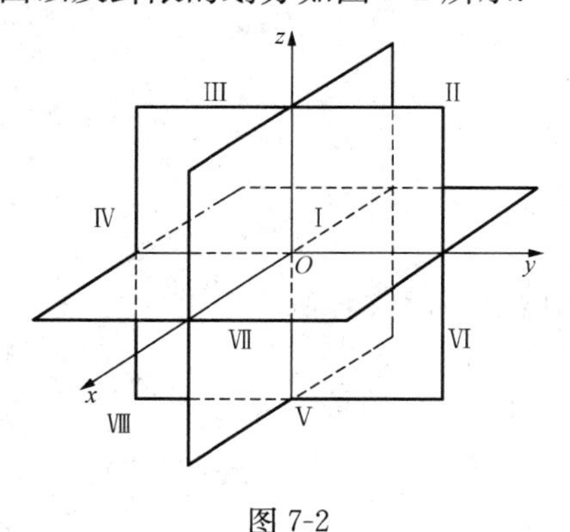

图 7-2

（3）空间点 $M(x,y,z)$ 的坐标表示方法. 通过坐标把空间的点与一个有序数组一一对应起来.

空间直角坐标系的投影点：

空间上的点向某坐标轴作垂线，相交的点称为空间上的点在该数轴上的投影点.

某点在空间中的坐标可用该点在此坐标系的各个坐标轴上的投影来表示.

空间上的点向某坐标平面作垂线，相交的点称为空间上的点在该坐标平面上的投影点.

注意如下特殊点的表示：

1）在原点、坐标轴、坐标面上的点；

2）关于坐标轴、坐标面、原点对称点的表示法.

（4）空间两点间的距离. 若 $M_1(x_1,y_1,z_1)$，$M_2(x_2,y_2,z_2)$ 为空间任意两点，则 M_1M_2 的距离（见图 7-3）利用直角三角形勾股定理计算如下：

$$d^2=|M_1M_2|^2=|M_1N|^2+|NM_2|^2$$
$$=|M_1P|^2+|PN|^2+|NM_2|^2$$

而
$$|M_1P|=|x_2-x_1|$$

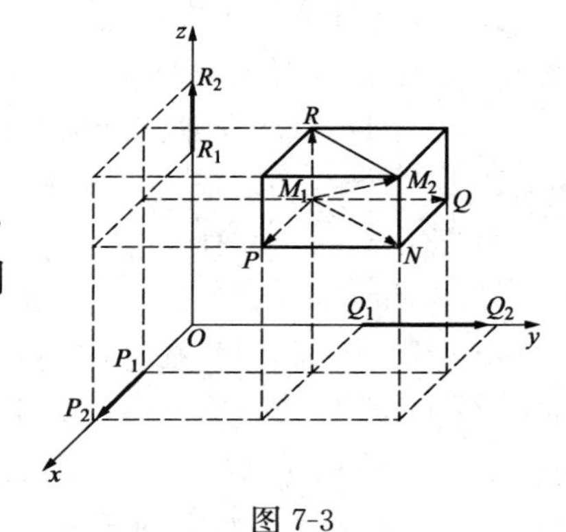

图 7-3

$$|PN| = |y_2 - y_1|$$
$$|NM_2| = |z_2 - z_1|$$

所以

$$d = |M_1M_2| = \sqrt{(x_2 - x_1)^2 + (y_2 - y_1)^2 + (z_2 - z_1)^2}$$

特殊情况：若两点分别为 $M(x,y,z)$，$O(0,0,0)$，则

$$d = |OM| = \sqrt{x^2 + y^2 + z^2}$$

【例 7-1】 求证以 $M_1(4,3,1)$，$M_2(7,1,2)$，$M_3(5,2,3)$ 三点为顶点的三角形是一个等腰三角形.

证 $|M_1M_2|^2 = (4-7)^2 + (3-1)^2 + (1-2)^2 = 14$

$|M_2M_3|^2 = (5-7)^2 + (2-1)^2 + (3-2)^2 = 6$

$|M_3M_1|^2 = (5-4)^2 + (2-3)^2 + (3-1)^2 = 6$

由于 $|M_2M_3| = |M_3M_1|$，原结论成立.

【例 7-2】 设 P 在 x 轴上，它到 $P_1(0,\sqrt{2},3)$ 的距离为到点 $P_2(0,1,-1)$ 距离的两倍，求点 P 的坐标.

解 因为 P 在 x 轴上，设 P 点坐标为 $(x,0,0)$，则

$$|PP_1| = \sqrt{x^2 + (\sqrt{2})^2 + 3^2} = \sqrt{x^2 + 11}$$
$$|PP_2| = \sqrt{x^2 + (-1)^2 + 1^2} = \sqrt{x^2 + 2}$$

因为 $|PP_1| = 2|PP_2|$

所以 $\sqrt{x^2 + 11} = 2\sqrt{x^2 + 2}$

$x = \pm 1$

所求点为 $(1,0,0)$，$(-1,0,0)$.

习题 7-1

1. 是非题（判断下列结论的正误，正确的在括号里面画√，错误的画×）.

(1) 点 A（−4，3，5）在 xOy 平面上的投影点是（−4，3，−5）. （　）

(2) 在 yOz 平面上的投影点是（4，3，5），在 zOx 面上的投影点是（−4，−3，5）. （　）

(3) 在 x 轴上的投影点是（−4，0，0）. （　）

(4) 在 y 轴上的投影点是（0，3，0）. （　）

(5) 在 z 轴上的投影点是（0，0，5）. （　）

2. 填空题（将正确的答案填在横线上）.

(1) 下列各点所在卦限分别是：

1)（1，−2，3）在______；

2)（2，3，−4）在______；

3)（2，−3，−4）在______；

4)（−2，−3，1）在______.

(2) 点 P（−3，2，−1）关于平面 xOy 的对称点是______，关于平面 yOz 的对称点是______，关于平面 zOx 的对称点是______，关于 x 轴的对称点是______，关于 y 轴的对称点是______，关于 z 轴的对称点是______.

(3) 已知空间直角坐标系下，立方体的4个顶点为$A(-a,-a,-a)$，$B(a,-a,-a)$，$C(-a,a,-a)$和$D(a,a,a)$，则其余顶点分别为______，______，______，______.

3. 已知平行四边形$ABCD$的两个顶点$A(2,-3,-5)$，$B(-1,3,2)$及它的对角线交点$E(4,-1,7)$，求顶点C，D的坐标.

4. 已知某直线线段AB被点$C(2,0,2)$及点$D(5,-2,0)$内分为3等份，求端点A，B的坐标.

5. 求点$M(-4,3,-5)$到各坐标轴的距离.

6. 在yOz面上，求与三个已知点$A(3,1,2)$，$B(4,-2,-2)$和$C(0,5,1)$等距离的点.

第二节　向量及其运算

一、向量的概念

(1) **向量**：指既有大小，又有方向的量. 在数学上用有向线段来表示向量，其长度表示向量的大小，方向表示向量的方向. 在数学上只研究与起点无关的自由向量（以后简称向量）.

(2) **向量的表示方法有**：$\boldsymbol{a}$、$\boldsymbol{i}$、$\boldsymbol{F}$、$\overrightarrow{OM}$等.

(3) **向量相等**（$\boldsymbol{a}=\boldsymbol{b}$）：如果两个向量大小相等，方向相同，则称两个向量相等（即经过平移后能完全重合的向量）.

(4) **向量的模**：指向量的大小或长度，记为$|\boldsymbol{a}|$、$|\overrightarrow{OM}|$.

模为1的向量称为单位向量，模为零的向量称为零向量. 零向量的方向是任意的.

(5) **向量平行**（$\boldsymbol{a}//\boldsymbol{b}$）：两个非零向量，如果它们的方向相同或相反，则称两个向量平行. 零向量与任何向量都平行.

(6) **负向量**：指大小相等，但方向相反的向量，$\boldsymbol{a}$的负向量记为$-\boldsymbol{a}$.

二、向量的运算

(1) **加减法** $\boldsymbol{a}+\boldsymbol{b}=\boldsymbol{c}$. 加法运算规律为平行四边形法则（有时也称三角形法则），其满足的运算规律有交换率和结合率，见图7-4.

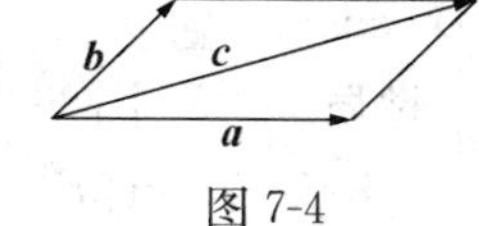

图 7-4

(2) **减法** $\boldsymbol{a}-\boldsymbol{b}=\boldsymbol{c}$，即$\boldsymbol{a}+(-\boldsymbol{b})=\boldsymbol{c}$.

(3) **向量与数的乘法** $\lambda\boldsymbol{a}$. 设λ是一个常数，向量$\boldsymbol{a}$与λ的乘积$\lambda\boldsymbol{a}$规定为

1) $\lambda>0$时，$\lambda\boldsymbol{a}$与$\boldsymbol{a}$同向，$|\lambda\boldsymbol{a}|=\lambda|\boldsymbol{a}|$；

2) $\lambda=0$时，$\lambda\boldsymbol{a}=\boldsymbol{0}$；

3) $\lambda<0$时，$\lambda\boldsymbol{a}$与$\boldsymbol{a}$反向，$|\lambda\boldsymbol{a}|=|\lambda||\boldsymbol{a}|$.

其满足的运算规律有结合率、分配率. 设$\boldsymbol{a}^0$表示与非零向量$\boldsymbol{a}$同方向的单位向量，则$\boldsymbol{a}^0=\dfrac{\boldsymbol{a}}{|\boldsymbol{a}|}$.

定理 7.1　设向量$\boldsymbol{a}\neq\boldsymbol{0}$，则向量$\boldsymbol{b}$平行于$\boldsymbol{a}$的充分必要条件是存在唯一的实数$\lambda$，使$\boldsymbol{b}=\lambda\boldsymbol{a}$.

【例 7-3】　在平行四边形$ABCD$中，设$\overrightarrow{AB}=\boldsymbol{a}$，$\overrightarrow{AD}=\boldsymbol{b}$，试用$\boldsymbol{a}$和$\boldsymbol{b}$表示向量$\overrightarrow{MA}$、$\overrightarrow{MB}$、$\overrightarrow{MC}$和$\overrightarrow{MD}$，这里$M$是平行四边形对角线的交点（见图7-5）.

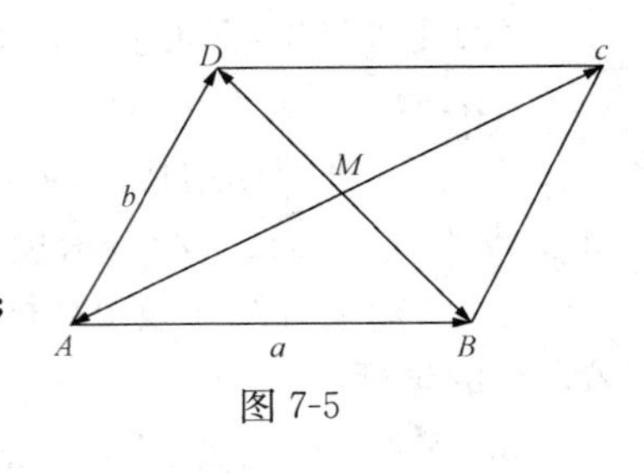

图 7-5

解 $\boldsymbol{a}+\boldsymbol{b}=\overrightarrow{AC}=2\overrightarrow{AM}$，于是 $\overrightarrow{MA}=-\frac{1}{2}(\boldsymbol{a}+\boldsymbol{b})$；

由于 $\overrightarrow{MC}=-\overrightarrow{MA}$，于是 $\overrightarrow{MC}=\frac{1}{2}(\boldsymbol{a}+\boldsymbol{b})$；

又由于 $-\boldsymbol{a}+\boldsymbol{b}=\overrightarrow{BD}=2\overrightarrow{MD}$，于是 $\overrightarrow{MD}=\frac{1}{2}(\boldsymbol{b}-\boldsymbol{a})$；

由于 $\overrightarrow{MB}=-\overrightarrow{MD}$，于是 $\overrightarrow{MB}=-\frac{1}{2}(\boldsymbol{b}-\boldsymbol{a})$.

三、向量的坐标表示

（一）向量在轴上的投影

1. 概念

(1) 轴上有向线段的值：设有一轴 $\boldsymbol{u}$，$\overrightarrow{AB}$ 是轴 $\boldsymbol{u}$ 上的有向线段，如果数 λ 满足 $|\lambda|=|\overrightarrow{AB}|$，且当 $\overrightarrow{AB}$ 与轴 $\boldsymbol{u}$ 同向时 λ 是正的，当 $\overrightarrow{AB}$ 与轴 $\boldsymbol{u}$ 反向时 λ 是负的，则数 λ 称为轴 $\boldsymbol{u}$ 上有向线段 $\overrightarrow{AB}$ 的值，记作 AB，即 $\lambda=AB$. 设 $\boldsymbol{e}$ 是与 $\boldsymbol{u}$ 轴同方向的单位向量，则 $\overrightarrow{AB}=\lambda\boldsymbol{e}$.

(2) 设 A，B，C 是 $\boldsymbol{u}$ 轴上任意三点，不论三点的相互位置如何，总有 $\overrightarrow{AC}=\overrightarrow{AB}+\overrightarrow{BC}$.

(3) 两向量夹角的概念：设有两个非零向量 $\boldsymbol{a}$ 和 $\boldsymbol{b}$，任取空间一点 O，作 $\overrightarrow{OA}=\boldsymbol{a}$，$\overrightarrow{OB}=\boldsymbol{b}$，规定不超过 π 的 $\angle AOB$ 称为向量 $\boldsymbol{a}$ 和 $\boldsymbol{b}$ 的夹角，记为 $(\boldsymbol{a}\hat{,}\boldsymbol{b})$.

(4) 空间一点 A 在轴 $\boldsymbol{u}$ 上的投影：通过点 A 作轴 $\boldsymbol{u}$ 的垂直平面，该平面与轴 $\boldsymbol{u}$ 的交点 A' 称为点 A 在轴 $\boldsymbol{u}$ 上的投影.

(5) 向量 $\overrightarrow{AB}$ 在轴 $\boldsymbol{u}$ 上的投影：设已知向量 $\overrightarrow{AB}$ 的起点 A 和终点 B 在轴 $\boldsymbol{u}$ 上的投影分别为点 A' 和 B'，那么轴 $\boldsymbol{u}$ 上有向线段的值 $A'B'$ 称为向量 $\overrightarrow{AB}$ 在轴 $\boldsymbol{u}$ 上的投影，记作 $\mathrm{Prj}_u\overrightarrow{AB}$.

2. 投影定理

性质 1 向量在轴 $\boldsymbol{u}$ 上的投影等于向量的模乘以轴与向量夹角 φ 的余弦，即 $\mathrm{Prj}_u\overrightarrow{AB}=|\overrightarrow{AB}|\cos\varphi$.

性质 2 两个向量的和在轴上的投影等于两个向量在该轴上的投影之和，即 $\mathrm{Prj}_u(\boldsymbol{a}_1+\boldsymbol{a}_2)=\mathrm{Prj}\boldsymbol{a}_1+\mathrm{Prj}\boldsymbol{a}_2$

性质 3 向量与数的乘积在轴上的投影等于向量在轴上的投影与数的乘积，即

$$\mathrm{Prj}_u(\lambda\boldsymbol{a})=\lambda\mathrm{Prj}\boldsymbol{a}$$

（二）向量在坐标系上的分向量与向量的坐标表示式

1. 向量在坐标系上的分向量与向量的坐标（见图 7-6）

通过坐标法，使平面上或空间的点与有序数组之间建立了一一对应关系，同样地，为了沟通数与向量的研究，需要建立向量与有序数之间的对应关系.

设 $\boldsymbol{a}=\overrightarrow{M_1M_2}$ 是以 $M_1(x_1,y_1,z_1)$ 为起点，$M_2(x_2,y_2,z_2)$ 为终点的向量，$\boldsymbol{i}$、$\boldsymbol{j}$、$\boldsymbol{k}$ 分别表示沿 x、y、z 轴正向的单位向量，并称它们为这一坐标系的基本单位向量，由图 7-6，并应用向量的加法规则可得

$$\overrightarrow{M_1M_2}=(x_2-x_1)\boldsymbol{i}+(y_2-y_1)\boldsymbol{j}+(z_2-z_1)\boldsymbol{k}$$

或

$$\boldsymbol{a}=a_x\boldsymbol{i}+a_y\boldsymbol{j}+a_z\boldsymbol{k}$$

上式称为向量 $\boldsymbol{a}$ 按基本单位向量的分解式.

有序数组 a_x、a_y、a_z 与向量 $\boldsymbol{a}$ 一一对应，向量 $\boldsymbol{a}$ 在三条坐标轴上的投影 a_x、a_y、a_z 就称为向量 $\boldsymbol{a}$ 的坐标，并记为

$$\boldsymbol{a}=(a_x,a_y,a_z)$$

上式称为向量 $\boldsymbol{a}$ 的坐标表示式.

于是，起点为 $M_1(x_1,y_1,z_1)$，终点为 $M_2(x_2,y_2,z_2)$ 的向量可以表示为

$$\overrightarrow{M_1M_2}=(x_2-x_1,y_2-y_1,z_2-z_1)$$

特别情况，点 $M(x,y,z)$ 对于原点 O 的向量为

$$\overrightarrow{OM}=(x,y,z)$$

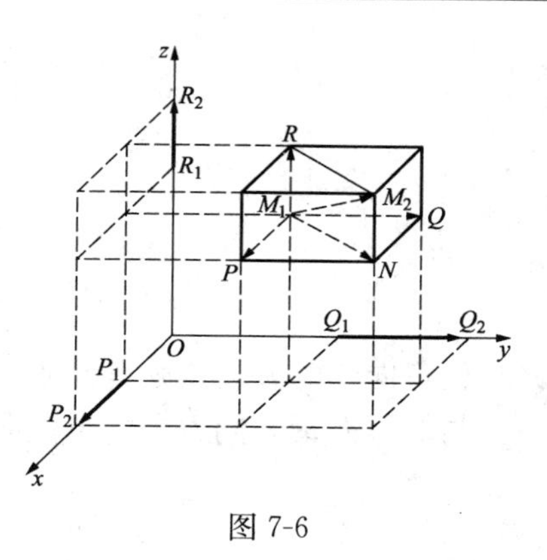

图 7-6

注意：向量在坐标轴上的分向量与向量在坐标轴上的投影有本质区别. 向量 $\boldsymbol{a}$ 在坐标轴上的投影是 a_x、a_y、a_z 三个数，向量 $\boldsymbol{a}$ 在坐标轴上的分向量是 $a_x\boldsymbol{i}$、$a_y\boldsymbol{j}$、$a_z\boldsymbol{k}$ 三个向量.

2. 向量运算的坐标表示

设 $\boldsymbol{a}=(a_x,a_y,a_z)$，$\boldsymbol{b}=(b_x,b_y,b_z)$，即 $\boldsymbol{a}=a_x\boldsymbol{i}+a_y\boldsymbol{j}+a_z\boldsymbol{k}$，$\boldsymbol{b}=b_x\boldsymbol{i}+b_y\boldsymbol{j}+b_z\boldsymbol{k}$，则向量运算的坐标表示如下.

加法：$\boldsymbol{a}+\boldsymbol{b}=(a_x+b_x)\boldsymbol{i}+(a_y+b_y)\boldsymbol{j}+(a_z+b_z)\boldsymbol{k}$

减法：$\boldsymbol{a}-\boldsymbol{b}=(a_x-b_x)\boldsymbol{i}+(a_y-b_y)\boldsymbol{j}+(a_z-b_z)\boldsymbol{k}$

乘数：$\lambda\boldsymbol{a}=(\lambda a_x)\boldsymbol{i}+(\lambda a_y)\boldsymbol{j}+(\lambda a_z)\boldsymbol{k}$

或

$$\boldsymbol{a}+\boldsymbol{b}=(a_x+b_x,a_y+b_y,a_z+b_z)$$
$$\boldsymbol{a}-\boldsymbol{b}=(a_x-b_x,a_y-b_y,a_z-b_z)$$
$$\lambda\boldsymbol{a}=(\lambda a_x,\lambda a_y,\lambda a_z)$$

平行：若 $\boldsymbol{a}\neq\boldsymbol{0}$ 时，向量 $\boldsymbol{b}/\!/\boldsymbol{a}$ 相当于 $\boldsymbol{b}=\lambda\boldsymbol{a}$，即

$$(b_x,b_y,b_z)=\lambda(a_x,a_y,a_z)$$

也相当于向量的对应坐标成比例，即

$$\frac{b_x}{a_x}=\frac{b_y}{a_y}=\frac{b_z}{a_z}$$

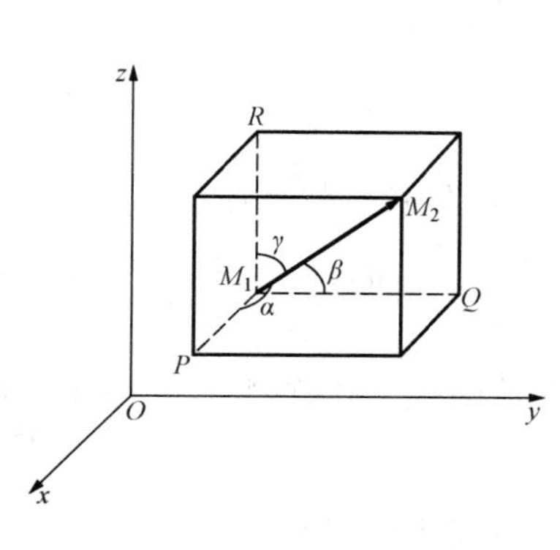

图 7-7

（三）向量的模与方向余弦的坐标表示式

设 $\boldsymbol{a}=(a_x,a_y,a_z)$，可以用它与三个坐标轴的夹角 α、β、γ（均不小于 0，不大于 π）来表示其方向，称 α、β、γ 为非零向量 $\boldsymbol{a}$ 的方向角，见图 7-7，其余弦表示形式 $\cos\alpha$、$\cos\beta$、$\cos\gamma$ 称为方向余弦.

模表示为

$$|\boldsymbol{a}|=\sqrt{a_x^2+a_y^2+a_z^2}$$

方向余弦

由性质 1 知 $\begin{cases}a_x=|\overrightarrow{M_1M_2}|\cos\alpha=|\boldsymbol{a}|\cos\alpha\\ a_y=|\overrightarrow{M_1M_2}|\cos\beta=|\boldsymbol{a}|\cos\beta\\ a_z=|\overrightarrow{M_1M_2}|\cos\gamma=|\boldsymbol{a}|\cos\gamma\end{cases}$，当 $|\boldsymbol{a}|=\sqrt{a_x^2+a_y^2+a_z^2}\neq 0$ 时，有

$$\begin{cases}\cos\alpha = \dfrac{a_x}{|\boldsymbol{a}|} = \dfrac{a_x}{\sqrt{a_x^2 + a_y^2 + a_z^2}} \\ \cos\beta = \dfrac{a_y}{|\boldsymbol{a}|} = \dfrac{a_y}{\sqrt{a_x^2 + a_y^2 + a_z^2}} \\ \cos\gamma = \dfrac{a_z}{|\boldsymbol{a}|} = \dfrac{a_z}{\sqrt{a_x^2 + a_y^2 + a_z^2}}\end{cases}$$

任意向量的方向余弦有性质：$\cos^2\alpha + \cos^2\beta + \cos^2\gamma = 1$.

与非零向量 $\boldsymbol{a}$ 同方向的单位向量为

$$\boldsymbol{a}^0 = \frac{\boldsymbol{a}}{|\boldsymbol{a}|} = \frac{1}{|\boldsymbol{a}|}\{a_x, a_y, a_z\} = \{\cos\alpha, \cos\beta, \cos\gamma\}$$

【例 7-4】 已知两点 $M_1(2,2,\sqrt{2})$，$M_2(1,3,0)$，计算向量 $\overrightarrow{M_1M_2}$ 的模、方向余弦、方向角以及与 $\overrightarrow{M_1M_2}$ 同向的单位向量.

解 $\overrightarrow{M_1M_2} = \{1-2,\ 3-2,\ 0-\sqrt{2}\} = \{-1, 1, -\sqrt{2}\}$

$$|\overrightarrow{M_1M_2}| = \sqrt{(-1)^2 + 1^2 + (-\sqrt{2})^2} = 2$$

$$\cos\alpha = -\frac{1}{2},\ \cos\beta = \frac{1}{2},\ \cos\gamma = -\frac{\sqrt{2}}{2}$$

$$\alpha = \frac{2\pi}{3},\ \beta = \frac{\pi}{3},\ \gamma = \frac{3\pi}{4}$$

设 $\boldsymbol{a}^0$ 为与 $\overrightarrow{M_1M_2}$ 同向的单位向量，由于 $\boldsymbol{a}^0 = \{\cos\alpha, \cos\beta, \cos\gamma\}$，则

$$\boldsymbol{a}^0 = \left(-\frac{1}{2}, \frac{1}{2}, -\frac{\sqrt{2}}{2}\right)$$

习题 7-2

1. 是非题（判断下列结论的正误，正确的在括号里面画√，错误的画×）.

(1) 设向量 $\boldsymbol{b} = (1, k, 2)$ 与 $\boldsymbol{a} = (2, -1, 4)$ 平行，则 $k=0.5$. （　）

(2) 点 $(2, -1, 1)$ 与 z 轴的距离是 1. （　）

2. 填空题（将正确的答案填在横线上）

(1) 已知某向量 $\boldsymbol{b}$ 与 $\boldsymbol{a}$ 平行，方向相反，且 $|\boldsymbol{b}| = 2|\boldsymbol{a}|$，则 $\boldsymbol{b}$ 由 $\boldsymbol{a}$ 表示为______.

(2) 已知梯形 $OABC$，$\overrightarrow{CB} // \overrightarrow{OA}$ 且 $|\overrightarrow{CB}| = 1/2|\overrightarrow{OA}|$，若 $\overrightarrow{OA} = \boldsymbol{a}$，$\overrightarrow{OC} = \boldsymbol{b}$，则 $\overrightarrow{AB} =$ ______.

(3) 一向量的终点为点 $B(2, 1, -7)$，它在 x、y、z 轴上的投影依次为 4，-4 和 7，则这个向量的起点 A 的坐标为______.

(4) 设向量的模是 4，它与某数轴的夹角是 $\dfrac{\pi}{3}$，则它在该数轴上的投影为______.

(5) 已知 $A(4, 0, 5)$，$B(7, 1, 3)$，则 $\overrightarrow{AB}^0 =$ ______.

3. 一向量的起点为 $A(1, 4, -2)$，终点为 $B(-1, 5, 0)$，求在 x、y、z 上的投影，并求 $|\overrightarrow{AB}|$.

4. 已知两点 $M_1(4, \sqrt{2}, 1)$，$M_2(3, 0, 2)$，计算向量 $\overrightarrow{M_1M_2}$ 的模、方向余弦和方向角.

5. 已知 $\boldsymbol{a}=(3,5,4)$, $\boldsymbol{b}=(-6,1,2)$, $\boldsymbol{c}=(0,-3,-4)$，求 $2\boldsymbol{a}-3\boldsymbol{b}+4\boldsymbol{c}$ 及其单位向量.

6. 一向量与 x、y 轴的夹角相等，而与 z 轴的夹角是前者的两倍，求该向量的方向角.

7. 已知向量 $\boldsymbol{a}$ 与三坐标轴成相等的锐角，求它的方向余弦，若 $|\boldsymbol{a}|=2$，求向量的坐标.

8. 设 $\boldsymbol{a}=3\boldsymbol{i}+5\boldsymbol{j}+8\boldsymbol{k}$, $\boldsymbol{b}=2\boldsymbol{i}-4\boldsymbol{j}-7\boldsymbol{k}$, $\boldsymbol{c}=5\boldsymbol{i}+\boldsymbol{j}-4\boldsymbol{k}$，求向量 $\boldsymbol{l}=4\boldsymbol{a}+3\boldsymbol{b}-\boldsymbol{c}$ 在 x 轴上的投影以及在 y 轴上的分向量.

9. 已知两向量 $\boldsymbol{a}=(\lambda,5,-1)$, $\boldsymbol{b}=(3,1,\mu)$ 互相平行，求 λ、μ 的值.

第三节　数量积、向量积

一、数量积

定义 7.1　$\boldsymbol{a}\cdot\boldsymbol{b}=|\boldsymbol{a}||\boldsymbol{b}|\cos\theta$，式中 θ 为向量 $\boldsymbol{a}$ 与 $\boldsymbol{b}$ 的夹角.

物理意义：物体在常力 $\boldsymbol{F}$ 作用下沿直线位移 $\boldsymbol{s}$，所做的功为

$$W=|\boldsymbol{F}||\boldsymbol{s}|\cos\theta$$

其中 θ 为 $\boldsymbol{F}$ 与 $\boldsymbol{s}$ 的夹角.

性质 1　$\boldsymbol{a}\cdot\boldsymbol{a}=|\boldsymbol{a}|^2$.

性质 2　两个非零向量 $\boldsymbol{a}$ 与 $\boldsymbol{b}$ 垂直（即 $\boldsymbol{a}\perp\boldsymbol{b}$）的充分必要条件为 $\boldsymbol{a}\cdot\boldsymbol{b}=0$.

性质 3　$\boldsymbol{a}\cdot\boldsymbol{b}=\boldsymbol{b}\cdot\boldsymbol{a}$.

性质 4　$(\boldsymbol{a}+\boldsymbol{b})\cdot\boldsymbol{c}=\boldsymbol{a}\cdot\boldsymbol{c}+\boldsymbol{b}\cdot\boldsymbol{c}$.

性质 5　$(\lambda\boldsymbol{a})\cdot\boldsymbol{c}=\lambda(\boldsymbol{a}\cdot\boldsymbol{c})$（$\lambda$ 为数）

等价公式如下：

(1) 坐标表示式：设 $\boldsymbol{a}=\{a_x,a_y,a_z\}$，$\boldsymbol{b}=\{b_x,b_y,b_z\}$ 则

$$\boldsymbol{a}\cdot\boldsymbol{b}=a_xb_x+a_yb_y+a_zb_z$$

(2) 投影表示式为

$$\boldsymbol{a}\cdot\boldsymbol{b}=|\boldsymbol{a}|\mathrm{Prj}_a\boldsymbol{b}=|\boldsymbol{b}|\mathrm{Prj}_b\boldsymbol{a}$$

(3) 两向量夹角可以由 $\cos\theta=\dfrac{\boldsymbol{a}\cdot\boldsymbol{b}}{|\boldsymbol{a}||\boldsymbol{b}|}$ 式求解.

【例 7-5】　已知三点 M（1，1，1），A（2，2，1）和 B（2，1，2），求 $\angle AMB$.

提示：先求出向量 $\overrightarrow{MA}$ 及 $\overrightarrow{MB}$，应用求夹角的公式.

解　$\cos\angle AMB=\dfrac{\overrightarrow{MA}\cdot\overrightarrow{MB}}{|AM||MB|}=\dfrac{-1}{\sqrt{2}}=-\dfrac{\sqrt{2}}{2}$

$$\angle AMB=135^\circ$$

二、向量积

概念　设向量 $\boldsymbol{c}$ 是由向量 $\boldsymbol{a}$ 与 $\boldsymbol{b}$ 按下列方式定义：

(1) $\boldsymbol{c}$ 的模 $|\boldsymbol{c}|=|\boldsymbol{a}||\boldsymbol{b}|\sin\theta$，式中 θ 为向量 $\boldsymbol{a}$ 与 $\boldsymbol{b}$ 的夹角.

(2) $\boldsymbol{c}$ 的方向垂直于 $\boldsymbol{a}$ 与 $\boldsymbol{b}$ 的平面，指向按右手规则从 $\boldsymbol{a}$ 转向 $\boldsymbol{b}$ 时大拇指的方向.

注意：数量积得到的是一个数值，而向量积得到的是向量.

公式为

$$\boldsymbol{c}=\boldsymbol{a}\times\boldsymbol{b}$$

性质 1　$\boldsymbol{a}\times\boldsymbol{a}=0$

性质 2 两个非零向量 $\boldsymbol{a}$ 与 $\boldsymbol{b}$ 平行（$\boldsymbol{a}/\!/\boldsymbol{b}$）的充分必要条件为 $\boldsymbol{a}\times\boldsymbol{b}=0$.

性质 3 $\boldsymbol{a}\times\boldsymbol{b}=-\boldsymbol{b}\times\boldsymbol{a}$.

性质 4 $(\boldsymbol{a}+\boldsymbol{b})\times\boldsymbol{c}=\boldsymbol{a}\times\boldsymbol{c}+\boldsymbol{b}\times\boldsymbol{c}$.

性质 5 $(\lambda\boldsymbol{a})\times\boldsymbol{c}=\boldsymbol{a}\times(\lambda\boldsymbol{c})=\lambda(\boldsymbol{a}\times\boldsymbol{c})$（$\lambda$ 为数）.

等价公式如下.

(1) 坐标表示式：设 $\boldsymbol{a}=(a_x,a_y,a_z)$，$\boldsymbol{b}=(b_x,b_y,b_z)$ 则

$$\boldsymbol{a}\times\boldsymbol{b}=(a_yb_z-a_zb_y)\boldsymbol{i}+(a_zb_x-a_xb_z)\boldsymbol{j}+(a_xb_y-a_yb_x)\boldsymbol{k}$$

(2) 行列式表示式为

$$\boldsymbol{a}\times\boldsymbol{b}=\begin{vmatrix}\boldsymbol{i}&\boldsymbol{j}&\boldsymbol{k}\\a_x&a_y&a_z\\b_x&b_y&b_z\end{vmatrix}$$

【例 7-6】 已知三角形 ABC 的顶点分别为 A（1，2，3），B（3，4，5）和 C（2，4，7），求三角形 ABC 的面积.

解 根据向量积的定义，$S_{\Delta ABC}=\dfrac{1}{2}|\overrightarrow{AB}||\overrightarrow{AC}|\sin\angle A=\dfrac{1}{2}|\overrightarrow{AB}\cdot\overrightarrow{AC}|$

由于 $\overrightarrow{AB}=(2,\ 2,\ 2)$，$\overrightarrow{AC}=(1,\ 2,\ 4)$

因此 $\overrightarrow{AB}\times\overrightarrow{AC}=\begin{vmatrix}\boldsymbol{i}&\boldsymbol{j}&\boldsymbol{k}\\2&2&2\\1&2&4\end{vmatrix}=4\boldsymbol{i}-6\boldsymbol{j}+2\boldsymbol{k}$

于是 $S_{\Delta ABC}=\dfrac{1}{2}|\overrightarrow{AB}\cdot\overrightarrow{AC}|=\dfrac{1}{2}\sqrt{4^2+(-6)^2+2^2}=\sqrt{14}$

习题 7-3

1. 填空题（将正确的答案填在横线上）.

(1) 已知 $\boldsymbol{a},\boldsymbol{b},\boldsymbol{c}$ 为单位向量，且满足 $\boldsymbol{a}+\boldsymbol{b}+\boldsymbol{c}=\boldsymbol{0}$，则 $\boldsymbol{a}\cdot\boldsymbol{b}+\boldsymbol{b}\cdot\boldsymbol{c}+\boldsymbol{c}\cdot\boldsymbol{a}=$______.

(2) 若向量 $\boldsymbol{b}$ 与向量 $\boldsymbol{a}=(2,-1,2)$ 共线，且 $\boldsymbol{a}\cdot\boldsymbol{b}=-18$，则 $\boldsymbol{b}=$______.

(3) 已知 $|\boldsymbol{a}|=3,|\boldsymbol{b}|=5$，当 $\lambda=$______时，$\boldsymbol{a}+\lambda\boldsymbol{b}$ 与 $\boldsymbol{a}-\lambda\boldsymbol{b}$ 互相垂直.

(4) 已知 $|\boldsymbol{a}|=2,|\boldsymbol{b}|=3,|\boldsymbol{a}-\boldsymbol{b}|=\sqrt{7}$，则 $(\widehat{\boldsymbol{a},\boldsymbol{b}})=$______.

(5) 已知 $\boldsymbol{a}$ 与 $\boldsymbol{b}$ 垂直，且 $|\boldsymbol{a}|=5,|\boldsymbol{b}|=12$，则 $|\boldsymbol{a}+\boldsymbol{b}|=$______，$|\boldsymbol{a}-\boldsymbol{b}|=$______.

(6) 向量 $\boldsymbol{a},\boldsymbol{b},\boldsymbol{c}$ 两两垂直，且 $|\boldsymbol{a}|=1,|\boldsymbol{b}|=2,|\boldsymbol{c}|=3$，则 $\boldsymbol{s}=\boldsymbol{a}+\boldsymbol{b}+\boldsymbol{c}$ 的长度为______.

2. 是非题（判断下列结论的正误，正确的在括号里面画√，错误的画×）.

已知 $\boldsymbol{a}=(2,-1,2)$，$\boldsymbol{b}=(1,4,1)$，则：

(1) $\boldsymbol{a}$ 与 $\boldsymbol{b}$ 的夹角为 $90°$. （　）

(2) $\boldsymbol{a}$ 在 $\boldsymbol{b}$ 上的投影为 0. （　）

3. 已知 $|\boldsymbol{a}|=3,|\boldsymbol{b}|=36,|\boldsymbol{a}\times\boldsymbol{b}|=72$，求 $\boldsymbol{a}\cdot\boldsymbol{b}$.

4. 已知 A（1，−1，2），B（5，−6，2），C（1，3，−1），求：

(1) 同时与 $\overrightarrow{AB}$ 及 $\overrightarrow{AC}$ 垂直的单位向量；

(2) $\triangle ABC$ 的面积；

(3) 从顶点 A 到边 BC 的高的长度.

第四节　曲面及其方程

曲面在空间解析几何中被看成是动点的几何轨迹. 动点的轨迹也能够用方程或方程组来表示，从而得到曲面方程的概念.

定义 7.2　如果曲面 S 与三元方程

$$F(x,y,z)=0 \tag{7-1}$$

有下述关系：

(1) 曲面 S 上任一点的坐标都满足式 (7-1)；

(2) 不在曲面 S 上的点的坐标都不满足式 (7-1).

则式 (7-1) 就称为曲面 S 的方程，而曲面 S 就称为式 (7-1) 的图形.

常见曲面如下.

1. 球面

【例 7-7】　建立球心在 $M_0(x_0,y_0,z_0)$、半径为 R 的球面的方程.

解　设 $M_0(x_0,y_0,z_0)$ 是球面上的任一点，则

$$|M_0M|=R$$

即

$$\sqrt{(x-x_0)^2+(y-y_0)^2+(z-z_0)^2}=R$$

或

$$(x-x_0)^2+(y-y_0)^2+(z-z_0)^2=R^2$$

特别情况：如果球心在原点，则球面方程为（讨论旋转曲面）$x^2+y^2+z^2=R^2$

2. 线段的垂直平分面（平面方程）

【例 7-8】　设有点 $A(1,2,3)$ 和 $B(2,-1,4)$，求线段 AB 的垂直平分面的方程.

解　由题意知道，所求平面为与 A 和 B 等距离的点的轨迹，设 $M(x,y,z)$ 是所求平面上的任一点，由于 $|MA|=|MB|$，则

$$\sqrt{(x-1)^2+(y-2)^2+(z-3)^2}=\sqrt{(x-2)^2+(y+1)^2+(z-4)^2}$$

化简得所求方程为

$$2x-6y+2z-7=0$$

研究空间曲面有以下两个基本问题：

(1) 已知曲面作为点的轨迹时，求曲面方程.

(2) 已知坐标间的关系式，研究曲面形状.

3. 旋转曲面

定义 7.3　以一条平面曲线绕其平面上的一条直线旋转一周所成的曲面称为旋转曲面，旋转曲线和定直线依次称为旋转曲面的母线和轴.

旋转曲面的方程如下：

设在 yOz 坐标面上有一已知曲线 C，其方程为

$$f(y,z)=0$$

使该曲线绕 z 轴旋转一周，就得到一个以 z 轴为轴的旋转曲面，设 $M_1(0,y_1,z_1)$ 为曲线 C 上的任一点，则有

$$f(y_1, z_1) = 0 \tag{7-2}$$

当曲线 C 绕 z 轴旋转时，点 M_1 也绕 z 轴旋转到另一任意点 $M(x,y,z)$，这时 $z=z_1$ 保持不变，且点 M 到 z 轴的距离为

$$d = \sqrt{x^2+y^2} = |y_1|$$

将 $z_1=z$，$y_1=\pm\sqrt{x^2+y^2}$ 代入式（7-2），就有螺旋曲面的方程为

$$f(\pm\sqrt{x^2+y^2}, z) = 0$$

无论旋转曲面绕哪个轴旋转，该变量都不变，另外的变量将缺的变量补上，改成正、负二者的完全平方根形式.

常用旋转曲面为锥面［直线绕直线旋转，两直线的夹角为 α（$0°<\alpha<90°$）］，其方程为

$$z^2 = a^2(x^2+y^2)$$

$$a = \cot\alpha$$

4. 柱面

定义 7.4 平行于定直线，并沿定曲线 C 移动的直线 L 形成的轨迹称为柱面.

定曲线 C：准线　　动直线 L：母线

(1) 特征：x、y、z 三个变量中若缺一个，例如 y，则表示母线平行于 y 轴的柱面.

(2) 常用的柱面：

1) 圆柱面：$x^2+y^2=R^2$（母线平行于 z 轴）.

2) 抛物柱面：$y^2=2x$（母线平行于 z 轴）.

习题 7-4

1. 是非题（判断下列结论的正误，正确的在括号里面画√，错误的画×）.

(1) 任意一个二元函数 $z=f(x,y)$ 的图形都是一个空间上的曲面.（　）

(2) 平面上的任意一个二次曲线方程在空间上都是一个柱面.（　）

2. 填空题（将正确的答案填在横线上）.

(1) 以点（1，2，3）为球心，且过点（0，0，1）的球面方程是______.

(2) 将 xOz 坐标面上的抛物线 $z^2=5x$ 绕 x 轴旋转而成的曲面方程是______.

(3) 将 xOy 坐标面上的圆 $x^2+(y-1)^2=2$ 绕 y 轴旋转一周所生成的球面方程是______，且球心坐标是______，半径为______.

(4) 方程 $\frac{x^2}{2}+\frac{y^2}{2}-\frac{z^2}{3}=0$ 表示旋转曲面，其旋转轴是______.

(5) 方程 $y^2=z$ 在平面解析几何中表示______，在空间解析几何中表示______.

3. 画出下列各图：

(1) yOz 坐标面上 $z^2=y$ 绕 y 轴旋转而成的曲面.

(2) 由 $x+z=1, x^2+y^2=1$ 和 $z=0$ 所围成的立体表面.

(3) $-\frac{x^2}{4}+\frac{y^2}{9}=1$.

4. 作出下列不等式所确定的空间区域：

(1) $x^2+y^2\leqslant 1, z\leqslant 4-(x^2+y^2), z\geqslant 0$；

(2) $x^2+4y^2\leqslant 2z, z\leqslant 2$；

(3) $2x^2+y^2+3z^2\leqslant 16, x\geqslant 0, y\geqslant 0, z\geqslant 0$；

(4) $-x^2-y^2+4z^2\geqslant 4, |z|\leqslant 2$.

第五节　空间曲线及其方程

一、空间曲线的一般方程

空间曲线可以看作两个曲面的交线，故可以两个曲面联立方程组的形式来表示曲线，即

$$\begin{cases}F(x,y,z)=0\\G(x,y,z)=0\end{cases}$$

特点：曲线上的点都满足方程，满足方程的点都在曲线上，不在曲线上的点不能同时满足两个方程.

二、空间曲线的参数方程

将曲线 C 上的动点坐标表示为参数 t 的函数，即

$$\begin{cases}x=x(t)\\y=y(t)\\z=z(t)\end{cases}$$

当给定 $t=t_1$ 时，就得到曲线上的一个点 (x_1,y_1,z_1)，随着参数的变化可得到曲线上的全部点.

三、空间曲线在坐标面上的投影

设空间曲线 C 的一般方程为

$$\begin{cases}F(x,y,z)=0\\G(x,y,z)=0\end{cases}\tag{7-3}$$

消去其中一个变量（例如 z）得到方程

$$H(x,y)=0\tag{7-4}$$

曲线的所有点都在式（7-4）所表示的曲面（柱面）上.

此柱面（垂直于 xOy 平面）称为投影柱面，投影柱面与 xOy 平面的交线称为空间曲线 C 在 xOy 面上的投影曲线，简称投影，用方程表示为

$$\begin{cases}H(x,y)=0\\z=0\end{cases}$$

同理可以求出空间曲线 C 在其他坐标面上的投影曲线.

在重积分和曲面积分中，还需要确定立体或曲面在坐标面上的投影，这时要利用投影柱面和投影曲线.

【例 7-9】　设一个立体由上半球面 $z=\sqrt{4-x^2-y^2}$ 和锥面 $z=\sqrt{3(x^2-y^2)}$ 所围成，见图 7-8，求它在 xOy 面上的投影.

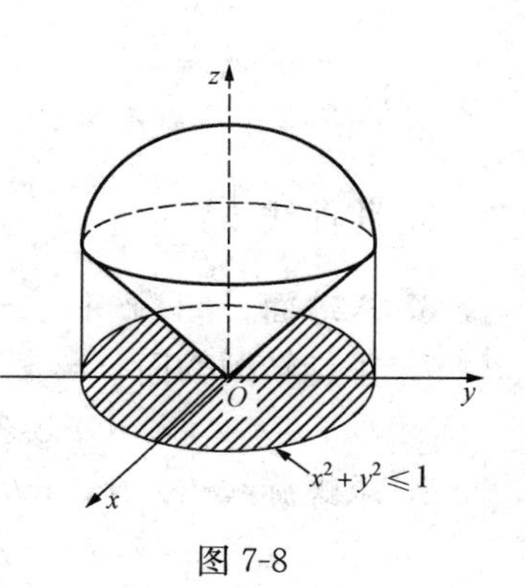

图 7-8

解　半球面与锥面的交线 C 为 $\begin{cases}z=\sqrt{4-x^2-y^2}\\z=\sqrt{3(x^2+y^2)}\end{cases}$，消

去 z，并将等式两边平方整理得投影曲线为

$$\begin{cases} x^2+y^2=1 \\ z=0 \end{cases}$$

即 xOy 平面上以原点为圆心、1 为半径的圆. 立体在 xOy 平面上的投影为圆所围成的部分，即

$$x^2+y^2\leqslant 1$$

习题 7-5

1. 填空题（将正确的答案填在横线上）.

(1) 在空间直角坐标系中方程 $\begin{cases} \dfrac{x^2}{9}-\dfrac{z^2}{4}=1 \\ x-2=0 \end{cases}$ 表示______.

(2) 用平面 $x=h$ 去截双叶双曲面 $\dfrac{x^2}{a^2}-\dfrac{y^2}{b^2}+\dfrac{z^2}{c^2}=-1$，所得截痕是______；若用平面 $y=k(k^2>b^2)$ 截上述曲面，则所得截痕是______.

(3) 二次曲面 $z=\dfrac{x^2}{a^2}+\dfrac{y^2}{b^2}$ 与平面 $y=h$ 相截，其截痕是空间中的______.

2. 是非题（判断下列结论的正误，正确的在括号里面画√，错误的画×）.

(1) 曲面 $x^2-y^2=z$ 在 xOz 坐标面上的截痕是一条 xOz 平面上的曲线. （　　）

(2) 双曲抛物面 $x^2-\dfrac{y^2}{3}=2z$ 与 xOy 坐标面的交线是 xOy 平面上的抛物线. （　　）

(3) 由曲面 $z=\sqrt{x^2+y^2}$ 与 $z=\sqrt{R^2-x^2-y^2}$ 所围成的有界区域用不等式组可表示为 $x^2+y^2\leqslant R^2$. （　　）

3. 指出下列方程所表示的曲线：

(1) $\begin{cases} x^2+4y^2+9z^2=36 \\ y=1 \end{cases}$；

(2) $\begin{cases} y^2+z^2-4x+8=0 \\ y=4 \end{cases}$.

4. 画出下列曲线在第一卦限的图形：

(1) $\begin{cases} z=\sqrt{4-x^2-y^2} \\ x-y=0 \end{cases}$；

(2) $\begin{cases} x^2+y^2=a^2 \\ x^2+z^2=a^2 \end{cases}$.

5. 将曲线 $\begin{cases} x^2+y^2+z^2=9 \\ y=x \end{cases}$ 化为参数方程.

6. 求球面 $x^2+y^2+z^2=9$ 与平面 $x+z=1$ 的交线在 xOy 面上的投影曲线方程.

7. 求旋转抛物面 $z=x^2+y^2(0\leqslant z\leqslant 4)$ 在三坐标面上的投影.

8. 求螺旋线 $\begin{cases} x=a\cos\theta \\ y=a\sin\theta \\ z=b\theta \end{cases}$ 在三个坐标面上投影曲线的直角坐标方程.

9. 面 $z=\sqrt{a^2-x^2-y^2}$，柱面 $x^2+y^2-ax=0$ 及平面 $z=0$ 所围成的立体在 xOy 面上和 zOx 面上的投影.

第六节　平面及其方程

一、平面的点法式方程

定义 7.5　垂直于一平面的非零向量称为平面的法线向量．平面内的任一向量均与该平面的法线向量垂直.

以下为平面的点法式方程.

已知平面上的一点 $M_0(x_0,y_0,z_0)$（见图 7-9）和它的一个法线向量 $\boldsymbol{n}=\{A,B,C\}$，对平面上的任一点 $M(x,y,z)$，有向量 $\overrightarrow{M_0M}\perp\boldsymbol{n}$，即

$$\boldsymbol{n}\cdot\overrightarrow{M_0M}=0$$

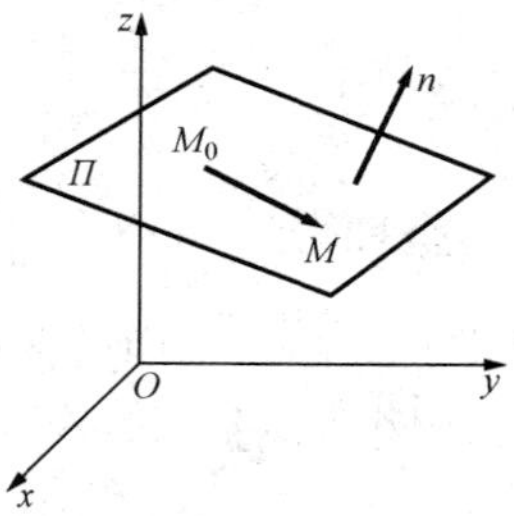

代入坐标式有

$$A(x-x_0)+B(y-y_0)+C(z-z_0)=0\qquad(7\text{-}5)$$

图 7-9

式（7-5）即平面的点法式方程.

【例 7-10】　求过三点 M_1（2，−1，4），M_2（−1，3，−2）和 M_3（0，2，3）的平面方程.

解　先找出该平面的法向量 $\boldsymbol{n}$，即

$$\boldsymbol{n}=\overrightarrow{M_1M_2}\cdot\overrightarrow{M_1M_3}=\begin{vmatrix}\boldsymbol{i}&\boldsymbol{j}&\boldsymbol{k}\\-3&4&-6\\-2&3&-1\end{vmatrix}=14\boldsymbol{i}+9\boldsymbol{j}-\boldsymbol{k}$$

由式（7-5）得平面方程为

$$14(x-2)+9(y+1)-(z-4)=0$$

即

$$14x+9y-z-15=0$$

二、平面的一般方程

任一平面都可以用三元一次方程来表示.

平面的一般方程为

$$Ax+By+Cz+D=0$$

几个平面图形的特点如下.

(1) $D=0$：通过原点的平面.

(2) $A=0$：法线向量垂直于 x 轴，表示一个平行于 x 轴的平面.

同理：$B=0$ 或 $C=0$ 分别表示一个平行于 y 轴或 z 轴的平面.

(3) $A=B=0$：方程为 $Cz+D=0$，法线向量为 $(0,0,C)$，方程表示一个平行于 xOy 面的平面.

同理：$Ax+D=0$ 和 $By+D=0$ 分别表示平行于 yOz 面和 xOz 面的平面.

(4) 反之，任何的三元一次方程，例如 $5x+6y-7z+11=0$，都表示一个平面，该平面的法向量为 $\boldsymbol{n}=(5,6,-7)$.

平面的截距式方程．设一平面既不通过原点，也不平行于任何坐标轴，则该平面必与各坐标轴相交，设其交点分别为 $A(a,0,0)$，$B(0,b,0)$，$C(0,0,c)$（其中 $abc\neq 0$，a、b、c 分别称为平面在 x 轴 y 轴 z 轴上的截距），求此平面的方程．

设所求平面为
$$Ax+By+Cz+D=0 \tag{7-6}$$
由于点 A、B、C 在此平面上，必满足方程，代入得
$$Aa+D=0,Bb+D=0,Cc+D=0$$
解得 $A=-\dfrac{D}{a}$，$B=-\dfrac{D}{b}$，$C=-\dfrac{D}{c}$，代入方程（7-6）得
$$-\frac{D}{A}x-\frac{D}{b}y-\frac{D}{c}z+D=0$$
整理得
$$\frac{x}{a}+\frac{y}{b}+\frac{z}{c}=1$$
上式称为平面的截距式方程，根据方程，容易画出平面图形．

【例 7-11】 设平面过原点及点 $(6,-3,2)$，且与平面 $4x-y+2z=8$ 垂直，求此平面方程．

解 设平面为 $Ax+By+Cz+D=0$，由平面过原点知 $D=0$．

由平面过点 $(6,-3,2)$ 知 $6A-3B+2C=0$．

因为 $\boldsymbol{n}\perp(4,-1,2)$

所以 $4A-B+2C=0$

即 $A=B=-\dfrac{2}{3}C$

所求平面方程为 $2x+2y-3z=0$．

三、两平面的夹角

定义 7.6 两平面法向量之间的夹角称为两平面的夹角（通常指锐角）．

设平面 $\Pi_1:A_1x+B_1y+C_1z+D_1=0$，$\Pi_2:A_2x+B_2y+C_2z+D_2=0$．

$\vec{n}_1=\{A_1,B_1,C_1\}$，$\vec{n}_2=\{A_2,B_2,C_2\}$，按照两向量夹角余弦公式有
$$\cos\theta=\frac{|A_1A_2+B_1B_2+C_1C_2|}{\sqrt{A_1^2+B_1^2+C_1^2}\cdot\sqrt{A_2^2+B_2^2+C_2^2}}$$

四、常用结论

设平面 1 和平面 2 的法向量依次为 $\boldsymbol{n}_1=(A_1,B_1,C_1)$ 和 $\boldsymbol{n}_2=(A_2,B_2,C_2)$．

(1) 两平面垂直：$A_1A_2+B_1B_2+C_1C_2=0$（法向量垂直）．

(2) 两平面平行：$\dfrac{A_1}{A_2}=\dfrac{B_1}{B_2}=\dfrac{C_1}{C_2}$（法向量平行）．

(3) 平面外一点到平面的距离公式：设平面外的一点 $P_0(x_0,y_0,z_0)$，平面的方程为 $Ax+By+Cz+D=0$，则点到平面的距离为
$$d=\frac{|Ax_0+By_0+Cz_0+D|}{\sqrt{A^2+B^2+C^2}}$$

【例 7-12】 研究以下各组里两平面的位置关系：

(1) $-x+2y-z+1=0,y+3z-1=0$；

(2) $2x-y+z-1=0,-4x+2y-2z-1=0$；

(3) $2x-y-z+1=0$，$-4x+2y+2z-2=0$.

解　(1) $\cos\theta=\dfrac{|-1\times0+2\times1-1\times3|}{\sqrt{(-1)^2+2^2+(-1)^2}\times\sqrt{1^2+3^2}}=\dfrac{1}{\sqrt{60}}$

两平面相交，夹角 $\theta=\arccos\dfrac{1}{\sqrt{60}}$.

(2) $\boldsymbol{n}_1=(2,-1,1)$，$\boldsymbol{n}_2=(-4,2,-2)$

因为$\dfrac{2}{-4}=\dfrac{-1}{2}=\dfrac{1}{-2}$

所以 两平面平行.

因为 $M(1,1,0)\in\Pi_1, M(1,1,0)\notin\Pi_2$

所以 两平面平行，但不重合.

(3) 因为$\dfrac{2}{-4}=\dfrac{-1}{2}=\dfrac{-1}{2}$

所以 两平面平行.

因为 $M(1,1,0)\in\Pi_1, M(1,1,0)\in\Pi_2$

所以 两平面重合.

习题 7-6

1. 填空题（将正确的答案填在横线上）.

(1) 过点（3，0，-1），且与平面 $3x-7y+5z=0$ 平行的平面方程为______.

(2) 过两点（4，0，-2）和（5，1，7），且平行于 x 轴的平面方程为______.

(3) 若平面 $A_1x+B_1y+C_1z+D_1=0$ 与平面 $A_2x+B_2y+C_2z+D_2=0$ 互相垂直，则充要条件是______，若上两平面互相平行，则充要条件是______.

(4) 设平面 Π: $x+ky-2z-9=0$，若 Π 过点（1，1，1），则 $k=$ ______；若 Π 与平面 $2x+4y+3z-3=0$ 垂直，则 $k=$ ______.

(5) 一平面过点（6，-10，1），它在 x 轴上的截距为 3，在 z 轴上的截距为 2，则该平面方程是______.

(6) 一平面与 Π_1: $2x+y+z=0$ 及 Π_2: $x-y=1$ 都垂直，则该平面法向量为______.

2. 求过点 $M_0(2,9,-6)$，且与连接坐标原点及点 M_0 的线段 OM_0 垂直的平面方程.

3. 分别按下列条件求平面方程：

(1) 平行于 xOz 平面，且通过点（2，-5，3）；

(2) 平行于 x 轴，且经过点（4，0，-2），（5，1，7）；

(3) 过点（-3，1，-2）和 z 轴.

4. 求过点（1，1，1）和点（0，1，-1），且与平面 $x+y+z=0$ 相垂直的平面方程.

5. 求通过点 A（3，0，0）和 B（0，0，1），且与 xOy 平面夹角成 $\pi/3$ 的平面方程.

6. 求点（1，-4，5）到平面 $x-2y+4z-1=0$ 的距离.

第七节 空间直线及其方程

一、空间直线的一般方程

空间直线可以看成是两个平面的交线，故其一般方程为

$$\begin{cases}A_1x+B_1y+C_1z+D_1=0\\A_2x+B_2y+C_2z+D_2=0\end{cases}$$

二、空间直线的对称式方程与参数方程

平行于一条已知直线的非零向量称为这条直线的方向向量.

已知直线上的一点 $M_0(x_0,y_0,z_0)$ 和它的一方向向量 $\boldsymbol{s}=(m,n,p)$，设直线上任一点为 $M(x,y,z)$，那么 $\overrightarrow{M_0M}$ 与 $\boldsymbol{s}$ 平行，由平行的坐标表示式有

$$\frac{x-x_0}{m}=\frac{y-y_0}{n}=\frac{z-z_0}{p} \tag{7-7}$$

式（7-7）即空间直线的对称式方程（或称为点向式方程）.

如设

$$\frac{x-x_0}{m}=\frac{y-y_0}{n}=\frac{z-z_0}{p}=t$$

就可将式（7-7）变成参数方程（t 为参数），即

$$\begin{cases}x=x_0+mt\\y=y_0+nt\\z=z_0+pt\end{cases}$$

三种形式可以互换，按具体要求写出相应的方程.

【例 7-13】 用对称式方程及参数方程表示直线 $\begin{cases}x+y+z+1=0\\2x-y+3z+4=0\end{cases}$

解 在直线上任取一点 (x_0,y_0,z_0)，取 $x_0=1$，推出

$$\begin{cases}y_0+z_0+2=0\\y_0-3z_0-6=0\end{cases}$$

解得 $y_0=0,z_0=-2$，即直线上点坐标 $(1,0,-2)$.

因所求直线与两平面的法向量都垂直，所以可取 $\boldsymbol{s}=\boldsymbol{n}_1\cdot\boldsymbol{n}_2=\{4,-1,-3\}$，对称式方程为

$$\frac{x-1}{4}=\frac{y-0}{-1}=\frac{z+2}{-3}$$

参数方程为

$$\begin{cases}x=1+4t\\y=-t\\z=-2-3t\end{cases}$$

【例 7-14】 一直线过点 $A(2,-3,4)$，且和 y 轴垂直相交，求其方程.

解 因为直线和 y 轴垂直相交，所以交点为 $B(0,-3,0)$，方向向量 $\boldsymbol{s}=\overrightarrow{BA}=(2,0,4)$.

所求直线方程为 $\frac{x-2}{2}=\frac{y+3}{0}=\frac{z-4}{4}$.

定义 7.7　两直线方向向量的夹角（通常指锐角）称为两直线的夹角.

设两直线 L_1 和 L_2 的方向向量依次为 $\boldsymbol{s}_1=(m_1,n_1,p_1)$ 和 $\boldsymbol{s}_2=(m_2,n_2,p_2)$，两直线的夹角可以按两向量夹角公式来计算，即

$$\cos\varphi=\frac{|m_1m_2+n_1n_2+p_1p_2|}{\sqrt{m_1^2+n_1^2+p_1^2}\cdot\sqrt{m_2^2+n_2^2+p_2^2}}$$

两直线 L_1 和 L_2 垂直：$m_1m_2+n_1n_2+p_1p_2=0$（充分必要条件）

两直线 L_1 和 L_2 平行：$\frac{m_1}{m_2}=\frac{n_1}{n_2}=\frac{p_1}{p_2}$（充分必要条件）

【例 7-15】　求过点 $(-3,2,5)$，且与两平面 $x-4z=3$ 和 $2x-y-5z=1$ 的交线平行的直线方程.

解　设所求直线的方向向量为 $\boldsymbol{s}=(m,n,p)$，根据题意知直线的方向向量与两个平面的法向量都垂直，所以可以取 $\boldsymbol{s}=\boldsymbol{n}_1\cdot\boldsymbol{n}_2=\{-4,-3,-1\}$，所求直线的方程为

$$\frac{x+3}{4}=\frac{y-2}{3}=\frac{z-5}{1}$$

三、直线与平面的夹角

定义 7.8　当直线与平面不垂直时，直线与它在平面上的投影直线的夹角 $\varphi(0\leqslant\varphi\leqslant\frac{\pi}{2})$ 称为直线与平面的夹角. 当直线与平面垂直时，规定直线与平面的夹角为 $\frac{\pi}{2}$.

设直线 L 的方向向量为 $\boldsymbol{s}=(m,n,p)$，平面的法线向量为 $\boldsymbol{n}=(A,B,C)$，直线与平面的夹角为 φ，则

$$\sin\varphi=\frac{|Am+Bn+Cp|}{\sqrt{A^2+B^2+C^2}\cdot\sqrt{m^2+n^2+p^2}}$$

直线与平面垂直：$\boldsymbol{s}/\!/\boldsymbol{n}$，相当于 $\frac{A}{m}=\frac{B}{n}=\frac{C}{p}$（充分必要条件）

直线与平面平行：$\boldsymbol{s}\perp\boldsymbol{n}$，相当于 $Am+Bn+Cp=0$（充分必要条件）

平面束方程：

过平面直线 $\begin{cases}x+y-z-1=0\\x-y+z+1=0\end{cases}$ 的平面束方程为

$$(A_1x+B_1y+C_1z+D_1)+\lambda(A_2x+B_2y+C_2z+D_2)=0$$

【例 7-16】　求与两平面 $x-4z=3$ 和 $2x-y-5z=1$ 的交线平行，且过点 $(-3,2,5)$ 的直线方程.

解　由于直线的方向向量与两平面的交线的方向向量平行，故直线的方向向量 $\boldsymbol{s}$ 一定与两平面的法线向量垂直，所以

$$\boldsymbol{s}=\begin{vmatrix}\boldsymbol{i}&\boldsymbol{j}&\boldsymbol{k}\\1&0&-4\\2&-1&-5\end{vmatrix}=-(4\boldsymbol{i}+3\boldsymbol{j}+\boldsymbol{k})$$

因此，所求直线的方程为

$$\frac{x+3}{4}=\frac{y-2}{3}=\frac{z-5}{1}$$

【例 7-17】 求过点（2，1，3），且与直线 $\frac{x+1}{3}=\frac{y-1}{2}=\frac{z}{-1}$ 垂直相交的直线方程.

解 先作一平面过点（2，1，3），且垂直于已知直线（即以已知直线的方向向量为平面的法线向量），该平面的方程为

$$3(x-2)+2(y-1)-(z-3)=0$$

再求已知直线与该平面的交点. 将已知直线改成参数方程形式为

$$x=-1+3t \qquad y=1+2t \qquad z=-t$$

并代入上面的平面方程中去，求得 $t=\frac{3}{7}$，从而求得交点为 $\left(\frac{2}{7},\frac{13}{7},-\frac{3}{7}\right)$.

以此交点为起点、已知点为终点可以构成向量 $\boldsymbol{s}$，即所求直线的方向向量为

$$\boldsymbol{s}=\left(2-\frac{2}{7},1-\frac{13}{7},3+\frac{3}{7}\right)=\frac{6}{7}(2,-1,4)$$

故所求直线方程为

$$\frac{x-2}{2}=\frac{y-1}{-1}=\frac{z-3}{4}$$

【例 7-18】 求直线 $\begin{cases}x+y-z-1=0\\x-y+z+1=0\end{cases}$ 在平面 $x+y+z=0$ 上的投影直线的方程.

解 应用平面束的方法：

设过直线 $\begin{cases}x+y-z-1=0\\x-y+z+1=0\end{cases}$ 的平面束方程为

$$(x+y-z-1)+\lambda(x-y+z+1)=0$$

即

$$(1+\lambda)x+(1-\lambda)y+(-1+\lambda)z+\lambda-1=0$$

该平面与已知平面 $x+y+z=0$ 垂直的条件是

$$(1+\lambda)\cdot 1+(1-\lambda)\cdot 1+(-1+\lambda)\cdot 1=0$$

解之得

$$\lambda=-1$$

代入平面束方程中得投影平面方程为

$$y-z-1=0$$

所以投影直线为

$$\begin{cases}y-z-1=0\\x+y+z=0\end{cases}$$

习题 7-7

1. 填空题（将正确的答案填在横线上）.

(1) 过点（4，−1，3），且平行于直线 $\frac{x-3}{2}=y=\frac{z-1}{5}$ 的直线方程为______.

(2) 过两点（3，−2，1）和（−1，0，2）的直线方程为______.

(3) 过点（2，0，−3），且与直线 $\begin{cases}x-2y+4z=7\\3x+5y-2z=-1\end{cases}$ 垂直的平面方程为______.

(4) 直线 L：$\frac{x+2}{3}=\frac{y-2}{1}=\frac{z+1}{2}$ 和平面 Π：$2x+3y+3z-8=0$ 的交点是______.

(5) 直线 $\begin{cases}x+y+3z=0\\x-y-z=0\end{cases}$ 与平面 $x-y-z+1=0$ 的夹角为______.

2. 写出直线 L：$\begin{cases}x-y+z=1\\2x+y+z=4\end{cases}$ 的对称式方程及参数方程.

3. 求满足下列条件的直线方程：

(1) 过点 (4，−1，3)，且平行于直线 $\frac{x-3}{2}=\frac{y}{1}=\frac{z-1}{5}$.

(2) 过点 (0，2，4)，且同时平行于平面 $x+2z=1$ 和 $y-3z=2$.

(3) 过点 (3，0，1)，且垂直于平面 $2x+3y+z+1=0$.

4. 求直线 $\frac{x-1}{2}=\frac{y+1}{-1}=\frac{z}{2}$ 在平面 $2x-y=0$ 上的投影直线方程.

5. 求直线 $\begin{cases}x+y+3z=0\\x-y-z=0\end{cases}$ 和平面 $x-y-z+1=0$ 的夹角.

第八节　二　次　曲　面

一、二次曲面

定义 7.9　一个三元二次方程表示的曲面称为二次曲面.

二、截痕法

定义 7.10　用坐标面和平行于坐标面的平面与曲面相截，考察其交线（即截痕）的形状，然后加以综合，从而了解曲面的全貌，这种方法称为截痕法.

三、几种特殊的二次曲面

1. 椭球面

方程为

$$\frac{x^2}{a^2}+\frac{y^2}{b^2}+\frac{z^2}{c^2}=1$$

使用截痕法，先求出它与三个坐标面的交线，即

$$\begin{cases}\frac{x^2}{a^2}+\frac{y^2}{b^2}=1\\z=0\end{cases}\qquad\begin{cases}\frac{x^2}{a^2}+\frac{z^2}{c^2}=1\\y=0\end{cases}\qquad\begin{cases}\frac{y^2}{b^2}+\frac{z^2}{c^2}=1\\x=0\end{cases}$$

这些交线都是椭圆.

再看该曲面与平行于坐标面的平面的交线：椭球面与平面 $z=z_1$ 的交线为椭圆，即

$$\begin{cases}\frac{x^2}{\frac{a^2}{c^2}(c^2-z_1^2)}+\frac{y^2}{\frac{b^2}{c^2}(c^2-z_1^2)}=1\\z=z_1\end{cases}\quad(|z_1|<c)$$

同理与平面 $x=x_1$ 和 $y=y_1$ 的交线也是椭圆. 椭圆截面的大小随平面位置的变化而变化. 可知其形状如图 7-10 所示.

椭圆抛物面方程为

$$\frac{x^2}{2p}+\frac{y^2}{2q}=z \quad (p\text{ 与 }q\text{ 同号})$$

其形状如图 7-11 所示.

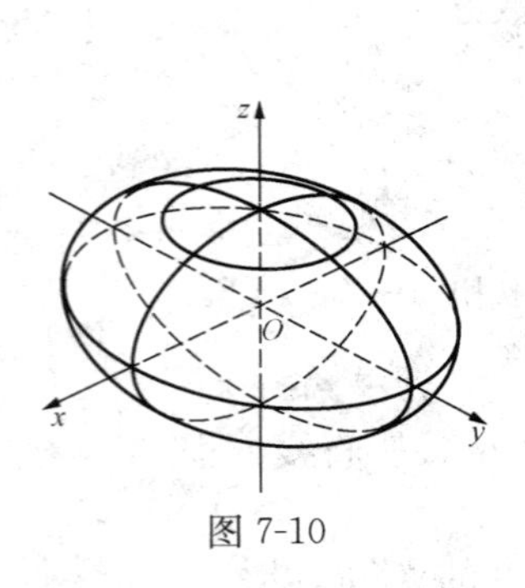

图 7-10

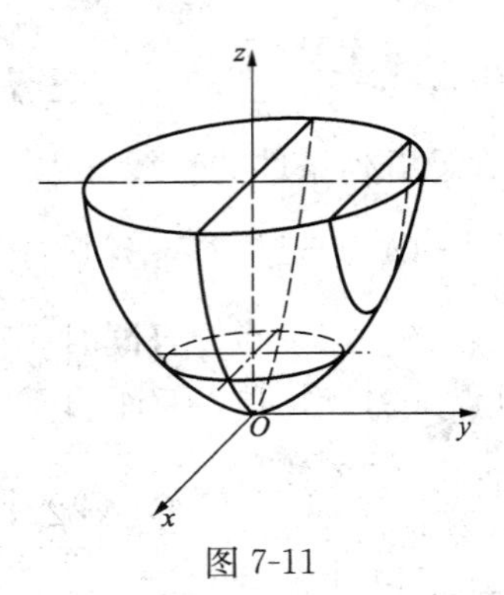

图 7-11

旋转抛物面方程为

$$\frac{x^2}{2p}+\frac{y^2}{2p}=z \quad (p>0)$$

双曲抛物面（鞍形曲面）方程为

$$-\frac{x^2}{2p}+\frac{y^2}{2q}=z \quad (p\text{ 与 }q\text{ 同号})$$

当 $p>0$，$q>0$ 时，其形状如图 7-12 所示.

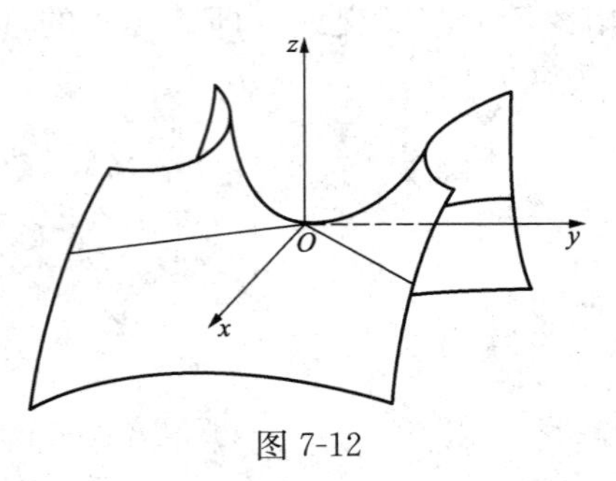

图 7-12

2. 双曲面

单叶双曲面方程为

$$\frac{x^2}{a^2}+\frac{y^2}{b^2}-\frac{z^2}{c^2}=1$$

双叶双曲面方程为

$$\frac{x^2}{a^2}-\frac{y^2}{b^2}+\frac{z^2}{c^2}=-1$$

注意各种图形的规律特点，可以写出其他的方程表达式.

本章小结

基本要求与重点

(1) 理解并掌握向量的基本概念、向量的线性运算、向量的模、方向角；

(2) 掌握平面的几种方程的表示方法（点法式方程、一般式方程、三点式方程、截距式方程），两平面的夹角；

(3) 掌握空间直线的几种表示方法（参数方程、对称式方程、一般方程、两点式方程），两直线的夹角、直线与平面的夹角；

(4) 掌握向量积（方向）的计算；

(5) 理解空间曲线在坐标面上的投影；

(6) 理解并掌握特殊位置的平面方程（过原点、平行于坐标轴、垂直于坐标轴等；）

(7) 了解平面方程的几种表示方式之间的转化；

(8) 了解直线方程的几种表示方式之间的转化；

(9) 理解并掌握直线、平面之间的夹角.

教学重点

1. 向量的平行与垂直

利用向量的坐标判断两个向量的平行与垂直.

设 $\boldsymbol{a}=(a_x, a_y, a_z)\neq 0$，$\boldsymbol{b}=(b_x, b_y, b_z)$，

则有

$\boldsymbol{b}//\boldsymbol{a}\Leftrightarrow \dfrac{b_x}{a_x}=\dfrac{b_y}{a_y}=\dfrac{b_z}{a_z}$；

$\boldsymbol{b}\perp\boldsymbol{a}\Leftrightarrow a_xb_x+a_yb_y+a_zb_z=0$.

2. 方向角

非零向量 $\boldsymbol{r}$ 与三条坐标轴的夹角 α、β、γ 称为向量 $\boldsymbol{r}$ 的方向角.

设 $\boldsymbol{r}=(x, y, z)$，则 $x=|\boldsymbol{r}|\cos\alpha$，$y=|\boldsymbol{r}|\cos\beta$，$z=|\boldsymbol{r}|\cos\gamma$.

$\cos\alpha$、$\cos\beta$、$\cos\gamma$ 称为向量 $\boldsymbol{r}$ 的方向余弦.

$$\cos\alpha=\frac{x}{|\boldsymbol{r}|},\ \cos\beta=\frac{y}{|\boldsymbol{r}|},\ \cos\gamma=\frac{z}{|\boldsymbol{r}|}.$$

从而　$(\cos\alpha,\ \cos\beta,\ \cos\gamma)=\dfrac{1}{|\boldsymbol{r}|}\boldsymbol{r}=\boldsymbol{e}_r$.　$\cos^2\alpha+\cos^2\beta+\cos^2\gamma=1$.

3. 两直线的夹角

设直线 L_1 和 L_2 的方向向量分别为 $\boldsymbol{s}_1=(m_1, n_1, p_1)$ 和 $\boldsymbol{s}_2=(m_2, n_2, p_2)$，那么 L_1 和 L_2 的夹角 φ 就是 $(\boldsymbol{s}_1\hat{,}\boldsymbol{s}_2)$ 和 $(-\boldsymbol{s}_1\hat{,}\boldsymbol{s}_2)=\pi-(\boldsymbol{s}_1\hat{,}\boldsymbol{s}_2)$ 两者中的锐角，因此 $\cos\varphi=|\cos(\boldsymbol{s}_1\hat{,}\boldsymbol{s}_2)|$

$$\cos\varphi=|\cos(\boldsymbol{s}_1\hat{,}\boldsymbol{s}_2)|=\frac{|m_1m_2+n_1n_2+p_1p_2|}{\sqrt{m_1^2+n_1^2+p_1^2}\cdot\sqrt{m_2^2+n_2^2+p_2^2}}$$

特别地

$$\boldsymbol{L_1\perp L_2\Leftrightarrow m_1m_2+n_1n_2+p_1p_2=0};$$

$$L_1\mathrm{P}L_2\Leftrightarrow\frac{m_1}{m_2}=\frac{n_1}{n_2}=\frac{p_1}{p_2}$$

4. 两平面的夹角

若两平面的法线向量的夹角为 θ，设平面与平面之间的夹角为 φ，则 $\varphi=180-\theta$.

5. 直线与平面的夹角

设直线的方向向量 $\boldsymbol{s}=(m, n, p)$，平面的法线向量为 $\boldsymbol{n}=(A, B, C)$，直线与平面的夹角为 φ，那么 $\varphi=\left|\dfrac{\pi}{2}-(\boldsymbol{s}\hat{,}\boldsymbol{n})\right|$，因此 $\sin\varphi=|\cos(\boldsymbol{s}\hat{,}\boldsymbol{n})|$

$$\sin\varphi=\frac{|Am+Bn+Cp|}{\sqrt{A^2+B^2+C^2}\cdot\sqrt{m^2+n^2+p^2}}.$$

因为直线与平面垂直相当于直线的方向向量与平面的法线向量平行，所以，直线与平面

垂直相当于 $\dfrac{A}{m}=\dfrac{B}{n}=\dfrac{C}{p}$.

因为直线与平面平行或直线在平面上相当于直线的方向向量与平面的法线向量垂直，所以，直线与平面平行或直线在平面上相当于 $Am+Bn+Cp=0$.

自 测 题

1. 是非题（判断下列结论的正误，正确的在括号里面画√，错误的画×）.

(1) 组角 $\dfrac{\pi}{6}$，$\dfrac{\pi}{3}$，π 可以作为某个向量的方向角. （　）

(2) 设曲面 $z=f(x,y)$ 与平面 $y=y_0$ 的交线在点 $[x_0,y_0,f(x_0,y_0)]$ 处的切线与 x 轴正向所成的角为 $\dfrac{\pi}{6}$，则 $f_x(x_0,y_0)=\tan\dfrac{\pi}{6}=\dfrac{\sqrt{3}}{3}$. （　）

(3) 设 $\alpha=(1,1,-1),\beta=(-1,-1,1)$，则有 $\alpha\perp\beta$. （　）

(4) 直线 $\dfrac{x-3}{1}=\dfrac{y}{-1}=\dfrac{z+2}{2}$ 与平面 $x-y-z+1=0$ 的关系是平行. （　）

(5) 柱面 $x^2+z=0$ 的母线平行于 y 轴. （　）

2. 填空题（将正确的答案填在横线上）.

(1) 点 M（-1，6，2）关于 x 轴对称的点的坐标为______.

(2) 点 M（3，0，4）到 z 轴的距离是______.

(3) 设 $\boldsymbol{a}=\{1,1,-4\},\boldsymbol{b}=\{2,0,\lambda\}$，且 $\boldsymbol{a}\perp\boldsymbol{b}$，则 $\lambda=$ ______.

(4) 设 $\boldsymbol{a}=\{2,3,-2\}$，则 $\boldsymbol{a}\cdot\boldsymbol{i}=$ ______；$\boldsymbol{a}\times\boldsymbol{i}=$ ______.

(5) $|a|=3$；$|b|=2$，$\mathrm{Prj}_a^b=-1$，则 $(\widehat{a,b})=$ ______；$\boldsymbol{a}\cdot\boldsymbol{b}=$ ______.

(6) 设平面 $Ax+By+z+D=0$ 通过原点，且与平面 $6x-2z+5=0$ 平行，则 A、B、D 分别为______、______、______.

(7) 设直线 $\dfrac{x-3}{m}=\dfrac{y+2}{2}=\lambda(z-1)$ 与平面 $-3x+6y+3z+25=0$ 垂直，则 $m=$ ______，$\lambda=$ ______.

(8) 球面 $x^2+y^2+z^2-2x+2y-1=0$ 的球心是______，半径为______.

(9) $\begin{cases}x=1\\y=0\end{cases}$ 绕 z 轴旋转一周所形成的旋转曲面的方程为______.

(10) 曲面 $z^2=x^2+y^2$ 与平面 $z=5$ 的交线在 xOy 面上的投影方程为______.

3. 已知点 A（1，2，0），B（3，0，-3）和点 C（5，2，6），求 $\triangle ABC$ 的面积.

4. 已知向量 $\boldsymbol{a}=\{2,-3,6\},\boldsymbol{b}=\{-1,2,-2\}$，且向量 $\boldsymbol{c}$ 在 $\boldsymbol{a}$ 与 $\boldsymbol{b}$ 的角平分线上，$|c|=3\sqrt{42}$，求向量 $\boldsymbol{c}$.

5. 设向量 $\boldsymbol{m}$ 和 $\boldsymbol{n}$ 是相互垂直的单位向量，以向量 $\boldsymbol{a}=2\boldsymbol{m}+\boldsymbol{n},\boldsymbol{b}=\boldsymbol{m}-2\boldsymbol{n}$ 为边作三角形，求三角形的另一边长.

6. 以向量 $\boldsymbol{a}=2\boldsymbol{m}-\boldsymbol{n},\boldsymbol{b}=4\boldsymbol{m}-5\boldsymbol{n}$ 为边作平行四边形，其中 m、n 是夹角为 $\dfrac{\pi}{4}$ 的单位向量，求该平行四边形的面积.

7. 求过直线$\frac{x-2}{5}=\frac{y+1}{2}=\frac{z-2}{4}$，且与平面 $x+4y-3z+1=0$ 垂直的平面方程.

8. 求过 z 轴,且与平面 $2x+y+\sqrt{5}z-7=0$ 的夹角为$\frac{\pi}{3}$的平面方程.

9. 求过点$M(-1,2,-3)$,垂直于向量$\boldsymbol{a}=(6,-2,-3)$,且与直线$\frac{x-1}{-2}=\frac{y+1}{3}=\frac{z-3}{5}$相交的直线方程.

10. 一直线在平面 $x+y+z=1$ 上，且与直线 $\begin{cases} y=1 \\ z=-1 \end{cases}$ 垂直相交，求它的方程.

第八章　多元函数微分

在上册，我们讨论了一元函数的微分与积分．但在现实生活中所遇到的一些函数不是仅依赖于一个变量，而是依赖于两个或两个以上的变量，所以我们就必须研究多元函数．从本章开始，我们要讨论多元函数的微分与积分.

第一节　多元函数的极限与连续

一、二元函数的基本概念

1. 平面点集

由平面解析几何知道，当在平面上引入了一个直角坐标系后，平面上的点 P 与有序二元实数组 (x, y) 之间就建立了一个一一对应关系，于是我们常把有序实数组 (x,y) 与平面上的点 P 视作是等同的．这种建立了坐标系的平面称为坐标平面，二元的有序实数组 (x,y) 的全体，即 $\mathbf{R}^2=\mathbf{R}\cdot\mathbf{R}=\{(x,y)\mid x,y\in\mathbf{R}\}$ 就表示坐标平面.

坐标平面上具有某种性质 P 的点的集合，称为平面点集，记作 E.

$$E=\{(x,y)\mid (x,y)\text{ 具有性质 }P\}$$

例如，平面上以原点为中心、r 为半径的圆内所有点的集合是

$$C=\{(x,y)\mid x^2+y^2<r^2\}$$

如果我们以点 P 表示 (x,y)，以 $|OP|$ 表示点 P 到原点 O 的距离，那么集合 C 可表示成

$$C=\{P\mid |OP|<r\}$$

2. 邻域

设 $P_0(x_0,y_0)$ 是 xOy 平面上的一个点，δ 是某一正数，与点 $P_0(x_0,y_0)$ 距离小于 δ 的点 $P(x,y)$ 的全体称为点 P_0 的 δ 邻域，记为 $U(P_0,\delta)$，即

$$U(P_0,\delta)=\{P\mid |PP_0|<\delta\}\text{ 或 }U(P_0,\delta)=\{(x,y)\mid \sqrt{(x-x_0)^2+(y-y_0)^2}<\delta\}$$

邻域的几何意义：$U(P_0,\delta)$ 表示 xOy 平面上以点 $P_0(x_0,y_0)$ 为中心、$\delta>0$ 为半径的圆内部点 $P(x,y)$ 的全体.

点 P_0 的去心 δ 邻域记作 $\dot{U}(P_0,\delta)$，即

$$\dot{U}(P_0,\delta)=\{P\mid 0<|P_0P|<\delta\}$$

注：如果不需要强调邻域的半径 δ，则用 $U(P_0)$ 表示点 P_0 的某个邻域，点 P_0 的去心邻域记作 $\dot{U}(p_0,\delta)$.

点与点集之间的关系：

任意一点 $P\in\mathbf{R}^2$ 与任意一个点集 $E\in\mathbf{R}^2$ 之间必有以下三种关系中的一种.

(1) 内点：如果存在点 P 的某一邻域 $U(P)$，使得 $U(P)\subset E$，则称 P 为 E 的内点.

(2) 外点：如果存在点 P 的某个邻域 $U(P)$，使得 $U(P)\not\subset E$，则称 P 为 E 的外点.

(3) 边界点：如果点 P 的任一邻域内既有属于 E 的点，也有不属于 E 的点，则称 P 点

为 E 的边界点.

E 的边界点的全体称为 E 的边界，记作 ∂E.

E 的内点必属于 E；E 的外点必定不属于 E；而 E 的边界点可能属于 E，也可能不属于 E.

例如，设平面点集

$$E=\{(x,y)\mid 1<x^2+y^2<2\}$$

满足 $1<x^2+y^2<2$ 的一切点 (x,y) 都是 E 的内点，满足 $x^2+y^2=1$ 的一切点 (x,y) 都是 E 的边界点，它们都不属于 E；满足 $x^2+y^2=2$ 的一切点 (x,y) 也是 E 的边界点，它们都不属于 E.

开集：如果点集 E 的点都是内点，则称 E 为开集.

闭集：如果点集的余集 E^c 为开集，则称 E 为闭集.

开集的例子：$E=\{(x,y)\mid 1<x^2+y^2<2\}$.

闭集的例子：$E=\{(x,y)\mid 1\leqslant x^2+y^2\leqslant 2\}$.

集合 $\{(x,y)\mid 1<x^2+y^2\leqslant 2\}$ 既非开集，也非闭集.

连通性：如果点集 E 内任何两点都可用折线连接起来，且该折线上的点都属于 E，则称 E 为连通集.

区域（或开区域）：连通的开集称为区域或开区域，例如 $E=\{(x,y)\mid 1<x^2+y^2<2\}$.

闭区域：开区域连同它的边界一起所构成的点集称为闭区域，例如 $E=\{(x,y)\mid 1\leqslant x^2+y^2\leqslant 2\}$.

有界集：对于平面点集 E，如果存在某一正数 r，使得

$$E\subset U(O,r)$$

其中 O 是坐标原点，则称 E 为有界点集.

无界集：一个集合如果不是有界集，就称该集合为无界集.

例如，集合 $\{(x,y)\mid 1\leqslant x^2+y^2\leqslant 2\}$ 是有界闭区域，集合 $\{(x,y)\mid x+y>1\}$ 是无界开区域.

集合 $\{(x,y)\mid x+y\geqslant 1\}$ 是无界闭区域.

二、二元函数概念

【例 8-1】 圆柱体的体积 V 和它的底半径 r、高 h 之间具有如下关系，即

$$V=\pi r^2 h$$

这里，当 r、h 在集合 $\{(r,h)\mid r>0,h>0\}$ 内取定一对值 (r,h) 时，V 对应的值就随之确定.

【例 8-2】 一定量的理想气体的压强 p、体积 V 和绝对温度 T 之间具有如下关系，即

$$p=\frac{RT}{V}$$

式中　R——常数.

这里，当 V、T 在集合 $\{(V,T)\mid V>0,T>0\}$ 内取定一对值 (V,T) 时，p 的对应值就随之确定.

【例 8-3】 设 R 是电阻 R_1、R_2 并联后的总电阻，由电学知道，它们之间具有如下关

系，即

$$R=\frac{R_1R_2}{R_1+R_2}$$

这里，当 R_1、R_2 在集合 $\{(R_1,R_2)\mid R_1>0,R_2>0\}$ 内取定一对值 (R_1,R_2) 时，R 的对应值就随之确定.

定义 8.1 设 D 是 $\mathbf{R}^2$ 的一个非空子集，称映射 $f(D)\in\mathbf{R}$ 为定义在 D 上的二元函数，通常记为

$$z=f(x,y),(x,y)\in D\ [\text{或}\ z=f(P),P\in D]$$

其中点集 D 称为该函数的定义域，x,y 称为自变量，z 称为因变量.

上述定义中，与自变量 x、y 的一对值 (x,y) 相对应的因变量 z 的值，也称为 f 在点 (x,y) 处的函数值，记作 $f(x,y)$，即 $z=f(x,y)$.

值域：$f(D)=\{z\mid z=f(x,y),(x,y)\in D\}$.

函数的其他符号：$z=z(x,y),z=g(x,y)$ 等.

关于函数定义域的约定：在一般地讨论用算式表达的多元函数 $u=f(x,y)$ 时，就以使这个算式有意义的变元 x，y 的值所组成的点集为这个多元函数的自然定义域. 因而，对这类函数的定义域不再特别标出. 例如：

函数 $z=\ln(x+y)$ 的定义域为 $\{(x,y)\mid x+y>0\}$（无界开区域）；

函数 $z=\arcsin(x^2+y^2)$ 的定义域为 $\{(x,y)\mid x^2+y^2\leqslant 1\}$（有界闭区域）.

二元函数的图形，点集 $\{(x,y,z)\mid z=f(x,y),(x,y)\in D\}$ 称为二元函数 $z=f(x,y)$ 的图形，二元函数的图形是一张曲面.

例如 $z=ax+by+c$ 是一张平面，而函数 $z=x^2+y^2$ 的图形是旋转抛物面.

三、二元函数的极限

多元函数的极限与连续的概念和一元函数的相同. 在一元函数中，我们用数轴上 x_0 与 x 两点之间的距离 $|x-x_0|$ 定义点 x_0 的 δ 邻域，即由集合 $\{x\mid |x-x_0|<\delta,\delta>0\}$ 所确定的开区间，从而定义了函数 $f(x)$ 当 $x\to x_0$ 时的极限. 在二元函数中，我们利用平面上 (x_0,y_0) 与 (x,y) 两点之间的距离，即

$$\rho=\sqrt{(x-x_0)^2+(y-y_0)^2}$$

来定义 (x_0,y_0) 的 δ 邻域，即由集合

$$\{(x,y)\mid\sqrt{(x-x_0)^2+(y-y_0)^2}<\delta,\delta>0\}$$

所确定的平面上的开圆域，进而定义二元函数 $f(x,y)$ 当 (x,y) 趋于 (x_0,y_0) 时的极限.

与一元函数的极限概念类似，如果在 $P(x,y)\to P_0(x_0,y_0)$ 的过程中，对应的函数值 $f(x,y)$ 无限接近于一个确定的常数 A，则称 A 是函数 $f(x,y)$，当 $(x,y)\to(x_0,y_0)$ 时的极限.

定义 8.2 如果对于任意给定的正数 ε，总存在一个正数 δ，使 $0<\rho=\sqrt{(x-x_0)^2+(y-y_0)^2}<\delta$ 时，$|f(x,y)-A|<\varepsilon$ 恒成立，则称当 (x,y) 趋于 (x_0,y_0) 时，函数 $f(x,y)$ 以 A 为极限. 记作

$$\lim_{(x,y)\to(x_0,y_0)}f(x,y)=A\ \text{或}\ \lim_{\rho\to 0}f(x,y)=A$$

注意：这里说的当 (x,y) 趋于 (x_0,y_0) 时，$f(x,y)$ 以 A 为极限，是指 (x,y) 以任何方式趋于 (x_0,y_0)

时，$f(x,y)$ 都趋于 A，因为平面上由一点到另一点有无数条路线，因此二元函数中当 (x,y) 趋于 (x_0,y_0) 时，要比一元函数中 x 趋于 x_0 复杂得多.

以上关于二元函数极限的概念，可相应地推广到 n 元函数中去.

【例 8-4】 证明 $\lim\limits_{(x,y)\to(2,1)}(2x+y)=5$.

证 由

$$\begin{aligned}|(2x+y)-5| &= |2(x-2)+(y-1)| \\ &\leqslant 3|x-2|+|y-1| \\ &\leqslant 3\sqrt{(x-2)^2+(y-1)^2}+\sqrt{(x-2)^2+(y-1)^2} \\ &= 4\sqrt{(x-2)^2+(y-1)^2}\end{aligned}$$

所以，当 $0<\sqrt{(x-2)^2+(y-1)^2}<\delta$ 时，有

$$|(2x+y)-5|<4\delta$$

于是取 $\delta=\frac{1}{4}\varepsilon$，则当 $0<\sqrt{(x-2)^2+(y-1)^2}<\delta$ 时，有

$$|(2x+y)-5|<\varepsilon$$

恒成立，因此

$$\lim_{(x,y)\to(2,1)}(2x+y)=5$$

【例 8-5】 设 $f(x,y)=(x^2+y^2)\sin\frac{1}{x^2+y^2}$，求证 $\lim\limits_{(x,y)\to(0,0)}f(x,y)=0$.

证 因为

$$|f(x,y)-0|=\left|(x^2+y^2)\sin\frac{1}{x^2+y^2}-0\right|=|x^2+y^2|\cdot\left|\sin\frac{1}{x^2+y^2}\right|\leqslant x^2+y^2$$

可见 $\forall\varepsilon>0$，取 $\delta=\sqrt{\varepsilon}$，则当

$$0<\sqrt{(x-0)^2+(y-0)^2}<\delta$$

即 $P(x,y)\in D\cap\dot{U}(0,\delta)$ 时，总有

$$|f(x,y)-0|<\varepsilon$$

因此

$$\lim_{(x,y)\to(0,0)}f(x,y)=0$$

必须注意：

(1) 二重极限存在，是指 P 以任何方式趋于 P_0 时，函数都无限接近于 A.

(2) 如果当 P 以两种不同方式趋于 P_0 时，函数趋于不同的值，则函数的极限不存在.

讨论： 函数 $f(x,y)=\begin{cases}\dfrac{xy}{x^2+y^2} & x^2+y^2\neq 0\\ 0 & x^2+y^2=0\end{cases}$ 在点 $(0,0)$ 有无极限？

提示： 当点 $P(x,y)$ 沿 x 轴趋于点 $(0,0)$ 时，$\lim\limits_{(x,y)\to(0,0)}f(x,y)=\lim\limits_{x\to0}f(x,0)=\lim\limits_{x\to0}0=0$；

当点 $P(x,y)$ 沿 y 轴趋于点 $(0,0)$ 时，$\lim\limits_{(x,y)\to(0,0)}f(x,y)=\lim\limits_{y\to0}f(0,y)=\lim\limits_{y\to0}0=0$.

当点 $P(x,y)$ 沿直线 $y=kx$ 时有 $\lim\limits_{\substack{(x,y)\to(0,0)\\ y=kx}}\frac{xy}{x^2+y^2}=\lim\limits_{x\to0}\frac{kx^2}{x^2+k^2x^2}=\frac{k}{1+k^2}$.

因此，函数 $f(x,y)$ 在 $(0,0)$ 处无极限.

二元函数极限的概念可以推广到多元函数的极限.

多元函数的极限运算法则与一元函数的情况类似.

【例 8-6】 求 $\lim\limits_{(x,y)\to(0,2)}\dfrac{\sin(xy)}{x}$.

解 $\lim\limits_{(x,y)\to(0,2)}\dfrac{\sin(xy)}{x}=\lim\limits_{(x,y)\to(0,2)}\dfrac{\sin(xy)}{xy}\cdot y=\lim\limits_{(x,y)\to(0,2)}\dfrac{\sin(xy)}{xy}\cdot\lim\limits_{(x,y)\to(0,2)}y=1\times2=2$

四、二元函数的连续性

与一元函数的情形相同，利用函数的极限就可以给出多元函数连续的概念.

定义 8.3 设二元函数 $z=f(x,y)$ 在点 $P_0(x_0,y_0)$ 的某邻域内有定义，且

$$\lim_{\substack{x\to x_0\\y\to y_0}}f(x,y)=f(x_0,y_0)$$

则称函数 $z=f(x,y)$ 在点 $P_0(x_0,y_0)$ 处连续.

即函数 $z=f(x,y)$ 在点 P_0 的极限值等于该点函数值［可写成 $\lim\limits_{P\to P_0}f(P)=f(P_0)$］，就称函数 $f(P)$ 在点 P_0 处连续. 若函数 $z=f(x,y)$ 在点 $P_0(x_0,y_0)$ 处不连续，则称该点为函数 $z=f(x,y)$ 的间断点.

如果函数 $z=f(x,y)$ 在平面区域 D 内每一点处都连续，则称函数 $f(x,y)$ 在这个区域内是连续的. 此时二元函数的图形是空间中的连续曲面.

类似的，可以定义多元函数的连续. 与一元函数相类似，多元函数有下述结论，如一切二元的初等函数在其定义域上是连续的.

【例 8-7】 求 $\lim\limits_{(x,y)\to(0,0)}\dfrac{\sqrt{xy+1}-1}{xy}$.

解
$$\lim_{(x,y)\to(0,0)}\frac{\sqrt{xy+1}-1}{xy}=\lim_{(x,y)\to(0,0)}\frac{(\sqrt{xy+1}-1)(\sqrt{xy+1}+1)}{xy(\sqrt{xy+1}+1)}$$
$$=\lim_{(x,y)\to(0,0)}\frac{1}{\sqrt{xy+1}+1}=\frac{1}{2}$$

二元连续函数的性质：

性质 1　（有界性与最大值最小值定理） 在有界闭区域 D 上的二元连续函数，必定在 D 上有界，且能取得它的最大值和最小值.

性质 1 就是说，若 $f(P)$ 在有界闭区域 D 上连续，则必定存在常数 $M>0$，使得对一切 $P\in D$，有 $|f(P)|\leqslant M$；且存在 P_1、$P_2\in D$，使得

$$f(P_1)=\max\{f(P)\mid P\in D\},f(P_2)=\min\{f(P)\mid P\in D\}$$

性质 2　（介值定理） 在有界闭区域 D 上的二元连续函数必取得介于最大值和最小值之间的任何值.

习题 8-1

1. 是非题（判断下列结论的正误，正确的在括号里面画√，错误的画×）.

（1）求多元函数极限的方法和求一元函数极限的方法是相同的.（　　）

（2）多元函数极限和一元函数极限的差别是 x 和 y 趋向无穷远处或某一个固定点的方式不同.（　　）

（3）多元函数极限中没有左右极限的概念.（　　）

2. 填空题（将正确的答案填在横线上）.

(1) 若 $f(x,y)=x^2+y^2-xy\tan\dfrac{x}{y}$，则 $f(tx,ty)=$______.

(2) 若 $f(x,y)=\dfrac{x^2+y^2}{2xy}$，则 $f(2,-3)=$______，$f\left(1,\dfrac{y}{x}\right)=$______.

(3) 若 $f\left(\dfrac{y}{x}\right)=\dfrac{\sqrt{x^2+y^2}}{y}(y>0)$，则 $f(x)=$______.

(4) 若 $f\left(x+y,\dfrac{y}{x}\right)=x^2-y^2$，则 $f(x,y)=$______.

(5) 函数 $z=\dfrac{\sqrt{4x-y^2}}{\ln(1-x^2-y^2)}$ 的定义域是______.

(6) 函数 $z=\sqrt{x-\sqrt{y}}$ 的定义域是______.

(7) 函数 $z=\arcsin\dfrac{y}{x}$ 的定义域是______.

(8) 函数 $z=\dfrac{y^2+2x}{y^2-2x}$ 的间断点是______.

3. 求下列极限：

(1) $\lim\limits_{\substack{x\to 0\\ y\to 0}}\dfrac{2-\sqrt{xy+4}}{xy}$；

(2) $\lim\limits_{\substack{x\to 0\\ y\to 0}}\dfrac{\sin xy}{x}$；

(3) $\lim\limits_{\substack{x\to 0\\ y\to 0}}\dfrac{1-\cos(x^2+y^2)}{(x^2+y^2)x^2y^2}$.

4. 证明 $\lim\limits_{(x,y)\to(0,0)}\dfrac{xy}{\sqrt{x^2+y^2}}=0$.

5. 证明极限 $\lim\limits_{(x,y)\to(0,0)}\dfrac{x^2y}{x^4+y^2}=0$ 不存在.

6. 函数 $f(x,y)=\begin{cases}x\sin\dfrac{1}{x^2+y^2}, & (x,y)\neq(0,0)\\ 0, & (x,y)=(0,0)\end{cases}$ 在点 $(0,0)$ 处是否连续？为什么？

第二节 偏导数和全微分

一、偏导数的概念及计算

在一元函数中，我们讨论了函数的变化率问题. 对于多元函数，在应用上也常需要研究它们的变化率问题. 由于多元函数自变量不止一个，因变量与自变量的关系比一元函数要复杂得多. 下面先介绍关于多元函数改变量的几个概念.

设函数 $z=f(x,y)$ 在点 (x_0,y_0) 的某个邻域内有定义，当 x 从 x_0 取得改变量 $\Delta x(\Delta x\neq 0)$，而 $y=y_0$ 保持不变时，函数 z 得到一个改变量，即

$$\Delta z_x=f(x_0+\Delta x,y_0)-f(x_0,y_0)$$

Δz_x 称为函数 $f(x,y)$ 对于 x 的偏改变量或偏增量. 类似的，定义函数 $f(x,y)$ 对于 y

的偏改变量或偏增量，即

$$\Delta z_y = f(x_0, y_0 + \Delta y) - f(x_0, y_0)$$

对于自变量分别从 x_0、y_0 处取得改变量 Δx、Δy，函数 z 的相应改变量为

$$\Delta z = f(x_0 + \Delta x, y_0 + \Delta y) - f(x_0, y_0)$$

Δz 称为函数 $f(x,y)$ 的全改变量或全增量.

我们常考虑因变量对其中一个自变量的变化率. 这时其他自变量看作不变，例如，二元函数 $z = f(x,y)$ 中，仅考虑因变量 z 对自变量 x 的变化率时，自变量 y 看作不变，此变化率称为偏导数. 对此有如下定义：

定义 8.4 设函数 $z = f(x,y)$ 在点 $P_0(x_0, y_0)$ 的某一邻域内有定义，当 y 固定在 y_0，而 x 在 x_0 处有增量 Δx 时，相应地函数有增量

$$\Delta z_x = f(x_0 + \Delta x, y_0) - f(x_0, y_0)$$

如果

$$\lim_{\Delta x \to 0} \frac{\Delta z_x}{\Delta x} = \lim_{\Delta x \to 0} \frac{f(x_0 + \Delta x, y_0) - f(x_0, y_0)}{\Delta x}$$

存在，则称此极限值为函数 $z = f(x,y)$ 在 $P_0(x_0, y_0)$ 处对 x 的偏导数，记作

$$\frac{\partial f}{\partial x}\Big|_{(x_0,y_0)}, \frac{\partial z}{\partial x}\Big|_{(x_0,y_0)}, z'_x\Big|_{(x_0,y_0)} \text{或 } f'_x(x_0, y_0)$$

类似的，函数 $z = f(x,y)$ 在 $P_0(x_0, y_0)$ 处对 y 的偏导数定义为

$$\lim_{\Delta y \to 0} \frac{\Delta z_y}{\Delta y} = \lim_{\Delta y \to 0} \frac{f(x_0, y_0 + \Delta y) - f(x_0, y_0)}{\Delta y}$$

记作

$$\frac{\partial f}{\partial y}\Big|_{(x_0,y_0)}, \frac{\partial z}{\partial y}\Big|_{(x_0,y_0)}, z'_y\Big|_{(x_0,y_0)} \text{或 } f'_y(x_0, y_0)$$

如果函数 $z = f(x,y)$ 在区域 D 内每一点 $P(x,y)$ 处对 x 的偏导都存在，那么这个偏导数就是 x、y 的函数，它就称为函数 $z = f(x,y)$ 对自变量 x 的偏导函数，记作

$$\frac{\partial f}{\partial x}, \frac{\partial z}{\partial x}, z'_x \text{ 或 } f'_x(x,y)$$

类似的，可以定义函数 $z = f(x,y)$ 对自变量 y 的偏导函数，记作

$$\frac{\partial f}{\partial y}, \frac{\partial z}{\partial y}, z'_y \text{ 或 } f'_y(x,y)$$

另外，在不致于混淆时，$z'_x, f'_x(x,y)$，$z'_y, f'_y(x,y)$ 中的一撇可以省去，如记作 z_x，$f_x(x,y)$ 等.

偏导函数也简称为偏导数. 同样地，可以定义三元函数 $u = f(x,y,z)$ 的偏导数 $\frac{\partial u}{\partial x}$，$\frac{\partial u}{\partial y}$，$\frac{\partial u}{\partial z}$ 等.

由偏导数的定义可知，求多元函数的偏导数实际上还是求一元函数的导数问题，只需注意求导时将自变量中的哪一个看成变量，哪些看成常量.

【例 8-8】 求 $z = x^2 + 3xy + y^2$ 在点 $(1,2)$ 处的偏导数.

解 把 y 看作常量，得

$$\frac{\partial z}{\partial x}=2x+3y$$

把 x 看作常量，得

$$\frac{\partial z}{\partial y}=3x+2y$$

将 $x=1$，$y=2$ 代入上面的结果，就得

$$\frac{\partial z}{\partial x}\Big|_{\substack{x=1\\y=2}}=2\times1+3\times2=8$$

$$\frac{\partial z}{\partial y}\Big|_{\substack{x=1\\y=2}}=3\times1+2\times2=7$$

【例 8-9】 求 $z=x^2\sin2y$.

解

$$\frac{\partial z}{\partial x}=2x\sin2y$$

$$\frac{\partial z}{\partial y}=2x^2\cos2y$$

二、偏导数的几何意义

设 $M_0[x_0,y_0,f(x_0,y_0)]$ 为曲面 $z=f(x,y)$ 上的一点，过 M_0 作平面 $y=y_0$ 截此曲面得一曲线，即

$$\begin{cases}y=y_0\\z=f(x,y)\end{cases}$$

此曲线的方程为 $z=f(x,y_0)$. 二元函数 $z=f(x,y)$ 在 M_0 处的偏导数 $f_x'(x_0,y_0)$ 就是一元函数 $f(x,y_0)$ 在 x_0 处的导数，它在几何上表示曲线在点 M_0 处的切线 M_0T_x 关于 x 轴的斜率（见图 8-1）.

同理，偏导数 $f_y'(x_0,y_0)$ 的几何意义是曲面 $z=f(x,y)$ 被平面 $x=x_0$ 所截得的曲线在 M_0 处的切线 M_0T_y 关于 y 轴的斜率.

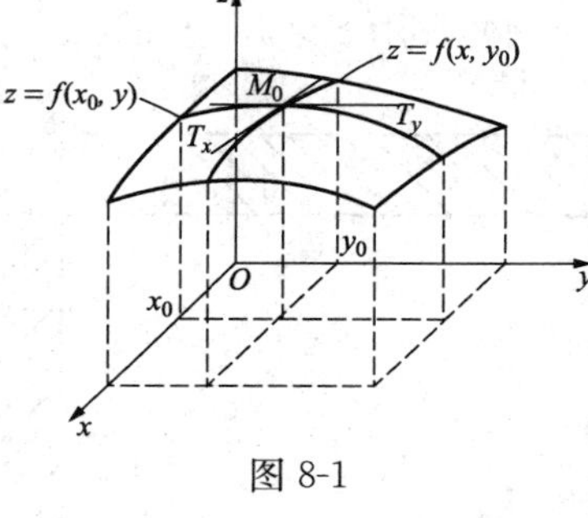

图 8-1

三、高阶偏导数

设 $z=f(x,y)$ 在区域 D 内具有偏导数，即

$$\frac{\partial z}{\partial x}=f_x'(x,y),\frac{\partial z}{\partial y}=f_y'(x,y)$$

那么在 D 内 $f_x'(x,y)$，$f_y'(x,y)$ 都是 x，y 的函数. 如果这两个函数的偏导数也存在，则称它们是函数 $z=f(x,y)$ 的二阶偏导数，按照对变量求导次序的不同，有下列四个二阶偏导数：

(1) $\frac{\partial}{\partial x}\left(\frac{\partial z}{\partial x}\right)=\frac{\partial^2 z}{\partial x^2}=f''_{xx}(x,y)$；

(2) $\frac{\partial}{\partial y}\left(\frac{\partial z}{\partial x}\right)=\frac{\partial^2 z}{\partial x\,\partial y}=f''_{xy}(x,y)$；

(3) $\frac{\partial}{\partial x}\left(\frac{\partial z}{\partial y}\right)=\frac{\partial^2 z}{\partial y\,\partial x}=f''_{yx}(x,y)$；

(4) $\frac{\partial}{\partial y}\left(\frac{\partial z}{\partial y}\right)=\frac{\partial^2 z}{\partial y^2}=f''_{yy}(x,y)$.

其中 (2)、(3) 两个偏导数称为混合偏导数. 同样可得三阶、四阶直至 n 阶偏导数. 二

阶及三阶以上的偏导数统称为高阶偏导数.

【例 8-10】 设 $z=x^3y^2-3xy^3-xy+1$，求 $\frac{\partial z}{\partial x}$、$\frac{\partial z}{\partial y}$、$\frac{\partial^2 z}{\partial x^2}$、$\frac{\partial^2 z}{\partial x\partial y}$、$\frac{\partial^2 z}{\partial y\partial x}$、$\frac{\partial^2 z}{\partial y^2}$ 及 $\frac{\partial^3 z}{\partial x^3}$.

解

$$\frac{\partial z}{\partial x}=3x^2y^2-3y^3-y \qquad \frac{\partial z}{\partial y}=2x^3y-9xy^2-x$$

$$\frac{\partial^2 z}{\partial x^2}=6xy^2 \qquad \frac{\partial^2 z}{\partial y\partial x}=6x^2y-9y^2-1$$

$$\frac{\partial^2 z}{\partial x\partial y}=6x^2y-9y^2-1 \qquad \frac{\partial^2 z}{\partial y^2}=2x^3-18xy$$

$$\frac{\partial^3 z}{\partial x^3}=6y^2$$

【例 8-10】中两个二阶混合偏导数相等，即 $\frac{\partial^2 z}{\partial x\partial y}=\frac{\partial^2 z}{\partial y\partial x}$，这不是偶然的. 事实上有下述定理：

定理 8.1 如果函数 $z=f(x,y)$ 的两个二阶混合偏导数 $\frac{\partial^2 z}{\partial x\partial y}$ 及 $\frac{\partial^2 z}{\partial y\partial x}$ 在区域 D 内连续，那么在该区域内这两个混合偏导数必相等. 即二阶混合偏导数在连续条件下与求偏导的次序无关. 证明从略.

四、全微分

在一元函数 $y=f(x)$ 中，y 对 x 的微分 $\mathrm{d}y$ 是自变量改变量 Δx 的线性函数，且当 $\Delta x\to 0$ 时，$\mathrm{d}y$ 与函数改变量 Δy 的差是一个比 Δx 的高阶无穷小量. 类似的，我们来讨论二元函数在所有自变量都有微小变化时，函数改变量的变化情况.

例如，用 S 表示边长为 x 与 y 的矩形面积，显然 S 是 x、y 的函数，即 $S=xy$. 如果边长 x 与 y 分别取得改变量 Δx 与 Δy，则面积 S 相应地有一个改变量，即

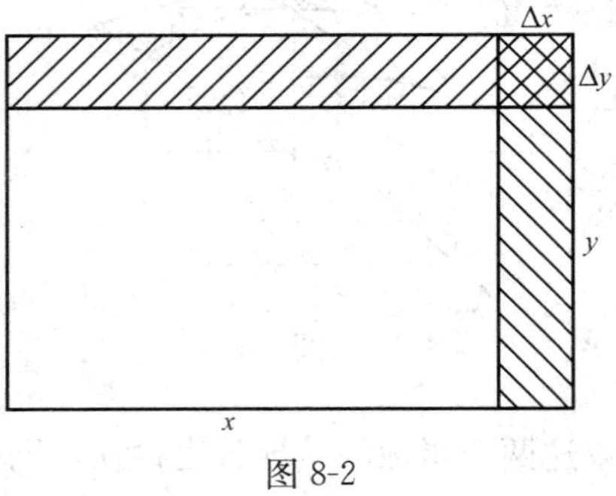

$$\Delta s=(x+\Delta x)(y+\Delta y)-xy$$
$$=x\Delta y+y\Delta x+\Delta x\Delta y$$

Δx Δy y x

图 8-2

上式包含以下两个部分：

第一部分 $x\Delta y+y\Delta x$ 是 Δx 与 Δy 的线性函数，即图 8-2 中带单条斜线的两个矩型面积的和.

第二部分 $\Delta x\Delta y$，当 $\Delta x\to 0$，$\Delta y\to 0$ 时，是比 $\rho=\sqrt{\Delta x^2+\Delta y^2}$ 的高阶无穷小量.

如果以 $x\Delta y+y\Delta x$ 近似表示 Δs，而将 $\Delta x\Delta y$ 略去，则其差 $\Delta s-(x\Delta y+y\Delta x)$ 是一个比 ρ 的高阶无穷小量. 我们把 $x\Delta y+y\Delta x$ 称为面积 S 的微分.

定义 8.5 如果函数 $z=f(x,y)$ 在点 (x,y) 的全增量

$$\Delta z=f(x_0+\Delta x,y_0+\Delta y)-f(x_0,y_0)$$

可表示为

$$\Delta z=A\Delta x+B\Delta y+0(\rho)$$

其中 A、B 不依赖于 Δx、Δy，而仅与 x、y 有关，

$$\rho=\sqrt{\Delta x^2+\Delta y^2}$$

则称函数 $z=f(x,y)$ 在点 (x,y) 可微分，而 $A\Delta x+B\Delta y$ 称为函数 $z=f(x,y)$ 在点 (x,y) 的全微分，记作 dz，即

$$dz=A\Delta x+B\Delta y$$

定理 8.2　设函数 $z=f(x,y)$ 在点 (x,y) 的某一邻域内有连续的偏导数 $f'_x(x,y)$，$f'_y(x,y)$，则函数 $z=f(x,y)$ 在点 (x,y) 处可微，并且有

$$dz=f_x'(x,y)dx+f_y'(x,y)dy$$

证　因为

$$\begin{aligned}\Delta z&=f(x+\Delta x,y+\Delta y)-f(x,y)\\&=[f(x+\Delta x,y+\Delta y)-f(x,y+\Delta y)]+[f(x,y+\Delta y)-f(x,y)]\end{aligned}$$

由于 $f_x'(x,y)$ 及 $f_y'(x,y)$ 在点 (x,y) 的某邻域内都存在，所以当 Δx、Δy 充分小时，由微分学中值定理得

$$\Delta z=f_x'(x+\theta_1\Delta x,y+\Delta y)\Delta x+f_y'(x,y+\theta_2\Delta y)\Delta y$$

其中 $0<\theta_1<1$，$0<\theta_2<1$. 由于 $f_x'(x,y)$ 及 $f_y'(x,y)$ 连续，所以当 $\Delta x\to 0$，$\Delta y\to 0$，$\rho=\sqrt{\Delta x^2+\Delta y^2}\to 0$ 时，有

$$\lim_{\rho\to 0}f_x'(x+\theta_1\Delta x,y+\Delta y)=f_x'(x,y)$$

$$\lim_{\rho\to 0}f_y'(x,y+\theta_2\Delta y)=f_y'(x,y)$$

即

$$f_x'(x+\theta_1\Delta x,y+\Delta y)=f_x'(x,y)+\alpha$$

$$f_y'(x,y+\theta_2\Delta y)=f_y'(x,y)+\beta$$

其中 α、β 当 $\rho\to 0$ 时趋于 0，因而

$$\Delta z=f_x'(x,y)\Delta x+f_y'(x,y)\Delta y+\alpha\Delta x+\beta\Delta y$$

再由

$$\frac{|\alpha\Delta x+\beta\Delta y|}{\rho}=\frac{|\alpha\Delta x+\beta\Delta y|}{\sqrt{\Delta x^2+\Delta y^2}}\leqslant\frac{|\alpha\Delta x|}{\sqrt{\Delta x^2+\Delta y^2}}+\frac{|\beta\Delta y|}{\sqrt{\Delta x^2+\Delta y^2}}\leqslant|\alpha|+|\beta|$$

可知，当 $\rho\to 0$ 时，$\alpha\Delta x+\beta\Delta y$ 是比 ρ 的高阶无穷小量，因此

$$\Delta z=f_x'(x,y)\Delta x+f_y'(x,y)+0(\rho)$$

于是函数 $z=f(x,y)$ 在点 (x,y) 处可微，且

$$dz=f_x'(x,y)\Delta x+f_y'(x,y)$$

习惯上，我们将自变量的增量 Δx、Δy 分别记作 dx、dy，并分别称为自变量 x、y 的微分. 这样，函数 $z=f(x,y)$ 的全微分就可以写为

$$dz=\frac{\partial z}{\partial x}dx+\frac{\partial z}{\partial y}dy$$

如果函数在一个区域 D 内各点处都可微分，就称该函数在 D 内可微分. 类似的，可以推广到三元和三元以上的多元函数，如果函数

$$u=f(x,y,z)$$

的全微分存在，那么必有

$$du=\frac{\partial u}{\partial x}dx+\frac{\partial u}{\partial y}dy+\frac{\partial u}{\partial z}dz$$

【例 8-11】　求函数 $z=x^2y+y^2$ 的全微分.

解　因为

$$\frac{\partial z}{\partial x}=2xy,\frac{\partial z}{\partial y}=x^2+2y$$

所以 $$dz = 2xy\,dx + (x^2 + 2y)\,dy$$

【例 8-12】 计算函数 $z = e^{xy}$ 在点 (2,1) 处的全微分.

解 因为 $$\frac{\partial z}{\partial x} = ye^{xy},\frac{\partial z}{\partial y} = xe^{xy}$$

$$\left.\frac{\partial z}{\partial x}\right|_{\substack{x=2\\y=1}} = e^2,\left.\frac{\partial z}{\partial y}\right|_{\substack{x=2\\y=1}} = 2e^2$$

所以 $$\left.dz\right|_{(2,1)} = e^2 dx + 2e^2 dy$$

【例 8-13】 函数 $u = x + \sin\frac{y}{2} + e^{yz}$ 的全微分.

解 因为 $$\frac{\partial u}{\partial x} = 1,\quad \frac{\partial u}{\partial y} = \frac{1}{2}\cos\frac{y}{2} + ze^{yz},\quad \frac{\partial u}{\partial z} = ye^{yz}$$

所以 $$du = dx + \left(\frac{1}{2}\cos\frac{y}{2} + ze^{yz}\right)dy + ye^{yz}dz$$

全微分在近似计算中的应用如下：

多元函数的全微分也可用来作近似计算. 若函数 $z = f(x,y)$ 在点 (x_0,y_0) 可微，则根据全微分的定义，当 $|\Delta x|$ 和 $|\Delta y|$ 都很小时，有近似计算公式

$$\Delta z \approx dz = f_x'(x_0,y_0)\Delta x + f_y'(x_0,y_0)\Delta y$$

$$f(x_0 + \Delta x, y_0 + \Delta y) \approx f(x_0,y_0) + f_x'(x_0,y_0)\Delta x + f_y'(x_0,y_0)\Delta y$$

注意： 在应用近似计算公式时，必须根据题目要求，正确选择函数 $f(x,y)$ 以及 $x_0,y_0,\Delta x,\Delta y$，且 $|\Delta x|$ 和 $|\Delta y|$ 都必须相对很小.

【例 8-14】 计算 $\sqrt{(1.02)^3 + (1.97)^3}$ 的近似值.

解 所要计算的值可以看作是函数 $f(x,y) = \sqrt{x^3 + y^3}$ 在 $x = 1.02$，$y = 1.97$ 时的函数值. 取 $x_0 = 1$，$\Delta x = 0.02$，$y_0 = 2$，$\Delta y = -0.03$.

因为

$$f_x'(x,y) = \frac{3x^2}{2\sqrt{x^3 + y^3}},f_y'(x,y) = \frac{3y^2}{2\sqrt{x^3 + y^3}}$$

所以

$$f_x'(1,2) = \frac{3\times 1^2}{2\sqrt{1^3 + 2^3}} = \frac{1}{2},f_y'(1,2) = \frac{3\times 2^2}{2\sqrt{1^3 + 2^3}} = 2$$

即

$$\sqrt{(1.02)^3 + (1.97)^3} \approx \sqrt{1^3 + 2^3} + \frac{1}{2}\times 0.02 + 2\times(-0.03) = 2.95$$

【例 8-15】 利用全微分公式求 $(1.01)^{2.99}$ 的近似值.

解 设 $z = f(x,y) = x^y$，则

$$f_x(x,y) = yx^{y-1},f_y(x,y) = x^y\ln x$$

取 $x = 1,\Delta x = 0.01,y = 3,\Delta y = -0.01$，则

$$\begin{aligned}(1.01)^{2.99} &= f(1.01,2.99) = f(1 + 0.01,3 - 0.01)\\ &\approx f(1,3) + f_x(1,3)\times 0.01 + f_y(1,3)\times(-0.01)\\ &= 1^3 + 3\times 1^2\times 0.01 + 1^3\times\ln 1\times(-0.01) = 1.03\end{aligned}$$

【例 8-16】 设某产品的生产函数是$Q=4L^{\frac{3}{4}}K^{\frac{1}{4}}$，其中$Q$是产量，$L$是劳力投入，$K$是资本投入. 现在劳力投入由 256 增加到 258，资金投入由 10 000 增加到 10 500，则产量大约增加多少?

解 由 $\frac{\partial Q}{\partial L}=3L^{-\frac{1}{4}}K^{\frac{1}{4}},\frac{\partial Q}{\partial K}=L^{\frac{3}{4}}K^{-\frac{3}{4}}$，得

$$\mathrm{d}Q=3L^{-\frac{1}{4}}K^{\frac{1}{4}}\mathrm{d}L+L^{\frac{3}{4}}K^{-\frac{3}{4}}\mathrm{d}K$$

于是，当 $L=256,\Delta L=2,K=10\ 000,\Delta K=500$ 时，代入上式得

$$\begin{aligned}\Delta Q\approx \mathrm{d}Q&=3\times 256^{-\frac{1}{4}}\times 10\ 000^{\frac{1}{4}}\times 2+256^{\frac{3}{4}}\times 10\ 000^{-\frac{3}{4}}\times 500\\&=47\end{aligned}$$

即产量大约增加 47 个单位.

【例 8-17】 用水泥建造一个无盖的圆柱形水池，其内半径为 2m，内高为 4m，侧壁及底的厚度为 0.1m，则需要多少水泥?

解 设圆柱的底半径和高分别为x、y，则体积为

$$V=\pi x^2 y$$

于是做水池需要的水泥可以看作当x=2.1m，y=4.1m 与 $x_0=2$m，$y_0=4$m 时，两个圆柱体体积之差 ΔV，因此可利用

$$\Delta V\approx \mathrm{d}V=f_x{}'(x_0,y_0)\Delta x+f_y{}'(x_0,y_0)\Delta y=2\pi x_0 y_0\Delta x+\pi x_0^2\Delta y$$

来计算. 此时取 $x_0=2$，$\Delta x=0.1$，$y_0=4$，$\Delta y=0.1$，代入上式得

$$\Delta V\approx \mathrm{d}V=2\pi\times 2\times 4\times 0.1+\pi\times 2^2\times 0.1=2\pi(\mathrm{m}^3)$$

即建造这个水池大约需要水泥 $2\pi\mathrm{m}^3$.

习题 8-2

1. 是非题（判断下列结论的正误，正确的在括号里面画√，错误的画×）.

（1）偏导数中没有左右导数的说法，是因为讨论它们没有什么意义. （ ）

（2）多元函数连续不一定可导，而偏导数存在则多元函数一定是连续的. （ ）

（3）偏导数的运算法则和一元函数的求导法则是完全相同的. （ ）

2. 填空题（将正确的答案填在横线上）.

（1）设 $z=\ln\tan\frac{x}{y}$，则 $\frac{\partial z}{\partial x}=$______，$\frac{\partial z}{\partial y}=$______.

（2）设 $z=\mathrm{e}^{xy}(x+y)$，则 $\frac{\partial z}{\partial x}=$______，$\frac{\partial z}{\partial y}=$______.

（3）设 $u=x\frac{y}{z}$，则 $\frac{\partial u}{\partial x}=$______，$\frac{\partial u}{\partial y}=$______，$\frac{\partial u}{\partial z}=$______.

（4）设 $z=\arctan\frac{y}{x}$，则 $\frac{\partial^2 z}{\partial x^2}=$______，$\frac{\partial^2 z}{\partial y^2}=$______，$\frac{\partial^2 z}{\partial x\partial y}=$______.

（5）设 $u=\left(\frac{x}{y}\right)^z$，则 $\frac{\partial^2 u}{\partial x\partial y}=$______.

（6）设 $f(x,y)$ 在点 (a,b) 处的偏导数存在，则 $\lim\limits_{x\to 0}\frac{f(a+x,b)-f(a-x,b)}{x}=$______.

3. 求下列函数的偏导数:

(1) $z=(1+xy)^y$;

(2) $u=\arcsin(x-y)^z$.

4. 设 $z=y^x$，求函数在（1，1）点的二阶偏导数.

5. 设 $z=x\ln(xy)$，求 $\frac{\partial^3 z}{\partial x^2\partial y}$ 和 $\frac{\partial^3 z}{\partial x\partial y^2}$.

6. $z=\mathrm{e}^{-\left(\frac{1}{x}+\frac{1}{y}\right)}$，试化简 $x^2\frac{\partial z}{\partial x}+y^2\frac{\partial z}{\partial y}$.

7. 试证函数 $f(x,y)=\begin{cases}\frac{3xy}{x^2+y^2} & (x,y)\neq(0,0)\\ 0 & (x,y)=(0,0)\end{cases}$ 在点（0，0）处的偏导数存在，但不连续.

8. 求下列函数的全微分：

(1) $u=\frac{s+t}{s-t}$;

(2) 设 $f(x,y,z)=\left(\frac{x}{y}\right)^{\frac{1}{z}}$，求 $\mathrm{d}f(1,1,1)$;

(3) 设 $z=\ln(1+x^2+y^2)$，求当 $x=1,y=2,\Delta x=0.1,\Delta y=0.2$ 时的全增量 Δz 和全微分 $\mathrm{d}z$.

9. 计算 $\sqrt{(1.02)^3+(1.97)^3}$ 的近似值.

第三节　复合函数与隐函数的求导法则

一、复合函数的求导法则

现在要将一元函数微分学中复合函数的求导法则推广到多元复合函数的情形.

定理 8.3　如果函数 $u=\varphi(t)$ 及 $v=\psi(t)$ 都对 t 可导，函数 $z=f(u,v)$ 在对应点 (u,v) 可微，则复合函数 $z=f[\varphi(t),\psi(t)]$ 在点 t 可导，且其导数可用式（8-1）计算，即

$$\frac{\mathrm{d}z}{\mathrm{d}t}=\frac{\partial z}{\partial u}\frac{\mathrm{d}u}{\mathrm{d}t}+\frac{\partial z}{\partial v}\frac{\mathrm{d}v}{\mathrm{d}t}\tag{8-1}$$

证　当 t 有改变量 Δt 时，$u=\varphi(t)$、$v=\psi(t)$ 分别有改变量 Δu、Δv，从而引起 z 产生改变量 Δz，由于 $z=f(u,v)$ 可微，即

$$\Delta z=\mathrm{d}z+0(\rho)=\frac{\partial z}{\partial u}\Delta u+\frac{\partial z}{\partial v}\Delta v+\alpha\rho$$

其中 $\rho=\sqrt{\Delta u^2+\Delta v^2}$，且当 $\rho\to 0$ 时有 $\alpha\to 0$. 此时有

$$\frac{\Delta z}{\Delta t}=\frac{\partial z}{\partial u}\frac{\Delta u}{\Delta t}+\frac{\partial z}{\partial v}\frac{\Delta v}{\Delta t}+\alpha\sqrt{\left(\frac{\Delta u}{\Delta t}\right)^2+\left(\frac{\Delta v}{\Delta t}\right)^2}$$

令 $\Delta t\to 0$，上式两端取极限，由于 u、v 对 t 可导，从而连续，故当 $\Delta t\to 0$ 时，有 $\Delta u\to 0$，$\Delta v\to 0$，于是 $\rho\to 0$，则 $\alpha\sqrt{\left(\frac{\Delta u}{\Delta t}\right)^2+\left(\frac{\Delta v}{\Delta t}\right)^2}$. 且当 $\Delta t\to 0$ 时，有 $\frac{\Delta u}{\Delta t}\to\frac{\mathrm{d}u}{\mathrm{d}t}$，$\frac{\Delta v}{\Delta t}\to\frac{\mathrm{d}v}{\mathrm{d}t}$，所以证得 $\frac{\mathrm{d}z}{\mathrm{d}t}=\lim\limits_{\Delta t\to 0}\frac{\Delta z}{\Delta t}$ 存在，且使式（8-1）成立.

式（8-1）中的 $\frac{\mathrm{d}z}{\mathrm{d}t}$ 称为全导数.

【例 8-18】 设 $z=u^2v+3uv^4$，$u=\mathrm{e}^x$，$v=\sin x$，求全导数 $\frac{\mathrm{d}z}{\mathrm{d}x}$.

解 $\frac{\mathrm{d}z}{\mathrm{d}x}=\frac{\partial z}{\partial u}\frac{\mathrm{d}u}{\mathrm{d}x}+\frac{\partial z}{\partial v}\frac{\mathrm{d}v}{\mathrm{d}x}=(2uv+3v^4)\mathrm{e}^x+(u^2+12uv^3)\cos x$

$=(2\mathrm{e}^x\sin x+3\sin^4 x)\mathrm{e}^x+(\mathrm{e}^{2x}+12\mathrm{e}^x\sin^3 x)\cos x$

上述定理还可以推广到中间变量不是一元函数，而是多元函数的情形.

如果函数 $u=\varphi(x,y)$，$v=\psi(x,y)$ 都在点 (x,y) 具有对 x 及对 y 的偏导数，函数 $z=f(u,v)$ 在对应点 (u,v) 具有连续偏导数，则复合函数 $z=f[\varphi(x,y),\psi(x,y)]$ 在点 (x,y) 的两个偏导数存在，且有

$$\frac{\partial z}{\partial x}=\frac{\partial z}{\partial u}\frac{\partial u}{\partial x}+\frac{\partial z}{\partial v}\frac{\partial v}{\partial x} \tag{8-2}$$

$$\frac{\partial z}{\partial y}=\frac{\partial z}{\partial u}\frac{\partial u}{\partial y}+\frac{\partial z}{\partial v}\frac{\partial v}{\partial y} \tag{8-3}$$

事实上，这里求 $\frac{\partial z}{\partial x}$ 时，y 看作常量，因此中间变量 u 及 v 仍可看作一元函数而应用式 (8-1). 但由于

$$z=f[\varphi(x,y),\psi(x,y)]$$

以及

$$u=\varphi(x,y) \text{ 和 } v=\psi(x,y)$$

都是 x、y 的二元函数，所以应把式（8-1）中的符号 d 改成符号 ∂. 这样便由式（8-1）得式（8-2），同理由式（8-1）可得式（8-3）.

类似的，设 $z=f(u,v,w)$ 具有连续偏导数，而

$$u=\varphi(x,y),v=\psi(x,y),w=\omega(x,y)$$

都具有偏导数，则复合函数

$$z=f[\varphi(x,y),\psi(x,y),\omega(x,y)]$$

有对自变量 x、y 的偏导数，且

$$\frac{\partial z}{\partial x}=\frac{\partial z}{\partial u}\frac{\partial u}{\partial x}+\frac{\partial z}{\partial v}\frac{\partial v}{\partial x}+\frac{\partial z}{\partial w}\frac{\partial w}{\partial x} \tag{8-4}$$

$$\frac{\partial z}{\partial y}=\frac{\partial z}{\partial u}\frac{\partial u}{\partial y}+\frac{\partial z}{\partial v}\frac{\partial v}{\partial y}+\frac{\partial z}{\partial w}\frac{\partial w}{\partial y} \tag{8-5}$$

【例 8-19】 设 $z=\mathrm{e}^u\sin v$，而 $u=xy$，$v=x+y$，求 $\frac{\partial z}{\partial x}$ 和 $\frac{\partial z}{\partial y}$.

解 $\frac{\partial z}{\partial x}=\frac{\partial z}{\partial u}\frac{\partial u}{\partial x}+\frac{\partial z}{\partial v}\frac{\partial v}{\partial x}=\mathrm{e}^u\sin v\cdot y+\mathrm{e}^u\cos v\cdot 1=\mathrm{e}^{xy}[y\sin(x+y)+\cos(x+y)]$

$\frac{\partial z}{\partial y}=\frac{\partial z}{\partial u}\frac{\partial u}{\partial y}+\frac{\partial z}{\partial v}\frac{\partial v}{\partial y}=\mathrm{e}^u\sin v\cdot x+\mathrm{e}^u\cos v\cdot 1=\mathrm{e}^{xy}[x\sin(x+y)+\cos(x+y)]$

【例 8-20】 求 $z=(3x^2+y^2)^{4x+2y}$ 的偏导数.

解 设 $u=3x^2+y^2$，$v=4x+2y$，则 $z=u^v$，可得

$$\frac{\partial z}{\partial u}=v\cdot u^{v-1},\frac{\partial z}{\partial v}=u^v\cdot\ln u$$

$$\frac{\partial u}{\partial x}=6x,\frac{\partial u}{\partial y}=2y,\frac{\partial v}{\partial x}=4,\frac{\partial v}{\partial y}=2$$

则
$$\frac{\partial z}{\partial x}=v\cdot u^{v-1}\cdot 6x+u^{v}\cdot \ln u\cdot 4$$
$$=6x(4x+2y)(3x^{2}+y^{2})^{4x+2y-1}+4(3x^{2}+y^{2})^{4x+2y}\ln(3x^{2}+y^{2})$$
$$\frac{\partial z}{\partial y}=v\cdot u^{v-1}\cdot 2y+u^{v}\cdot \ln u\cdot 2$$
$$=2y(4x+2y)(3x^{2}+y^{2})^{4x+2y-1}+2(3x^{2}+y^{2})^{4x+2y}\ln(3x^{2}+y^{2})$$

二、隐函数的微分法

(1) 在一元函数中可用复合函数求导法求由方程 $F(x,y)=0$ 所确定的 y 是 x 的导数 $\frac{\mathrm{d}y}{\mathrm{d}x}$. 现在给出用偏导数来求的公式.

隐函数存在定理 1

设函数 $F(x,y)$ 在点 $P(x_0,y_0)$ 的某一邻域内具有连续偏导数，$F(x_0,y_0)=0$，$F_y(x_0,y_0)\neq 0$，则方程 $F(x,y)=0$ 在点(x_0,y_0)的某一邻域内恒能唯一确定一个连续且具有连续导数的函数 $y=f(x)$，它满足条件 $y_0=f(x_0)$，并有
$$\frac{\mathrm{d}y}{\mathrm{d}x}=-\frac{F_x}{F_y} \tag{8-6}$$

求导公式证明：将 $y=f(x)$ 代入 $F(x,y)=0$，得恒等式
$$F[x\ ,f(x)]=0$$
等式两边对 x 求导得
$$\frac{\partial F}{\partial x}+\frac{\partial F}{\partial y}\cdot\frac{\mathrm{d}y}{\mathrm{d}x}=0$$
由于 F_y 连续，且 $F_y(x_0,y_0)\neq 0$，所以存在(x_0,y_0)的一个邻域，在这个邻域同 $F_y\neq 0$，于是得
$$\frac{\mathrm{d}y}{\mathrm{d}x}=-\frac{F_x}{F_y}$$

【例 8-21】 验证方程 $x^2+y^2-1=0$ 在点（0，1）的某一邻域内能唯一确定一个有连续导数，且当 $x=0$ 时 $y=1$ 的隐函数 $y=f(x)$，并求该函数的一阶与二阶导数在 $x=0$ 的值.

解 设 $F(x,y)=x^2+y^2-1$，则 $F_x=2x,F_y=2y,F(0,1)=0,F_y(0,1)=2\neq 0$，因此由定理 1 可知，方程 $x^2+y^2-1=0$ 在点（0，1）的某一邻域内能唯一确定一个有连续导数，且当 $x=0$ 时 $y=1$ 的隐函数 $y=f(x)$.

因为 $\frac{\mathrm{d}y}{\mathrm{d}x}=-\frac{F_x}{F_y}=-\frac{x}{y}$

所以 $\left.\frac{\mathrm{d}y}{\mathrm{d}x}\right|_{x=0}=0$

因为 $\frac{\mathrm{d}^2y}{\mathrm{d}x^2}=-\frac{y-xy'}{y^2}=-\frac{y-x\left(-\frac{x}{y}\right)}{y^2}=-\frac{y^2+x^2}{y^3}=-\frac{1}{y^3}$

所以 $\left.\frac{\mathrm{d}^2y}{\mathrm{d}x^2}\right|_{x=0}=-1$

【例 8-22】 由方程 $y-xe^y+x=0$ 所确定的 y 是 x 的函数的导数.

解　设 $F(x,y)=y-xe^y+x$，则

$$\frac{\partial F}{\partial x}=-e^y+1$$

$$\frac{\partial F}{\partial y}=1-xe^y$$

所以

$$\frac{dy}{dx}=-\frac{-e^y+1}{1-xe^y}=\frac{e^y-1}{1-xe^y}$$

（2）隐函数存在定理还可以推广到多元函数．一个二元方程 $F(x,\ y)=0$ 可以确定一个一元隐函数，一个三元方程 $F(x,\ y,z)=0$ 可以确定一个二元隐函数．

隐函数存在定理 2

设函数 $F(x,y,z)$ 在点 $P(x_0,y_0,z_0)$ 的某一邻域内具有连续的偏导数，且 $F(x_0,y_0,z_0)=0$，$F_z(x_0,y_0,z_0)\neq 0$，则方程 $F(x,y,z)=0$ 在点 (x_0,y_0,z_0) 的某一邻域内恒能唯一确定一个连续且具有连续偏导数的函数 $z=f(x,y)$，它满足条件 $z_0=f(x_0,y_0)$，并有

$$\frac{\partial z}{\partial x}=-\frac{F_x}{F_z},\frac{\partial z}{\partial y}=-\frac{F_y}{F_z} \tag{8-7}$$

式（8-7）的证明：将 $z=f(x,y)$ 代入 $F(x,y,z)=0$，得 $F[x,\ y,f(x,y)]\equiv 0$，将式（8-7）两端分别对 x 和 y 求导，得

$$F_x+F_z\cdot\frac{\partial z}{\partial x}=0,F_y+F_z\cdot\frac{\partial z}{\partial y}=0$$

因为 F_z 连续，且 $F_z(x_0,y_0,z_0)\neq 0$，所以存在点 (x_0,y_0,z_0) 的一个邻域，使 $F_z\neq 0$，于是得

$$\frac{\partial z}{\partial x}=-\frac{F_x}{F_z},\frac{\partial z}{\partial y}=-\frac{F_y}{F_z}$$

【例 8-23】　由方程 $\frac{x^2}{a^2}+\frac{y^2}{b^2}+\frac{z^2}{c^2}=1$ 所确定的函数 z 的偏导数．

解　设 $F(x,y,z)=\frac{x^2}{a^2}+\frac{y^2}{b^2}+\frac{z^2}{c^2}-1$

由 $\frac{\partial F}{\partial x}=\frac{2x}{a^2}$，$\frac{\partial F}{\partial y}=\frac{2y}{b^2}$，$\frac{\partial F}{\partial z}=\frac{2z}{c^2}$ 可得

$$\frac{\partial z}{\partial x}=-\frac{\frac{2x}{a^2}}{\frac{2z}{c^2}}=-\frac{c^2x}{a^2z}$$

$$\frac{\partial z}{\partial y}=-\frac{c^2y}{b^2z}$$

【例 8-24】　设 $x^2+y^2+z^2-4z=0$，求 $\frac{\partial^2 z}{\partial x^2}$.

解　设 $F(x,y,z)=x^2+y^2+z^2-4z$，则 $F_x=2x,F_y=2z-4$.

$$\frac{\partial z}{\partial x}=-\frac{F_x}{F_z}=-\frac{2x}{2z-4}=\frac{x}{2-z}$$

$$\frac{\partial^2 z}{\partial x^2}=\frac{(2-x)+x\frac{\partial z}{\partial x}}{(2-z)^2}=\frac{(2-x)+x\left(\frac{x}{2-z}\right)}{(2-z)^2}=\frac{(2-x)^2+x^2}{(2-z)^3}$$

对于抽象函数，求多元函数的高阶偏导数，要牢记多元复合函数的各阶偏导数仍是与原来函数同类型的函数，即以原中间变量为中间变量，原自变量为自变量的多元复合函数.

【例 8-25】 设 f 具有二阶连续偏导数，$z=f\left(xy,\dfrac{x}{y}\right)$，求 $\dfrac{\partial^2 z}{\partial x^2}$，$\dfrac{\partial^2 z}{\partial x\partial y}$，$\dfrac{\partial^2 z}{\partial y^2}$.

解 令 $u=xy$，$v=\dfrac{x}{y}$，则 $z=f(u,v)$.

$$\frac{\partial z}{\partial x}=\frac{\partial f}{\partial u}\cdot\frac{\partial u}{\partial x}+\frac{\partial f}{\partial v}\cdot\frac{\partial z}{\partial x}=f'_1\cdot y+f'_2\cdot\frac{1}{y}.$$

$$\frac{\partial z}{\partial y}=\frac{\partial f}{\partial u}\cdot\frac{\partial u}{\partial y}+\frac{\partial f}{\partial v}\cdot\frac{\partial v}{\partial y}=f'_1\cdot x+f'_2\cdot\left(-\frac{x}{y^2}\right).$$

$$\begin{aligned}\frac{\partial^2 z}{\partial x^2}&=\frac{\partial}{\partial x}\left(y\cdot f'_1+\frac{1}{y}\cdot f'_2\right)=y\,\frac{\partial f'_1}{\partial x}+\frac{1}{y}\cdot\frac{\partial f'_2}{\partial x}\\&=y\cdot\left(\frac{\partial f'_1}{\partial u}\cdot\frac{\partial u}{\partial x}+\frac{\partial f'_1}{\partial v}\cdot\frac{\partial v}{\partial x}\right)+\frac{1}{y}\cdot\left(\frac{\partial f'_2}{\partial u}\cdot\frac{\partial u}{\partial x}+\frac{\partial f'_2}{\partial v}\cdot\frac{\partial v}{\partial x}\right)\\&=y\cdot\left(f''_{11}\cdot y+f''_{12}\cdot\frac{1}{y}\right)+\frac{1}{y}\left(f''_{21}\cdot y+f''_{22}\cdot\frac{1}{y}\right)\\&=y^2f''_{11}+2f''_{12}+\frac{1}{y^2}f''_{22}.\end{aligned}$$

$$\begin{aligned}\frac{\partial^2 z}{\partial x\partial y}&=\frac{\partial}{\partial y}\left(y\cdot f'_1+\frac{1}{y}f'_2\right)=f'_1+y\cdot\frac{\partial f'_1}{\partial y}-\frac{1}{y^2}f'_2+\frac{1}{y}\,\frac{\partial f'_2}{\partial y}\\&=f'_1+y\cdot\left(\frac{\partial f'_1}{\partial u}\cdot\frac{\partial u}{\partial y}+\frac{\partial f'_1}{\partial v}\cdot\frac{\partial v}{\partial y}\right)-\frac{1}{y^2}\cdot f'_2+\frac{1}{y}\left(\frac{\partial f'_2}{\partial u}\cdot\frac{\partial u}{\partial y}+\frac{\partial f'_2}{\partial v}\cdot\frac{\partial v}{\partial y}\right)\\&=f'_1+y\cdot\left(f''_{11}\cdot x-f''_{12}\cdot\frac{x}{y^2}\right)-\frac{1}{y^2}\cdot f'_2+\frac{1}{y}\left(f''_{21}\cdot x-f''_{22}\cdot\frac{x}{y^2}\right)\end{aligned}$$

$$\begin{aligned}\frac{\partial^2 z}{\partial y^2}&=\frac{\partial}{\partial y}\left(x\cdot f'_1-\frac{x}{y^2}\cdot f'_2\right)=x\cdot\frac{\partial f'_1}{\partial y}+\frac{2x}{y^3}\cdot f'_2-\frac{x}{y^2}\cdot\frac{\partial f'_2}{\partial y}\\&=x\cdot\left(\frac{\partial f'_1}{\partial u}\cdot\frac{\partial u}{\partial y}+\frac{\partial f'_1}{\partial v}\cdot\frac{\partial v}{\partial y}\right)+\frac{2x}{y^3}\cdot f'_2-\frac{x}{y^2}\left(\frac{\partial f'_2}{\partial u}\cdot\frac{\partial u}{\partial y}+\frac{\partial f'_2}{\partial v}\cdot\frac{\partial v}{\partial y}\right)\\&=x\cdot\left(f''_{11}\cdot x-\frac{x}{y^2}\cdot f''_{12}\right)+\frac{2x}{y^3}f'_2-\frac{x}{y^2}\left(f''_{21}\cdot x-\frac{x}{y^2}\cdot f''_{22}\right)\\&=x^2\cdot f''_{11}-\frac{2x^2}{y^2}\cdot f''_{12}+\frac{x^2}{y^4}\cdot f''_{22}+\frac{2x}{y^3}\cdot f'_2.\end{aligned}$$

【例 8-26】 设 $z=f(u,x,y)$，$u=xe^y$，其中 f 具有二阶连续偏导数，求 $\dfrac{\partial^2 z}{\partial x\partial y}$

解 $\dfrac{\partial z}{\partial x}=\dfrac{\partial f}{\partial u}\cdot\dfrac{\partial u}{\partial x}+\dfrac{\partial f}{\partial x}=f'_1\cdot e^y+f'_2$

$$\begin{aligned}\frac{\partial^2 z}{\partial x\partial y}&=\frac{\partial}{\partial y}(f'_1\cdot e^y+f'_2)=e^y\cdot f'_1+e^y\cdot\frac{\partial f'_1}{\partial y}+\frac{\partial f'_2}{\partial y}\\&=e^y\cdot f'_1+e^y\cdot(f''_{11}\cdot xe^y+f''_{13})+(f''_{21}\cdot xe^y+f''_{23})\\&=e^y\cdot f'_1+xe^{2y}\cdot f''_{11}+e^y\cdot f''_{13}+xe^y\cdot f''_{21}+f''_{23}.\end{aligned}$$

求二阶偏导数，首先要清楚函数的结构：**中间变量** u **也是** x,y 的函数.

习题 8-3

一、复合函数求导部分

1. 填空题（将正确的答案填在横线上）.

(1) 设 $z = u^2 \ln v$ 而 $u = \dfrac{x}{y}$，$v = 3x - 2y$，则 $\dfrac{\partial z}{\partial x} =$ ______，$\dfrac{\partial z}{\partial y} =$ ______.

(2) 设 $u = \dfrac{e^{ax}(y-z)}{a^2+1}$，而 $y = a\sin x$，$z = \cos x$，则 $\dfrac{du}{dx} =$ ______.

(3) 设 $z = \arctan(xy)$，而 $y = e^x$，则 $\dfrac{dz}{dx} =$ ______.

(4) 设 $u = f(x^2 - y^2, e^{xy})$，则 $\dfrac{\partial u}{\partial x} =$ ______，$\dfrac{\partial u}{\partial y} =$ ______.

(5) $u = f(x, xy, xyz)$，则 $\dfrac{\partial u}{\partial x} =$ ______.

2. 设 $z = \dfrac{1}{x}f(xy) + yf(x+y)$，$f$ 具有二阶连续导数，求 $\dfrac{\partial^2 z}{\partial x \partial y}$.

3. 设 $z = f\left(x, \dfrac{x}{y}\right)$，$f$ 具有二阶连续偏导数，求 $\dfrac{\partial^2 z}{\partial x^2}$.

4. 设 $z = xf\left(2x, \dfrac{y^2}{x}\right)$，$f$，具有二阶连续偏导数，求 $\dfrac{\partial^2 z}{\partial x \partial y}$.

5. 设 $z = f(\sin x, \cos y, e^{x+y})$，$f$，具有二阶连续偏导数，求 $\dfrac{\partial^2 z}{\partial x^2}$.

6. 设 f 与 g 有二阶连续导数，且 $z = f(x+at) + g(x-at)$，证明 $\dfrac{\partial^2 z}{\partial t^2} = a^2 \dfrac{\partial^2 z}{\partial x^2}$.

二、隐函数求导部分

1. 填空题（将正确的答案填在横线上）.

(1) 设 $\ln\sqrt{x^2+y^2} = \arctan\dfrac{y}{x}$，则 $\dfrac{dy}{dx} =$ ______.

(2) 设 $x + 2y + z - 2\sqrt{xyz} = 0$，则 $\dfrac{\partial z}{\partial x} =$ ______，$\dfrac{\partial z}{\partial y} =$ ______.

(3) 设 $\dfrac{x}{z} = \ln\dfrac{z}{y}$，则 $\dfrac{\partial z}{\partial x} =$ ______，$\dfrac{\partial z}{\partial y} =$ ______.

(4) 设 $z^x = y^z$，则 $\dfrac{\partial z}{\partial x} =$ ______，$\dfrac{\partial z}{\partial y} =$ ______.

2. 设 $e^z = xyz$，求 $\dfrac{\partial^2 z}{\partial x \partial y}$.

3. 设 $z^3 - 3xyz = a^3$，求 $\dfrac{\partial^2 z}{\partial x \partial y}$.

4. 设 $2\sin(x + 2y - 3z) = x + 2y - 3z$，求 $\dfrac{\partial z}{\partial x} + \dfrac{\partial z}{\partial y}$.

5. 设由方程 $F\left(x + \dfrac{z}{y}, y + \dfrac{z}{x}\right) = 0$ 确定 $z = z(x,y)$，F 具有一阶连续偏导数，证明 $x\dfrac{\partial z}{\partial x} + y\dfrac{\partial z}{\partial y} = z - xy$.

6. 设 $x=x(y,z), y=y(z,x), z=(x,y)$ 都是由方程 $F(x,y,z)=0$ 所确定的有连续偏导数的函数，证明 $\frac{\partial x}{\partial y}\cdot\frac{\partial y}{\partial z}\cdot\frac{\partial z}{\partial x}=-1$.

第四节　偏导数在几何上的应用

多元函数微分学的几何应用.

一、空间曲线的切线与法平面

设空间曲线 L 的参数方程为

$$x=\varphi(t), y=\psi(t), z=\omega(t)\quad(\alpha\leqslant t\leqslant\beta)$$

在曲线 L 上取一点 $M(x_0,y_0,z_0)$，对应参数为 $t=t_0$；在 M 的邻近取一点 $M'(x_0+\Delta x, y_0+\Delta y, z_0+\Delta z)$，对应参数为 $t=t_0+\Delta t$，连接 M 与 M' 的割线的方程为

$$\frac{x-x_0}{\Delta x}=\frac{y-y_0}{\Delta y}=\frac{z-z_0}{\Delta z}$$

当 M' 沿曲线 L 趋向于 M 时，割线 MM' 的极限位置 MT 就是曲线 L 在点 M 的切线.

割线 MM' 的方程也可写成

$$\frac{x-x_0}{\frac{\Delta x}{\Delta t}}=\frac{y-y_0}{\frac{\Delta y}{\Delta t}}=\frac{z-z_0}{\frac{\Delta z}{\Delta t}}$$

当 $M'\to M$ 时，$\Delta t\to 0$，因此割线 MM' 的极限位置 MT 的方程（曲线 L 在点 M 的切线方程）为

$$\frac{x-x_0}{\varphi'(t_0)}=\frac{y-y_0}{\psi'(t_0)}=\frac{z-z_0}{\omega'(t_0)}$$

切线的方向向量为

$$\boldsymbol{T}=[\varphi'(t_0),\psi'(t_0),\omega'(t_0)]$$

也称为曲线 L 的切向量.

过切点 M 且与切线垂直的平面称为曲线 L 在点 M 的法平面. 故曲线 L 在点 M 的法平面方程为

$$\varphi'(t_0)(x-x_0)+\psi'(t_0)(y-y_0)+\omega'(t_0)(z-z_0)=0$$

【例 8-27】 求曲线 $x=t$，$y=t^2$，$z=t^3$ 在点（1，1，1）处的切线与法平面的方程.

解 因为 $x'=1$，$y'=2t$，$z'=3t^2$，点（1，1，1）对应 $t=1$，所以曲线在点（1，1，1）处的切向量为

$$\boldsymbol{T}=(1,2,3)$$

故切线方程为

$$\frac{x-1}{1}=\frac{y-1}{2}=\frac{z-1}{3}$$

法平面方程为

$$(x-1)+2(y-1)+3(z-1)=0$$

即

$$x+2y+3z-6=0$$

如果空间曲线 L 的方程为

$$\begin{cases} y=\varphi(x) \\ z=\psi(x) \end{cases}$$

则可转化为参数形式

$$\begin{cases} x=x \\ y=\varphi(x) \\ z=\psi(x) \end{cases}$$

因此，曲线 L 的切向量为 $\boldsymbol{T}=[1,\varphi'(x),\psi'(x)]$，曲线 L 在点 $M(x_0,y_0,z_0)$ 处的切线方程为

$$\frac{x-x_0}{1}=\frac{y-y_0}{\varphi'(x_0)}=\frac{z-z_0}{\psi'(x_0)}$$

法平面方程为

$$(x-x_0)+\varphi'(x_0)(y-y_0)+\psi'(x_0)(z-z_0)=0$$

* 如果空间曲线 L 的方程为

$$\begin{cases} F(x,y,z)=0 \\ G(x,y,z)=0 \end{cases}$$

并假设

$$J=\left|\frac{\partial(F,G)}{\partial(y,z)}\right|_{(x_0,y_0,z_0)}\neq 0$$

则曲线 L 的方程等价为

$$\begin{cases} y=\varphi(x) \\ z=\psi(x) \end{cases}$$

其中 $y=\varphi(x)$，$z=\psi(x)$ 是由方程组 $F(x,y,z)=0$，$G(x,y,z)=0$ 确定的隐函数. 因此有

$$F[x,\varphi(x),\psi(x)]=0$$
$$G[x,\varphi(x),\psi(x)]=0$$

两边分别对 x 求导数，得

$$\begin{cases} \dfrac{\partial F}{\partial x}+\dfrac{\partial F}{\partial y}\cdot\dfrac{\mathrm{d}y}{\mathrm{d}x}+\dfrac{\partial F}{\partial z}\cdot\dfrac{\mathrm{d}z}{\mathrm{d}x}=0 \\ \dfrac{\partial G}{\partial x}+\dfrac{\partial G}{\partial y}\cdot\dfrac{\mathrm{d}y}{\mathrm{d}x}+\dfrac{\partial G}{\partial z}\cdot\dfrac{\mathrm{d}z}{\mathrm{d}x}=0 \end{cases}$$

由假设，在点 (x_0,y_0,z_0) 的某邻域内

$$J=\left|\frac{\partial(F,G)}{\partial(y,z)}\right|\neq 0$$

因此可解得

$$\frac{\mathrm{d}y}{\mathrm{d}x}=\varphi'(x)=\frac{\begin{vmatrix} F_z & F_x \\ G_z & G_x \end{vmatrix}}{\begin{vmatrix} F_y & F_z \\ G_y & G_z \end{vmatrix}},\frac{\mathrm{d}y}{\mathrm{d}x}=\psi'(x)=\frac{\begin{vmatrix} F_x & F_y \\ G_x & G_y \end{vmatrix}}{\begin{vmatrix} F_y & F_z \\ G_y & G_z \end{vmatrix}}$$

曲线 L 在点 (x_0,y_0,z_0) 处的切向量 $\boldsymbol{T}=[1,\varphi'(x_0),\psi'(x_0)]$，其中

$$\varphi'(x_0)\frac{\begin{vmatrix} F_z & F_x \\ G_z & G_x \end{vmatrix}_0}{\begin{vmatrix} F_y & F_z \\ G_y & G_z \end{vmatrix}_0},\psi'(x_0)\frac{\begin{vmatrix} F_x & F_y \\ G_x & G_y \end{vmatrix}_0}{\begin{vmatrix} F_y & F_z \\ G_y & G_z \end{vmatrix}_0}$$

这里，下标“0”表示在点（x_0，y_0，z_0）处取值. 注意：切向量也可等价的取成

$$\boldsymbol{T}_1=\left[\begin{vmatrix} F_y & F_z \\ G_y & G_z \end{vmatrix}_0,\begin{vmatrix} F_z & F_x \\ G_z & G_x \end{vmatrix}_0,\begin{vmatrix} F_x & F_y \\ G_x & G_y \end{vmatrix}_0\right]$$

这样，曲线 L 在点 (x_0,y_0,z_0) 处的切线方程为

$$\frac{x-x_0}{\begin{vmatrix} F_y & F_z \\ G_y & G_z \end{vmatrix}_0}=\frac{y-y_0}{\begin{vmatrix} F_z & F_x \\ G_z & G_x \end{vmatrix}_0}=\frac{z-z_0}{\begin{vmatrix} F_x & F_y \\ G_x & G_y \end{vmatrix}_0}$$

法平面方程为

$$\begin{vmatrix} F_y & F_z \\ G_y & G_z \end{vmatrix}_0(x-x_0)+\begin{vmatrix} F_z & F_x \\ G_z & G_x \end{vmatrix}_0(y-y_0)+\begin{vmatrix} F_x & F_y \\ G_x & G_y \end{vmatrix}_0(z-z_0)=0$$

【例 8-28】 求曲线 $x^2+y^2+z^2=6$，$x+y+z=0$ 在点（1，-2，1）处的切线及法平面方程.

解 将所给方程的两边对 x 求导，得

$$\begin{cases} y\cdot\dfrac{\mathrm{d}y}{\mathrm{d}x}+z\cdot\dfrac{\mathrm{d}z}{\mathrm{d}x}=-x \\ \dfrac{\mathrm{d}y}{\mathrm{d}x}+\dfrac{\mathrm{d}z}{\mathrm{d}x}=-1 \end{cases}$$

解得

$$\frac{\mathrm{d}y}{\mathrm{d}x}=\frac{\begin{vmatrix} -x & z \\ -1 & 1 \end{vmatrix}}{\begin{vmatrix} y & z \\ 1 & 1 \end{vmatrix}}=\frac{z-x}{y-z},\frac{\mathrm{d}z}{\mathrm{d}x}=\frac{\begin{vmatrix} y & -x \\ 1 & -1 \end{vmatrix}}{\begin{vmatrix} y & z \\ 1 & 1 \end{vmatrix}}=\frac{x-y}{y-z}$$

因此

$$\frac{\mathrm{d}y}{\mathrm{d}x}\bigg|_{(1,-2,1)}=0,\frac{\mathrm{d}z}{\mathrm{d}x}\bigg|_{(1,-2,1)}=-1$$

从而，曲线在点（1，-2，1）处的切向量为 $\boldsymbol{T}=(1,0,-1)$.

故曲线在点（1，-2，1）处的切线方程为

$$\frac{x-1}{1}=\frac{y+2}{0}=\frac{z-1}{-1}$$

法平面方程为

$$(x-1)+0\cdot(y+2)-(z-1)=0$$

即

$$x-z=0$$

二、曲面的切平面与法线

设曲面 Σ 由一般方程给出，即

$$F(x,y,z)=0$$

$M(x_0,y_0,z_0)$ 为曲面 Σ 上的一点，L 为曲面 Σ 上过 $M(x_0,y_0,z_0)$ 的一条曲线，L 的方

程为

$$x=\varphi(t), y=\psi(t), z=\omega(t) \quad (\alpha \leqslant t \leqslant \beta)$$

$t=t_0$ 对应于 $M(x_0, y_0, z_0)$，即 $x_0=\varphi(t_0)$，$y_0=\psi(t_0)$，$z_0=\omega(t_0)$. 由于曲线 L 在曲面 Σ 上，故

$$F[\varphi(t), \psi(t), \omega(t)] \equiv 0$$

两边对 t 求导数，并在 $t=t_0$ 处取值，得

$$F_x(x_0, y_0, z_0)\varphi'(t_0)+F_y(x_0, y_0, z_0)\psi'(t_0)+F_z(x_0, y_0, z_0)\omega'(t_0)=0$$

引入向量

$$\boldsymbol{n}=[F_x(x_0, y_0, z_0), F_x(x_0, y_0, z_0), F_x(x_0, y_0, z_0)]$$

由此看出：$\boldsymbol{n}$ 垂直于曲线 L 的切向量 $\boldsymbol{T}=[\varphi'(t_0), \psi'(t_0), \omega'(t_0)]$. 注意到在曲面 Σ 的点 $M(x_0, y_0, z_0)$ 处，$\boldsymbol{n}$ 为常向量，而 $\boldsymbol{T}=[\varphi'(t_0), \psi'(t_0), \omega'(t_0)]$ 为曲面 Σ 过 $M(x_0, y_0, z_0)$ 点的任意一条曲线，即 $\boldsymbol{n}$ 垂直于曲面 Σ 过点 $M(x_0, y_0, z_0)$ 的任何曲线的切向量，也就是曲面 Σ 过 $M(x_0, y_0, z_0)$ 点的所有曲线的切向量在一个平面内，这个平面称为曲面 Σ 在 $M(x_0, y_0, z_0)$ 点的切平面. 切平面的法向量为

$$\boldsymbol{n}=[F_x(x_0, y_0, z_0), F_x(x_0, y_0, z_0), F_x(x_0, y_0, z_0)]$$

称为曲面 Σ 在点 $M(x_0, y_0, z_0)$ 处的法向量. 因此，法平面的方程为

$$F_x(x_0, y_0, z_0)(x-x_0)+F_x(x_0, y_0, z_0)(y-y_0)+F_x(x_0, y_0, z_0)(z-z_0)=0$$

过点 $M(x_0, y_0, z_0)$，且垂直于切平面的直线称为曲面在该点的法线，法线方程为

$$\frac{x-x_0}{F_x(x_0, y_0, z_0)}=\frac{y-y_0}{F_y(x_0, y_0, z_0)}=\frac{z-z_0}{F_z(x_0, y_0, z_0)}$$

特例，如果曲面 Σ 的方程为

$$z=f(x, y)$$

则 $F(x, y, z)=z-f(x, y)$，因此曲面的法向量为

$$\boldsymbol{n}=[-f_x(x_0, y_0), -f_y(x_0, y_0), 1]$$

或

$$\boldsymbol{n}=[-f_x(x_0, y_0), -f_y(x_0, y_0), -1]$$

故曲面的切平面方程为

$$f_x(x_0, y_0)(x-x_0)+f_y(x_0, y_0)(y-y_0)-(z-z_0)=0$$

其中

$$z_0=f(x_0, y_0)$$

或

$$z-z_0=f_x(x_0, y_0)(x-x_0)+f_y(x_0, y_0)(y-y_0)$$

曲面的法线方程为

$$\frac{x-x_0}{f_x(x_0, y_0)}=\frac{y-y_0}{f_y(x_0, y_0)}=\frac{z-z_0}{-1}$$

【例 8-29】 求球面 $x^2+y^2+z^2=14$ 在点（1，2，3）处的切平面及法线方程.

解 由 $F(x, y, z)=x^2+y^2+z^2-14$ 可得

$$\boldsymbol{n}=(F_x, F_y, F_z)=(2x, 2y, 2z)$$

在点（1，2，3）处，$\boldsymbol{n}|_{(1,2,3)}=(2,4,6)$，故切平面方程为

$$2(x-1)+4(y-2)+6(z-3)=0$$

或

$$x+2y+3z-14=0$$

法线方程为

$$\frac{x-1}{1}=\frac{y-2}{2}=\frac{z-3}{3}$$

习题 8-4

1. 求曲线 $y^2=2mx$，$z^2=m-x$ 在点 $(1,-2,1)$ 处的切线和法平面方程.

2. 求曲面 $e^z-z+xy=3$ 在点 $(2,1,0)$ 处的切平面和法线方程.

3. 在曲面 $z=xy$ 上求一点，使该点处的法线垂直于平面 $x+3y+z+9=0$，并写出该法线方程.

4. 证明锥面 $z=\sqrt{x^2+y^2}+3$ 上任意一点处的切平面都通过锥面的顶点 $(0,0,3)$.

5. 试证曲面 $\sqrt{x}+\sqrt{y}+\sqrt{z}=\sqrt{a}\,(a>0)$ 上任何点处的切平面在各坐标轴上的截距之和等于 a.

第五节 多元函数的极值

一、二元函数的极值及其判别法

定义 8.6 设函数 $z=f(x,y)$ 在点 $P_0(x_0,y_0)$ 的某个邻域内有定义，如果函数在点 P_0 处的函数值大于（或小于）在此邻域内其他点处所取的值，即

$$f(x_0,y_0)>f(x,y)\,[\text{或 } f(x_0,y_0)<f(x,y)]$$

则称函数在点 P_0 取得极大值（或极小值）$f(x_0,y_0)$.

函数的极大值与极小值统称为极值；使函数取得极大值的点称为极值点.

定理 8.4（极值存在的必要条件） 设函数 $z=f(x,y)$ 在点 (x_0,y_0) 的两个偏导数存在. 如果点 (x_0,y_0) 是函数的极值点，则这两个一阶偏导数在点 (x_0,y_0) 处的值为零，即

$$f'_x(x_0,y_0)=0,\quad f'_x(x_0,y_0)=0$$

证 由于 $z=f(x,y)$ 在 (x_0,y_0) 处有极值，所以当 $y=y_0$ 时，一元函数 $z=f(x,y_0)$ 在 $x=x_0$ 处有极值. 根据一元函数极值存在的必要条件，有

$$\frac{\partial z}{\partial x}\Big|_{(x_0,y_0)}=f'_x(x_0,y_0)=0$$

同理，当 $x=x_0$ 时，函数 $z=f(x_0,y)$ 在 $y=y_0$ 处必有极值，所以也有

$$\frac{\partial z}{\partial y}\Big|_{(x_0,y_0)}=f'_y(x_0,y_0)=0$$

使二元函数 $z=f(x,y)$ 的两个一阶偏导数都为零的点，称为该二元函数的驻点.

定理 8.4 的意思是：在偏导数存在的条件下，函数的极值点必是驻点. 故此定理给出了极值点的必要条件，应该注意，驻点不一定是极值点.

定理 8.5（极值存在的充分条件） 设函数 $z=f(x,y)$ 在点 (x_0,y_0) 的一个邻域内连续，且有一阶及二阶连续偏导数，又

$$f'_x(x_0,y_0)=0,f'_y(x_0,y_0)=0$$

并记 $$f''_{xx}(x_0,y_0)=A\,,\ f''_{xy}(x_0,y_0)=B\,,\ f''_{yy}(x_0,y_0)=C$$

则在点 (x_0,y_0)：

(1) $B^2-AC<0$ 时函数有极值，且当 $A<0$ 时有极大值，$A>0$ 时有极小值；

(2) $B^2-AC>0$ 时函数没有极值；

(3) $B^2-AC=0$ 时函数可能有极值，也可能没有极值，需另作讨论.

定理 8.5 给出了判断驻点是否为极值点的充分条件，证明从略.

【例 8-30】 函数 $z=x^3+y^3-3xy$ 的极值.

解 先解联立方程组：

$$\begin{cases}\dfrac{\partial z}{\partial x}=3x^2-3y=0\\ \dfrac{\partial z}{\partial y}=3y^2-3x=0\end{cases}$$

即

$$\begin{cases}x^2-y=0\\ y^2-x=0\end{cases}$$

得驻点 (0,0)，(1,1).

再求出二阶偏导数：

$$\frac{\partial^2 z}{\partial x^2}=6x,\frac{\partial^2 z}{\partial x\partial y}=-3,\frac{\partial^2 z}{\partial y^2}=6y$$

在点 (0,0) 处，$B^2-AC=(-3)^2-0=9>0$，所以此点不是极值点.

在点 (1,1) 处，$B^2-AC=(-3)^2-6\times 6=-27<0$，且 $A=6>0$，所以点 (1,1) 是极小值点. 将 $x=1$，$y=1$ 代入 $z=x^3+y^3-3xy$ 中，则求得极小值为 $z|_{(1,1)}=-1$.

二、条件极值与拉格朗日乘数法

以上所讨论的极值问题，对于函数的自变量，除了限制在函数的定义域内以外，并无其他条件，所以有时候称为无条件极值. 但在实际问题中，有时会遇到对函数的自变量还有附加条件（称为约束条件）的极值问题. 例如，求表面积为 a^2，而体积为最大的长方体体积问题. 设长方体的三棱长为 x、y、z，则体积 $V=xyz$. 又因假定表面积为 a^2，所以自变量 x、y、z 还必须满足约束条件 $2(xy+yz+xz)=a^2$. 像这种对自变量有约束条件的极值称为条件极值. 对于有些实际问题，可以把条件极值转化为无条件极值，然后利用并加以解决. 例如上述问题，可由条件 $2(xy+yz+xz)=a^2$，将 z 表示成 x、y 的函数，即

$$z=\frac{a^2-2xy}{2(x+y)}$$

再把它代入 $V=xyz$ 中，于是问题转化为求

$$V=\frac{xy}{2}\cdot\frac{a^2-2xy}{x+y}$$

的无条件极值.

但在很多情形下，将条件极值转化为无条件极值并不这样简单. 我们另有一种直接寻求条件极值的方法，可以不必先把问题转化为无条件极值的问题，这就是下面所述的拉格朗日乘数法.

求函数 $z=f(x,y)$ 在约束条件 $\varphi(x,y)=0$ 下的极值.

第一步：用常数 λ（称拉格朗日乘数）乘以 $\varphi(x,y)$，然后与 $f(x,y)$ 相加，得函数 $F(x,y)$（称为拉格朗日函数），即

$$F(x,y)=f(x,y)+\lambda\varphi(x,y)$$

第二步：求 $F(x,y)$ 对 x 和 y 的偏导数，并令它们都为零，即

$$\frac{\partial F}{\partial x}=f_x'+\lambda\varphi_x'=0,\qquad \frac{\partial F}{\partial y}=f_y'+\lambda\varphi_y'=0$$

由这两个方程与 $\varphi(x,y)=0$ 联立，消去 λ，解出 x 和 y，则函数 $f(x,y)$ 的极值可能在解出的点 (x,y) 处取得.

第三步：判断点 (x,y) 是否为极值点，一般可由具体问题的性质得出.

同样，求三元函数 $f(x,y,z)$ 在约束条件 $\varphi(x,y,z)=0$ 下的极值的方法是：作拉格朗日函数

$$F(x,y,z)=f(x,y,z)+\lambda\varphi(x,y,z)$$

式中 λ——常数（称拉格朗日乘数）.

由 $$\frac{\partial F}{\partial x}=f_x'+\lambda\varphi_x'=0,\quad \frac{\partial F}{\partial y}=f_y'+\lambda\varphi_y'=0,\quad \frac{\partial F}{\partial z}=f_z'+\lambda\varphi_z'=0$$

及 $$\varphi(x,y,z)=0$$

联立消去 λ，解出 x、y、z，则函数 $f(x,y,z)$ 可能在解出的点 (x,y,z) 处取得极值. 最后判断点 (x,y,z) 是否为极值点.

【例 8-31】 求表面积为 a^2 而体积为最大的长方体体积.

解 设长方体的三棱长为 x、y、z，则问题就是在约束条件

$$\varphi(x,y,z)=2xy+2yz+2xz-a^2=0 \tag{8-8}$$

下，求函数

$$V=xyz(x>0,y>0,z>0)$$

的最大值. 构成辅助函数

$$F(x,y,z)=xyz+\lambda(2xy+2yz+2xz-a^2)$$

求其对 x、y、z 的偏导数，并使之为 0，得到

$$\begin{aligned} yz+2\lambda(y+z)&=0\\ xz+2\lambda(x+z)&=0\\ xy+2\lambda(y+x)&=0 \end{aligned} \tag{8-9}$$

再将式（8-9）与式（8-1）联立求解.

因 x、y、z 都不等于零，所以由式（8-2）可得

$$\frac{x}{y}=\frac{x+z}{y+z},\quad \frac{y}{z}=\frac{x+y}{x+z}$$

由以上两式解得

$$x=y=z$$

将此代入式（8-1），便得

$$x=y=z=\frac{\sqrt{6}}{6}a$$

这是唯一可能的极值点，因为由问题本身可知最大值一定存在，所以最大值就在这个可能的极值点处取得. 也就是说，表面积为 a^2 的长方体中，以棱长为 $\frac{\sqrt{6}}{6}a$ 的正方体体积为最大，最大体积 $V=\frac{\sqrt{6}}{36}a^3$.

习题 8-5

1. 是非题（判断下列结论的正误，正确的在括号里面画√，错误的画×）.

（1）有界闭区域上的连续二元函数一定能在该区域上取得最值.（　）

（2）最值必在驻点中取得.（　）

（3）最大值一定大于最小值.（　）

（4）最大值或最小值只有一个.（　）

（5）二元函数最值只能在区域中的一点中取得.（　）

（6）函数的极值是个局部性概念，而最值是个全局性概念.（　）

（7）如果函数的最大、最小值在区域内部取得，则它一定就是该函数的极大、极小值.（　）

（8）若二元函数在区域内只有一个极值，则其极大值就是最大值，极小值就是最小值.（　）

（9）条件极值化成无条件极值是将其化成原函数的无条件极值.（　）

（10）函数 $f(x,y)=x^2+y^2-5$ 在点（0，0）处取得最小值.（　）

2. 填空题（将正确的答案填在横线上）.

（1）$z=x^2-y^2+2xy-4x+8y$，z 的驻点为______.

（2）$f(x,y)=4(x-y)-x^2-y^2$ 的极______值为______.

（3）$f(x,y)=e^{2x}(4x+y^2+2y)$ 的极______值为______.

（4）$z=xy$ 在适合附加条件 $x+y=1$ 下的极大值为______.

（5）$u=f(x,y)=x-x^2-y^2$ 在 $D=\{x,y|x^2+y^2\leqslant 1\}$ 上的最大值为______，最小值为______.

3. 求函数 $f(x,y)=(6x-x^2)(4y-y^2)$ 的极值.

4. 求平面 $\dfrac{x}{3}+\dfrac{y}{4}+\dfrac{z}{5}=1$ 和柱面 $x^2+y^2=1$ 的交线上与 xOy 平面距离最短的点.

5. 从斜边长为 L 的所有直角三角形中，求有最大周长的直角三角形.

6. 旋转抛物面 $z=x^2+y^2$ 被平面 $x+y+z=1$ 截成一椭圆，求原点到该椭圆的最长距离.

本章小结

基本要求与重点

（1）了解多元函数、极限、连续，掌握二元函数与一元函数极限点 $P\to P_0$ 方式的异同.

（2）掌握二元函数的偏导数的定义，求导法则，二元函数的全微分，和这些定义、法则对多元函数的推广.

（3）掌握二元函数的连续、偏导和全微分之间的关系.

（4）掌握二元函数求极值、最值的基本方法

教学重点

（1）二元函数的复合函数求偏导的链式法则.

（2）二元函数的隐函数求偏导，以及隐函数求偏导数之三种方法——公式法、复合函数

法（直接法）、微分法，这三种方法中对各种变量之间的相互关系的理解.

(3) 多元函数微分学应用的几何应用：

应用偏导概念通过割线到切线概念，得到切线方程的方法；

曲面上引入切平面与法线的概念，并导出切平面与法线方程的方法

(4) 二元函数的极值：与一元函数类比，讲述二元函数极值的必要和充分条件；

求极值问题时条件极值中的拉格朗日乘数法.

自 测 题

1. 是非题（判断下列结论的正误，正确的在括号里面画√，错误的画×）.

(1) 若 $z=f(x,y)$ 在点 (x,y) 处可微，则 $\dfrac{\partial z}{\partial x},\dfrac{\partial z}{\partial y}$ 在点 (x,y) 处必定存在，且有 $dz=\dfrac{\partial z}{\partial x}dx+\dfrac{\partial z}{\partial y}dy$.（　　）

(2) 设 $z=f(x,y)$ 在点 (x,y) 处可微，则 $z=f(x,y)$ 在点 (x,y) 处必连续.（　　）

(3) 设 $z=x^2+xy+2y^2-y$ ，则 $\dfrac{\partial z}{\partial x}=2x+y$.（　　）

(4) 设 $z=x^y$ ，则 $\dfrac{\partial z}{\partial y}=yx^{y-1}$.（　　）

(5) 点 $(0,0)$ 是 $z=\sqrt{x^2+y^2}$ 的极小值点.（　　）

(6) 若 $f_x'(x_0,y_0)=0$，$f_y'(x_0,y_0)=0$，则 (x_0,y_0) 必定为 $z=f(x,y)$ 的极值点.（　　）

(7) 若 $z=f(x,y)$ 在点 (x,y) 处存在连续偏导数 $\dfrac{\partial z}{\partial x},\dfrac{\partial z}{\partial y}$ ，则 $z=f(x,y)$ 在点 (x,y) 处必定可微，且有 $dz=\dfrac{\partial z}{\partial x}dx+\dfrac{\partial z}{\partial y}dy$.（　　）

(8) 设 $z=xy^2$ ，则 $\dfrac{\partial z}{\partial x}=y^2+2xy$.（　　）

(9) 设 $z=x^2y$ ，则 $dz=2xy+x^2$.（　　）

(10) 设 $z=x^2+y^2$ ，则点 $(0,0)$ 为 z 的驻点，也是 z 的极小值点.（　　）

(11) 设点 (x_0,y_0) 为 $z=f(x,y)$ 的极值点，则点 (x_0,y_0) 必定是 z 的驻点.（　　）

(12) 设点 (x_0,y_0) 为 $z=f(x,y)$ 的驻点，则 (x_0,y_0) 必定是 z 的极值点.（　　）

(13) 若 $z=x^3+\sin y$ ，则 $\dfrac{\partial z}{\partial x}=3x^2+\cos y$.（　　）

(14) 设函数 $z=xy^2+e^x$ ，则 $\dfrac{\partial z}{\partial x}=y^2+e^x$.（　　）

(15) 设 $z=x+e^{-y}$ ，则 $dz=dx-e^{-y}dy$.（　　）

(16) $\lim\limits_{\substack{x\to 0\\ y\to 0}}\dfrac{e^{xy}\sqrt{1+x+y}}{1+\cos^2(x^2+y^2)}=\dfrac{1}{2}$.（　　）

(17) 设函数 $f(xy,x+y)=x^2+y^2$，则 $f_x(x,y)=2x$.（　　）

(18) 设 $f(xy,x-y)=x^2+y^2$，则 $f(x,y)=y^2+2x$.　(　　)

(19) 设 $f(x,y)=xy+\frac{x}{y}$，则 $f\left(\frac{1}{2},\frac{1}{3}\right)=\frac{5}{3}$.　(　　)

(20) 设 $f(x,y)=\ln\left(x+\frac{y}{2x}\right)$，则 $f_y(1,0)=\frac{1}{2}$.　(　　)

(21) 设 $f(x,y)=x^2y^3$，则 $\mathrm{d}f\Big|_{\substack{x=1\\y=-2}}=-16\mathrm{d}x-12\mathrm{d}y$.　(　　)

2. 选择题（以下四个选项中有一项或多项正确的，把满足条件的选项填在括号里）.

(1) 函数 $f(x,y)=\frac{1}{\ln(x^2+y^2-1)}$ 的定义域为（　　）.

A. $x^2+y^2>0$　　B. $x^2+y^2\geqslant 1$
C. $x^2+y^2>1$　　D. $x^2+y^2>1,x^2+y^2\neq 2$

(2) 二元函数 $f(x,y)=\sqrt{x-\sqrt{y}}$ 的定义域为（　　）.

A. $x\geqslant 0,y\geqslant 0$　B. $x>y\geqslant 0$　C. $x>\sqrt{y}\geqslant 0$　D. $x\geqslant\sqrt{y}\geqslant 0$

(3) 设 $f(x+y,x-y)=x^2-y^2$，则 $f(x,y)=$（　　）.

A. x^2-y^2　B. x^2+y^2　C. $(x-y)^2$　D. $x.y$

(4) 设 $f(x,y)=\frac{y}{x+y^2}$，则 $f\left(\frac{y}{x},1\right)=$（　　）.

A. $\frac{y}{x+y}$　B. $\frac{x}{x+y}$　C. $\frac{y}{x+y^2}$　D. $\frac{x}{x+y^2}$

(5) 函数 $z=x^2+5y^2-6x+10y+6$ 的驻点是（　　）.

A. $(-3,1)$　B. $(-3,-1)$　C. $(3,-1)$　D. $(3,1)$

(6) 二元函数 $f(x,y)$ 在点 (x_0,y_0) 有极小值，且两个一阶偏导数都存在，则必有（　　）.

A. $f'_x(x_0,y_0)>0,f'_y(x_0,y_0)>0$　　B. $f'_x(x_0,y_0)=0,f'_y(x_0,y_0)=0$
C. $f'_x(x_0,y_0)>0,f'_y(x_0,y_0)=0$　　D. $f'_x(x_0,y_0)=0,f'_y(x_0,y_0)>0$

(7) 函数 $z=\frac{1}{\sqrt{x+y}}+\frac{1}{\sqrt{x-y}}$ 的定义域是（　　）.

A. $\begin{cases}x+y\geqslant 0\\x-y>0\end{cases}$　B. $\begin{cases}x+y>0\\x-y>0\end{cases}$　C. $\begin{cases}x+y>0\\x-y\geqslant 0\end{cases}$　D. $\begin{cases}x+y\geqslant 0\\x-y\geqslant 0\end{cases}$

(8) 下列函数为同一函数的是（　　）.

A. $f(x,y)=\sqrt{x^2y^2}$ 与 $g(x,y)=(\sqrt{xy})^2$

B. $f(x,y)=\frac{x^2y^2-1}{xy-1}$ 与 $g(x,y)=xy+1$

C. $f(x,y)=\ln(xy)$ 与 $g(x,y)=\ln x+\ln y$

D. $f(x,y)=\ln(xy)^2$ 与 $g(x,y)=2\ln|xy|$

(9) 设 $f\left(x-y,\frac{y}{x}\right)=x^2-y^2$，则 $f(x,y)=$（　　）.

A. $f(x,y)=\frac{x^2(1+y)}{1-y}$　　B. $f(x,y)=\frac{x^2(1-y)}{1+y}$

C. $f(x,y)=\dfrac{y^2(1+x)}{1-x}$　　D. $f(x,y)=\dfrac{y^2(1-x)}{1+x}$

(10) 设 $f(x,y)=\dfrac{x+y}{xy}$，则 $f(x+y,x-y)=($　　$)$.

A. $\dfrac{2x}{y^2-x^2}$　　B. $\dfrac{2x}{x^2-y^2}$　　C. $\dfrac{x}{x^2-y^2}$　　D. $\dfrac{2y}{x^2-y^2}$

(11) 设函数 $z=f(x,y)$ 在点 (x_0,y_0) 的某领域内有定义，且存在一阶偏导数，则 $\left.\dfrac{\partial z}{\partial x}\right|_{\substack{x=x_0\\y=y_0}}=($　　$)$.

A. $\lim\limits_{Vx\to 0}\dfrac{f(x_0+Vx,y)-f(x_0,y)}{Vx}$　　B. $\lim\limits_{Vx\to 0}\dfrac{f(x_0+Vx,y_0)-f(x_0,y_0)}{Vx}$

C. $\lim\limits_{Vx\to 0}\dfrac{f(x_0,y_0+Vy)-f(x_0,y_0)}{Vx}$　　D. $\lim\limits_{Vx\to 0}\dfrac{f(x_0+Vx,y_0+Vy)-f(x_0,y_0)}{Vx}$

(12) 已知 $f(x+y,xy)=x^3+y^3$，则 $\dfrac{\partial f(x,y)}{\partial x}+\dfrac{\partial f(x,y)}{\partial y}=($　　$)$.

A. $3x^2-3(x+y)$　　B. $3x^2+3(x+y)$

C. $3x^2-3(x-y)$　　D. $3x^2+3(x-y)$

(13) 设函数 $z=x^2+y^2$，则原点 $O(0,0)$ (　　).

A. 不是驻点　　B. 是驻点但不是极值点

C. 是驻点且是极大值点　　D. 是驻点且是极小值点

(14) 设 $z=\cos(x^2y)$，则 $\dfrac{\partial^2 z}{\partial y^2}=($　　$)$.

A. $x^2\sin(x^2y)$　　B. $-x^2\sin(x^2y)$

C. $x^4\cos(x^2y)$　　D. $-x^4\cos(x^2y)$

(15) 设 $f(x,y)=\dfrac{xy}{x^2+y^2}$，则 $f\left(\dfrac{x}{y},1\right)=($　　$)$.

A. $\dfrac{xy}{x^2+y^2}$　　B. $\dfrac{x^2+y^2}{xy}$　　C. $\dfrac{x}{x^2+1}$　　D. $\dfrac{x^2}{x^4+1}$

(16) $\lim\limits_{\substack{x\to 0\\y\to 0}}\dfrac{xy}{1+x^2+y^2}=($　　$)$.

A. $\dfrac{1}{2}$　　B. $\dfrac{1}{3}$　　C. 0　　D. 不存在

(17) 函数 $z=\dfrac{1}{\ln(x+y)}$ 的定义域是（　　）.

A. $x+y\neq 0$　　B. $x+y>0$

C. $x+y\neq 1$　　D. $x+y>0$ 且 $x+y\neq 1$

(18) 设函数 $z=xy^2+e^x$，则 $\dfrac{\partial z}{\partial x}=($　　$)$.

A. y^2+e^x　　B. y^2　　C. e^x+2xy　　D. $2xy$

(19) 函数 $f(x,y)=\ln(\sqrt{x}-y)$ 的定义域是（　　）.

A. $x>y^2$　　B. $x\geqslant y^2$　　C. $\sqrt{x}>y$　　D. $\sqrt{x}=y$

(20) 设 $f(x,y)=\arctan\frac{x}{y}$，则 $f'_x(1,1)=$（ ）.

A. $\frac{1}{2}$ B. $\frac{1}{3}$ C. 0 D. $-\frac{1}{2}$

(21) $z=x^2y$，则 $dz=$（ ）.

A. $dz=2xydx+x^2dy$ B. $dz=x^2dx+2xydy$

C. $dz=xydx+x^2dy$ D. $dz=(2xy+x^2)dx$

(22) $\lim\limits_{\substack{x\to 0\\ y\to 0}}\frac{3-\sqrt{x^2+y^2+9}}{x^2+y^2}=$（ ）.

A. $\frac{1}{6}$ B. $-\frac{1}{6}$ C. $\frac{1}{3}$ D. $-\frac{1}{2}$

(23) 设 $z=xy^2+e^x$ 则 $\left.\frac{\partial z}{\partial y}\right|_{(1,1)}=$（ ）.

A. 1+e B. e C. 2 D. 2+e

(24) 已知函数 $f(x+y,x-y)=x^2-y^2$，则 $\frac{\partial f(x,y)}{\partial x}=$（ ）.

A. $2x$ B. xy C. x D. y

(25) $z=\sin(x^2y)+\cos(xy)$，则$\frac{\partial z}{\partial x}=$（ ）.

A. $2xy\cos(x^2y)-y\sin(xy)$ B. $xy\cos(x^2y)-y\sin(xy)$

C. $2xy\cos(x^2y)+y\sin(xy)$ D. $-2xy\cos(x^2y)+y\sin(xy)$

(26) 设 $z=\arcsin u, u=x^2+y^2$，则 $\frac{\partial z}{\partial y}=$（ ）.

A. $\frac{2x}{\sqrt{1-(x^2+y^2)^2}}$ B. $\frac{2y}{\sqrt{1-(x^2+y^2)^2}}$

C. $\frac{2y}{\sqrt{1+(x^2+y^2)^2}}$ D. $\frac{2x}{1+(x^2+y^2)^2}$

(27) $\lim\limits_{\substack{x\to 0\\ y\to 0}}\frac{\sin(x^2+y^2)}{\sqrt{x^2+y^2}}=$（ ）.

A. 0 B. 1 C. 2 D. 不存在

(28) 已知函数 $f(x+y,x-y)=x^2-y^2$，则 $\frac{\partial f(x,y)}{\partial x}+\frac{\partial f(x,y)}{\partial y}=$（ ）.

A. $2x-2y$ B. $2x+2y$ C. $x+y$ D. $x-y$

(29) 设 $z=f(x,y)$ 由方程 $x+z=e^{y+z}$ 确定，则 $\frac{\partial z}{\partial x}=$（ ）.

A. $x+z-1$ B. $1-x-z$ C. $\frac{1}{x+z-1}$ D. $\frac{1}{1-x-z}$

(30) 函数 $z=\frac{\arcsin y}{\sqrt{x}}$ 的定义域是（ ）.

A. $x\geqslant 0, -1<y<1$ B. $x>0, -1\leqslant y\leqslant 1$

C. $x>0, y\in R$ D. $x>0, -\frac{\pi}{2}<y<\frac{\pi}{2}$

(31) 已知函数 $f(xy,x+y)=x^2+y^2+xy$，则 $\dfrac{\partial f(x,y)}{\partial x},\dfrac{\partial f(x,y)}{\partial y}$ 分别为（　　）.

A. $-1,2y$　　B. $2y,-1$

C. $2x+2y,2y+x$　　D. $2y,2x$

(32) 函数 $z=f(x,y)$ 在点 $P_0(x_0,y_0)$ 处的两个偏导数 $\dfrac{\partial z}{\partial x}$ 和 $\dfrac{\partial z}{\partial y}$ 存在是它在 P_0 处可微的（　　）.

A. 充分条件　　B. 必要条件　　C. 充要条件　　D. 无关条件

(33) 二重极限 $\lim\limits_{\substack{x\to 0\\ x\to 0}}\dfrac{xy^2}{x^2+y^4}$ 的值为（　　）.

A. 0　　B. 1　　C. $\dfrac{1}{2}$　　D. 不存在

(34) 二元函数 $f(x,y)$ 在点 (x_0,y_0) 的两个偏导数 $f_x(x_0,y_0),f_y(x_0,y_0)$ 都存在，则 $f(x,y)$（　　）.

A. 在该点可微　　B. 在该点连续可微

C. 在该点连续　　D. 以上都不对

(35) 函数 $f(x,y)=x^2-ay^2(a>0)$ 在 $(0,0)$ 处（　　）.

A. 不取极值　　B. 取极小值

C. 取极大值　　D. 是否取极值依赖于 a

(36) 设 $z=f(u,v)$，其中 $u=e^{-x},v=x+y$，下面运算中（　　）.

Ⅰ：$\dfrac{\partial z}{\partial x}=-e^{-x}\dfrac{\partial f}{\partial u}+\dfrac{\partial f}{\partial v}$，Ⅱ：$\dfrac{\partial^2 z}{\partial x\partial y}=\dfrac{\partial^2 f}{\partial v^2}$

A. Ⅰ，Ⅱ都不正确　　B. Ⅰ正确，Ⅱ不正确

C. Ⅰ不正确，Ⅱ正确　　D. Ⅰ，Ⅱ都正确

3. 填空题

(1) 已知理想气体状态方程 $PV=RT$，则 $\dfrac{\partial P}{\partial V}\cdot\dfrac{\partial V}{\partial T}\cdot\dfrac{\partial T}{\partial P}=$______.

(2) 设 $z=\ln\sqrt{x^2+y^2}+\arctan\dfrac{x+y}{x-y}$，则 $dz=$______.

(3) 函数 $z=\sqrt{\dfrac{x}{y}}$ 在点 $(1,1)$ 的微分为______.

(4) 已知 $\dfrac{x}{z}=\varphi\left(\dfrac{y}{z}\right)$，其中 φ 为可微函数，则 $x\dfrac{\partial z}{\partial x}+y\dfrac{\partial z}{\partial y}=$______.

(5) 已知曲面 $z=xy$ 上的点 P 处的法线 l 平行于直线 l_1：$\dfrac{x-6}{2}=\dfrac{y-3}{-1}=\dfrac{2z-1}{2}$，则该法线方程为______.

4. 求下列函数的定义域：

(1) $z=\sqrt{x}+y$；　　(2) $z=\sqrt{1-x^2}+\sqrt{y^2-1}$；

(3) $z=\sqrt{1-\dfrac{x^2}{a^2}-\dfrac{y^2}{b^2}}$；　　(4) $z=\ln(-x-y)$；

(5) $z=\dfrac{1}{\sqrt{x^2+y^2}}$；

(6) $u=\sqrt{R^2-x^2-y^2-z^2}+\sqrt{x^2+y^2+z^2-r^2}\ (R>r)$.

5. 求下列函数的偏导数：

(1) $z=x^2y^2$； (2) $z=\ln\dfrac{y}{x}$；

(3) $z=e^{xy}+yx^2$； (4) $z=xy\sqrt{R^2-x^2-y^2}$；

(5) $z=\dfrac{x}{\sqrt{x^2+y^2}}$； (6) $z=e^{\sin x}\cdot\cos y$；

(7) $u=\sqrt{x^2+y^2+z^2}$； (8) $u=e^{x^2y^3z^5}$；

(9) $z=x\ln(x+y)$，求 $\dfrac{\partial^2 z}{\partial x^2}$、$\dfrac{\partial^2 z}{\partial y^2}$、$\dfrac{\partial^2 z}{\partial x\partial y}$；

(10) $u=e^{xyz}$，求 $\dfrac{\partial^2 u}{\partial x\partial y\partial z}$.

6. 求下列函数的全微分：

(1) $z=\sqrt{\dfrac{x}{y}}$； (2) $z=\sqrt{\dfrac{ax+by}{ax-by}}$；

(3) $z=e^{x^2+y^2}$； (4) $z=\arctan(xy)$；

(5) $u=\ln(x^2+y^2+z^2)$.

7. 求下列函数的导数：

(1) $z=u^2\ln v$，而 $u=\dfrac{x}{y},v=3x-2y$，求 $\dfrac{\partial z}{\partial x},\dfrac{\partial z}{\partial y}$.

(2) $z=\dfrac{y}{x}$，而 $x=e^t$，$y=1-e^{2t}$，求 $\dfrac{dz}{dt}$.

(3) $z=e^{u-2v}$，而 $u=\sin x$，$v=x^3$，求 $\dfrac{dz}{dx}$.

(4) $z=\dfrac{x^2-y}{x+y}$，而 $y=2x-3$，求 $\dfrac{dz}{dx}$.

(5) $xy+x+y=1$，求 $\dfrac{dy}{dx}$.

(6) $xy+\ln y-\ln x=0$，求 $\dfrac{dy}{dx}$.

(7) $\sin y+e^x-xy^2=0$，求 $\dfrac{dy}{dx}$.

(8) $e^z=xyz$，求 $\dfrac{\partial z}{\partial x}$，$\dfrac{\partial z}{\partial y}$.

(9) 设 $z=xf\left(\dfrac{y}{x}\right)+yg\left(x,\dfrac{x}{y}\right)$，其中 f,g 均为二阶可微函数，求 $\dfrac{\partial^2 z}{\partial x\partial y}$.

(10) 设 $u=xy,v=\dfrac{x}{y}$，试以新变量 u,v 变换方程 $x^2\dfrac{\partial^2 z}{\partial x^2}-y^2\dfrac{\partial^2 z}{\partial y^2}=0$，其中 z 对各变量有二阶连续偏导数.

(11) 已知 $z=f(x,y), x=\varphi(y,z)$，其中 f,φ 均为可微函数，求 $\dfrac{dz}{dx}$.

8. 求下列函数的极值：

(1) $z=x^2-xy+y^2+9x-6y+20$；

(2) $z=4(x-y)-x^2-y^2$.

9. 在半径为 a 的半球内，内接一长方体，问各边长多少时，其体积为最大?

10. 试在底半径为 r，高为 h 的正锥体内，内接一个体积最大的长方体，问长方体的长、宽、高各应等于多少?

第九章 多元函数积分

本章把定积分的概念加以推广. 定积分在上册中是定义在闭区间上一元函数的某种形式的和式的极限. 将这种和式的极限推广到定义在平面区域上的二元函数，将得到二重积分，并以二重积分为主，简单介绍重积分的应用.

第一节 二重积分的概念与性质

一、引例——求曲顶柱体的体积

设 D 是 xOy 平面上的一个有界闭区域，$z=f(x,y)$ 是在区域 D 上连续的二元函数，并且 $f(x,y)\geqslant 0$，$(x,y)\in D$.

现以 D 为底面，曲面 $z=f(x,y)$ 为顶面，其侧面是以 D 的边界为准线，母线平行于 z 轴的柱面，作一个柱体. 由于该柱体的顶面是曲面，故称为曲顶柱体（见图 9-1).

求这个曲顶柱体体积的困难在于顶是曲面，与求曲边梯形面积的情况十分相似. 我们仿照上册定积分中的方法来解决这个问题.

1. 分割

将 D 任意分割为 n 个小区域 $\Delta\sigma_1$，$\Delta\sigma_2$，…，$\Delta\sigma_n$，同时用 $\Delta\sigma_i$（$i=1,2,\cdots,n$）表示该小区域的面积. 相应的，整个曲顶柱体被分为 n 个小曲顶柱体. 图 9-2 画出了其中第 i 个小曲顶柱体.

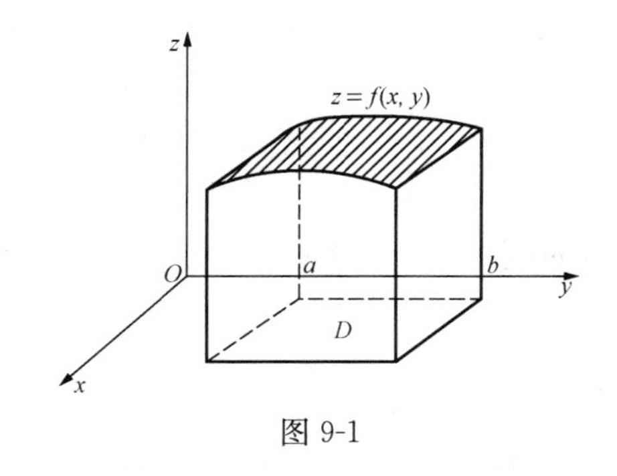

图 9-1

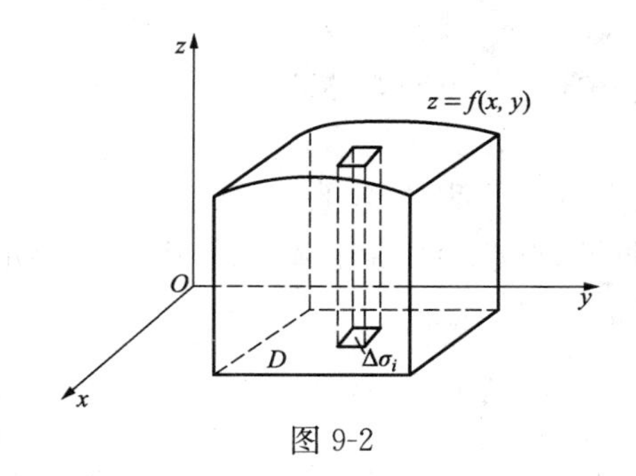

图 9-2

2. 取近似值

对于每个小曲顶柱体，在底面 $\Delta\sigma_i$ 上任取一点 $P_i(\xi_i,\eta_i)$，小曲顶柱体的体积近似等于以 $\Delta\sigma_i$ 为底，$f(\xi_i,\eta_i)$ 为高的小平顶柱体，体积为 $f(\xi_i,\eta_i)\Delta\sigma_i$（$i=1,2,\cdots,n$).

3. 作和式

把 n 个小平顶柱体的体积加起来，便是整个曲顶柱体体积 V 的近似值，即

$$V\approx\sum_{i=1}^{n}f(\xi_i,\eta_i)\Delta\sigma_i$$

4. 取极限

当分割的份数 n 趋于无穷，且每一个小平面区域 $\Delta\sigma_i$ 收缩于一点时，上述和式的极限便是曲顶柱体体积的精确值. 用 λ 表示 n 个小平面区域的最大直径（闭区域上任意两点距离的最大者称为该区域的直径），则

$$V=\lim_{\lambda\to 0}\sum_{i=1}^{n}f(\xi_i,\eta_i)\Delta\sigma_i$$

这样，问题就归结为求上述和式的极限了. 如果这个极限存在，就把它定义为函数 $f(x,y)$ 在区域 D 上的二重积分.

二、二重积分的概念和性质

（一）概念

定义 9.1 设 $z=f(x,y)$ 是平面有界闭区域 D 上的有界函数，将区域 D 任意分割成 n 个小区域，即

$$\Delta\sigma_1,\Delta\sigma_2,\cdots,\Delta\sigma_i,\cdots,\Delta\sigma_n$$

其中 $\Delta\sigma_i$ 表示第 i 个小区域，也表示它的面积，并以 λ 记作所有小区域中直径最大者. 在每个小区域 $\Delta\sigma_i$ 上任取一点 $P_i(\xi_i,\eta_i)$，作乘积 $f(\xi_i,\eta_i)\cdot\Delta\sigma_i$（$i=1, 2, 3, \cdots, n$），并作和式 $\sum\limits_{i=1}^{n}f(\xi_i,\eta_i)\cdot\Delta\sigma_i$. 当 $\lambda\to 0$ 时，不论如何分割，不论点 $P_i(\xi_i,\eta_i)\in\Delta\sigma_i$ 如何选取，上述和式的极限总存在，则称此极限值为函数 $f(x,y)$ 在区域 D 上的二重积分，记作 $\iint\limits_D f(x,y)\mathrm{d}\sigma$，即

$$\iint\limits_D f(x,y)\mathrm{d}\sigma=\lim_{\lambda\to 0}\sum_{i=1}^{n}f(\xi_i,\eta_i)\cdot\Delta\sigma_i$$

式中 D——积分区域；

$f(x,y)$——被积函数；

$f(x,y)\mathrm{d}\sigma$——被积表达式；

$\mathrm{d}\sigma$——面积元素；

x、y——积分变量.

据此定义，曲顶柱体的体积 V 可表示成其曲顶的函数 $f(x,y)$ 在区域 D 上的二重积分，即

$$V=\iint\limits_D f(x,y)\mathrm{d}\sigma$$

可以证明，若 $f(x,y)$ 在有界闭区域 D 上连续，则 $f(x,y)$ 在该区域上的二重积分一定存在.

本章中总假定被积函数 $f(x,y)$ 在有界闭区域 D 上是连续的，因而它在 D 上的二重积分总是存在的［此时也称二元函数 $f(x,y)$ 在 D 上是可积的，以后不再说明］.

与定积分相仿，其几何意义是明显的，若 $f(x,y)\geqslant 0$，则二重积分的几何意义就是曲顶柱体的体积；若 $f(x,y)\leqslant 0$，则二重积分表示曲顶柱体体积的相反数；若 $f(x,y)$ 在 D 的若干部分区域上是正的，而在其他部分区域上是负的，这时二重积分的值就等于各个部分区域上的柱体体积的代数和. 特殊情况，当函数 $f(x,y)=1$ 时，二重积分即为区域 D 的面

积σ，即

$$\iint_D \mathrm{d}\sigma = \sigma$$

（二）性质

比较二重积分与定积分的定义可以得知，二重积分与定积分有类似的性质，现叙述如下.

性质 1 被积函数的常数因子可以提到二重积分号的外面，即

$$\iint_D kf(x,y)\mathrm{d}\sigma = k\iint_D f(x,y)\mathrm{d}\sigma(k\text{ 为常数})$$

性质 2 函数和（或差）的二重积分等于各个函数的二重积分的和（或差），例如

$$\iint_D [f(x,y) \pm g(x,y)]\mathrm{d}\sigma = \iint_D f(x,y)\mathrm{d}\sigma \pm \iint_D g(x,y)\mathrm{d}\sigma$$

性质 3 如果闭区域D被有限条曲线分为有限个部分区域，那么在D上的二重积分等于各部分区域上的二重积分的和. 例如当D分为两个闭区域D_1和D_2（记作D_1+D_2）时，有

$$\iint_D f(x,y)\mathrm{d}\sigma = \iint_{D_1} f(x,y)\mathrm{d}\sigma \pm \iint_{D_2} f(x,y)\mathrm{d}\sigma$$

性质 4 如果在闭区域D上$f(x,y)=1$，σ为D的面积，那么

$$\sigma = \iint_D 1\cdot\mathrm{d}\sigma = \iint_D \mathrm{d}\sigma$$

该性质的几何意义是明显的，因为高为 1 的平顶柱体的体积在数值上等于柱体的底面积.

性质 5 如果在闭区域D上$f(x,y)\leqslant g(x,y)$，那么

$$\iint_D f(x,y)\mathrm{d}\sigma \leqslant \iint_D f(x,y)\mathrm{d}\sigma$$

特殊情况，由于

$$-|f(x,y)| \leqslant f(x,y) \leqslant |f(x,y)|$$

可得不等式

$$-\left|\iint_D f(x,y)\mathrm{d}\sigma\right| \leqslant \iint_D |f(x,y)|\mathrm{d}\sigma$$

性质 6 设M、m分别是$f(x,y)$在闭域D上的最大值和最小值，σ为D的面积，则有对二重积分估值的不等式，即

$$m\sigma \leqslant \iint_D f(x,y)\mathrm{d}\sigma \leqslant M\sigma$$

事实上，因为$m\leqslant f(x,y)\leqslant M$，所以由性质 5 有

$$\iint_D m\sigma \leqslant \iint_D f(x,y)\mathrm{d}\sigma \leqslant \iint_D M\sigma$$

再应用性质 1 和性质 4，便得所要证明的不等式.

性质 7 （二重积分的中值定理） 设$f(x,y)$在闭域D上连续，σ是D的面积，则在D上至少存在一点(ξ,η)使下式成立，即

$$\iint_D f(x,y)\mathrm{d}\sigma \leqslant f(\xi,\eta)\sigma$$

中值定理的几何意义为：在区域 D 上以曲面 $f(x,y)$ 为顶的曲顶柱体体积等于区域 D 上以某一点 (ξ,η) 的函数值 $f(\xi,\eta)$ 为高的平顶柱体体积.

【例 9-1】 利用二重积分的性质估计积分 $I=\iint_D xy(x+y)\mathrm{d}\sigma$ 的值,其中 $D=\{(x,y)\mid 0\leqslant x\leqslant 1,0\leqslant y\leqslant 1\}$.

解 在 $D=\{(x,y)\mid 0\leqslant x\leqslant 1,0\leqslant y\leqslant 1\}$ 上有

$$0\leqslant xy\leqslant 1,0\leqslant x+y\leqslant 2,$$

故在 D 上 $0\leqslant xy(x+y)\leqslant 2$, 又 D 的面积 $\sigma=1\times 1$，从而由二重积分的估值不等式得

$$0\leqslant \iint_D xy(x+y)\mathrm{d}\sigma \leqslant 2\times 1=2\,.$$

【例 9-2】 根据二重积分的性质，比较积分 $\iint_D (x+y)^2\mathrm{d}\sigma$ 与 $\iint_D (x+y)^3\mathrm{d}\sigma$ 的大小，其中积分区域 D 由 $(x-2)^2+(y-1)^2=2$ 所围成.

基本思路：如果在 D 上，$f(x,y)\leqslant g(x,y)$，则有 $\iint_D f(x,y)\mathrm{d}\sigma\leqslant \iint_D g(x,y)\mathrm{d}\sigma$. 因此，应该比较 $f(x,y)=(x+y)^2$ 与 $g(x,y)=(x+y)^3$ 在区域 D 上的大小，于是估计 $(x+y)$ 在区域 D 上的取值范围成为解答此题的关键.

解 对于圆域 $D:(x-2)^2+(y-1)^2\leqslant 2$，其圆心在点 $(2,1)$，半径 $r=\sqrt{2}<2$，

故 D 上点横坐标 $x>0$，又 $x^2>0,y^2\geqslant 0$，由 $D:(x^2-4x+4)+(y^2-2y+1)^2\leqslant 2$，有

$$-2x-2y\leqslant -2-[(x-1)^2+y^2]\leqslant -2\,,$$

其中因为点 $A(1,0)$ 在区域 D 的边界圆周上，因此 $(x-1)^2+y^2\geqslant 0$，等号在 $A(1,0)$ 点取得. 所以 $(x+y)\geqslant 1$，

因此
$$\iint_D (x+y)^2\mathrm{d}\sigma\leqslant \iint_D (x+y)^3\mathrm{d}\sigma\,.$$

习题 9-1

1. 是非题（判断下列结论的正误，正确的在括号里面画√，错误的画×）.

(1) 如果 $\iint_D \mathrm{d}x\mathrm{d}y=1$，其中区域 D 可以是由 $2x+y=2$ 及 x、y 轴所围成的闭区域. （　）

(2) 设 D 是由 $|x|=2,|y|=1$ 所围成的比区域，则 $\iint_D \mathrm{d}x\mathrm{d}y=8$. （　）

2. 填空题（将正确的答案填在横线上）.

(1) 当函数 $f(x,y)$ 在闭区域 D 上______时，则其在 D 上的二重积分必定存在.

(2) 二重积分 $\iint_D f(x,y)\mathrm{d}\sigma$ 的几何意义是______.

(3) 若 $f(x,y)$ 在有界闭区域 D 上可积，且 $D \supset D_1 \supset D_2$，当 $f(x,y) \geqslant 0$ 时，则 $\iint\limits_{D_1} f(x,y)\mathrm{d}\sigma$ ______ $\iint\limits_{D_2} f(x,y)\mathrm{d}\sigma$；当 $f(x,y) \leqslant 0$ 时，则 $\iint\limits_{D_1} f(x,y)\mathrm{d}\sigma$ ______ $\iint\limits_{D_2} f(x,y)\mathrm{d}\sigma$.

(4) $\left|\iint\limits_{D} \sin(x^2+y^2)\mathrm{d}\sigma\right|$ ______ σ，其中 σ 是圆域 $x^2+y^2 \leqslant 4^2$ 的面积，$\sigma = 16\pi$（注：填比较大小符号）.

3. 比较下列积分的大小：

(1) $I_1 = \iint\limits_{D} (x+y)^2\mathrm{d}\sigma$ 与 $I_2 = \iint\limits_{D} (x+y)^3\mathrm{d}\sigma$，其中积分区域 D 是由 x、y 轴与直线 $x+y=1$ 所围成.

(2) $I_1 = \iint\limits_{D} \ln(x+y)\mathrm{d}\sigma$ 与 $I_2 = \iint\limits_{D} [\ln(x+y)^2]\mathrm{d}\sigma$，其中 $D=\{(x,y)\,|\,3 \leqslant x \leqslant 5, 0 \leqslant y \leqslant 1\}$.

4. 估计下列积分的值

(1) $I = \iint\limits_{D} xy(x+y+1)\mathrm{d}\sigma$，其中 $D = \{(x,y)\,|\,0 \leqslant x \leqslant 1, 0 \leqslant y \leqslant 2\}$.

(2) $I = \iint\limits_{D} (x^2+4y^2+9)\mathrm{d}\sigma$，其中 $D = \{(x,y)\,|\,x^2+y^2 \leqslant 4\}$.

5. 利用二重积分定义证明 $\iint\limits_{D} kf(x,y)\mathrm{d}\sigma = k\iint\limits_{D} f(x,y)\mathrm{d}\sigma$（$k$ 为常数）.

第二节 二重积分的计算方法

相对于二重积分来说，定积分也可称为单积分. 下面介绍二重积分的计算法，这种方法是把二重积分化为两次单积分来计算.

由上节引例可见，用定义计算二重积分显然是很困难的，必须寻找切实可行的计算方法.

一、直角坐标系下二重积分的计算

先讨论连续函数 $f(x,y)$ 的二重积分计算问题，可设 $f(x,y) \geqslant 0$，所得计算公式仍具有一般意义.

按照二重积分的几何意义，$\iint\limits_{D} f(x,y)\mathrm{d}\sigma$ 的值等于以 D 为底，曲面 $z=f(x,y)$ 为顶的曲顶柱体（见图 9-3）的体积.

可以应用计算“平行截面面积为已知的立体体积”的方法来计算这个曲顶柱体的体积.

先计算截面面积. 为此，在区间 $[a,b]$ 中任意取定一点 x_0，作平行于 yOz 面的平面 $x=x_0$，此平面截曲顶柱体所得截面是一个以区间 $\varphi_1(x_0) \leqslant y \leqslant \varphi_2(x_0)$ 为底，曲线 $z=f(x_0,y)$ 为曲边的曲边梯形（见图 9-4 中阴影部分），所以该截面的面积为

$$A(x_0) = \int_{\varphi_1(x_0)}^{\varphi_2(x_0)} f(x_0,y)\mathrm{d}y$$

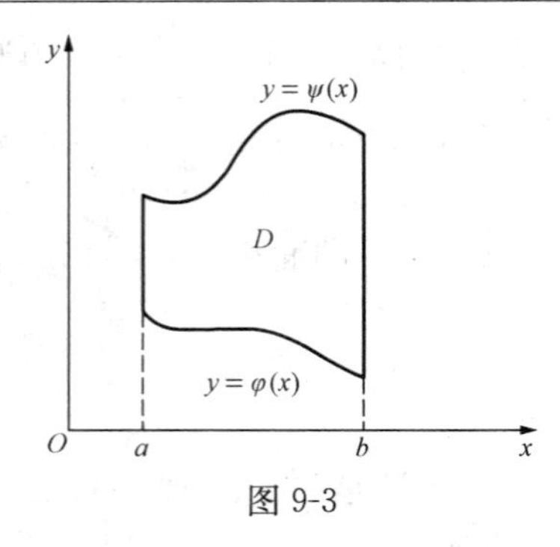

图 9-3

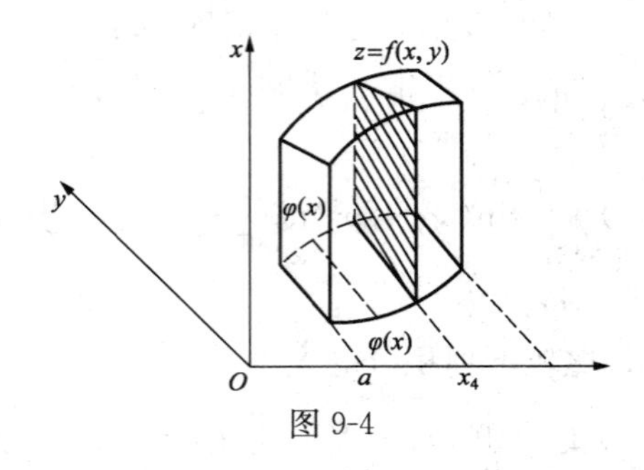

图 9-4

一般情况下，过区间 $[a,b]$ 上任一点 x，且平行于 yOz 面的平面截曲顶柱体所得截面的面积为

$$A(x)=\int_{\varphi_1(x)}^{\varphi_2(x)}f(x,y)\mathrm{d}y$$

于是，应用计算平行截面面积为已知的立体体积的方法，可得曲顶柱体的体积为

$$V=\int_a^b A(x)\mathrm{d}x=\int_a^b\left[\int_{\varphi_1(x)}^{\varphi_2(x)}f(x,y)\mathrm{d}y\right]\mathrm{d}x$$

该体积也就是所求的二重积分，从而有

$$\iint_D f(x,y)\mathrm{d}\sigma=\int_a^b\left[\int_{\varphi_1(x)}^{\varphi_2(x)}f(x,y)\mathrm{d}y\right]\mathrm{d}x \tag{9-1}$$

式（9-1）右端是一个先对 y、再对 x 的二次积分. 就是说，先把 x 看作常数，把 $f(x,y)$ 只看作 y 的函数，并对 y 计算从 $\varphi_1(x)\sim\varphi_2(x)$ 的定积分；然后把算得的结果（是 x 的函数）再对 x 计算从 $a\sim b$ 的定积分. 这个先对 y、再对 x 的二次积分也常记作

$$\int_a^b\mathrm{d}x\int_{\varphi_1(x)}^{\varphi_2(x)}f(x,y)\mathrm{d}y$$

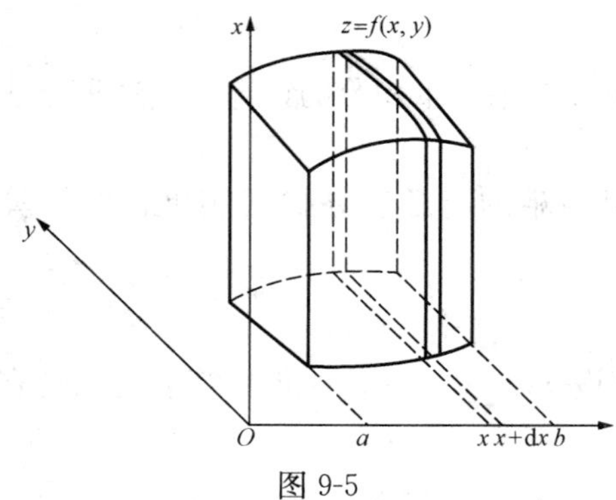

图 9-5

从而把二重积分化为先对 y、再对 x 的二次积分的公式写作

$$\iint_D f(x,y)\mathrm{d}x\mathrm{d}y=\int_a^b\mathrm{d}x\int_{\varphi_1(x)}^{\varphi_2(x)}f(x,y)\mathrm{d}y \tag{9-2}$$

在上述讨论中，我们假定 $f(x,y)\geqslant 0$. 但实际上式（9-2）的成立并不受此条件限制.

类似的，如果积分区域 D 可以用不等式

$$\psi_1(y)\leqslant x\leqslant\psi_2(y),c\leqslant y\leqslant d$$

来表示（见图 9-5），其中 $\psi_1(y)$ 及 $\psi_2(y)$ 在 $[c,d]$ 上连续，那么有

$$\iint_D f(x,y)\mathrm{d}x\mathrm{d}y=\int_c^d\mathrm{d}y\int_{\psi_1(y)}^{\psi_2(y)}f(x,y)\mathrm{d}x \tag{9-3}$$

式（9-3）就是把二重积分化为先对 x、再对 y 的二次积分公式.

设积分区域 D（见图 9-3）是由两条平行直线 $x=a$，$x=b$ 以及两条连续曲边 $y=\varphi(x)$，$y=\psi(x)$［在 $[a,b]$ 上 $\psi(x)\geqslant\varphi(x)$］所围成，它可表示为

$$D=\{(x,y)\mid\varphi(x)\leqslant y\leqslant\psi(x),a\leqslant x\leqslant b\}$$

其中 $y=\varphi(x)$ 与 $y=\psi(x)$ 在区间 $[a,b]$ 上连续.

根据二重积分的几何意义，有 $\iint\limits_D f(x,y)\mathrm{d}\sigma = V_{\text{曲顶柱体}}$.

另一方面，可用定积分中的“切片法”来求曲顶柱体的体积. 为此，在区间［a,b］上任取一点 x_0，作平行于 yOz 坐标面的平面 $x=x_0$，该平面与曲顶柱体相交所得的截面是一个以区间［$\varphi(x_0)$，$\psi(x_0)$］为底，而以 $z=f(x_0,y)$ 为曲边的曲边梯形（如图 9-4 中的阴影部分），所以这截面的面积为

$$A(x_0)=\int_{\varphi(x_0)}^{\psi(x)} f(x_0,y)\mathrm{d}y$$

一般地，过区间［a，b］上任意一点 x，且平行于 yOz 坐标平面的平面，与曲顶柱体相交，所得截面的面积为

$$A(x)=\int_{\varphi(x)}^{\psi(x)} f(x,y)\mathrm{d}y$$

上式中 y 是积分变量，x 在积分时保持不变.

现用平行于 yOz 坐标面的平面把曲顶柱体切成许多薄片，任取一个对应于小区间［x，$x+\mathrm{d}x$］的薄片（见图 9-5）. 该薄片的厚度 $\mathrm{d}x$ 为充分小时，该薄片可以看成以截面 $A(x)$ 为底，高为 $\mathrm{d}x$ 的薄柱体，其体积近似为

$$\mathrm{d}V = A(x)\mathrm{d}x$$

所以，曲顶柱体体积为

$$V=\int_a^b A(x)\mathrm{d}x=\int_a^b\left[\int_{\varphi(x)}^{\psi(x)} f(x,y)\mathrm{d}y\right]\mathrm{d}x$$

由此即得二重积分计算公式为

$$\iint\limits_D f(x,y)\mathrm{d}\sigma=\int_a^b\left[\int_{\varphi(x)}^{\psi(x)} f(x,y)\mathrm{d}y\right]\mathrm{d}x$$

或
$$\iint\limits_D f(x,y)\mathrm{d}\sigma=\int_a^b\mathrm{d}x\int_{\varphi(x)}^{\psi(x)} f(x,y)\mathrm{d}y \tag{9-4}$$

式（9-4）右端是一个先对 y，后对 x 的累次积分，二重积分的累次积分也称为二次积分.

二重积分化为二次积分的关键在于上下限的确定. 为了便于学习，以下根据积分区域 D 的不同，来确定二次积分的顺序.

（1）当积分区域 D 如图 9-6 所示时，先对 y 积分，其积分下限为 $\varphi(x)$，积分上限为 $\psi(x)$；然后对 x 积分，其积分下限为 a，积分上限为 b.

（2）当积分区域 D 如图 9-7 所示时，先对 x 积分，其积分下限为 $\gamma(y)$，积分上限为 $\eta(y)$；然后对 y 积分，其积分下限为 c，积分上限为 d.

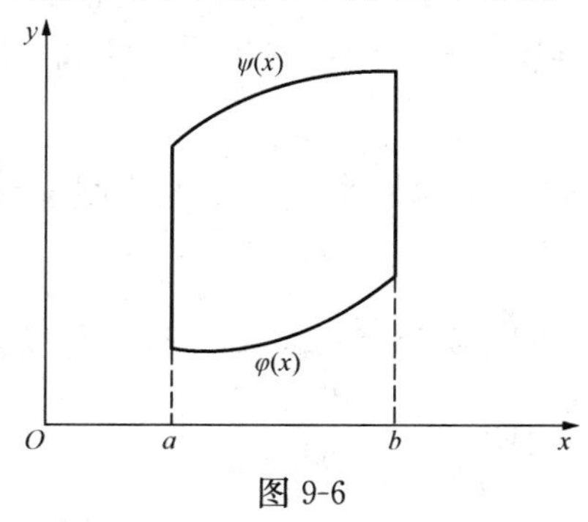

图 9-6

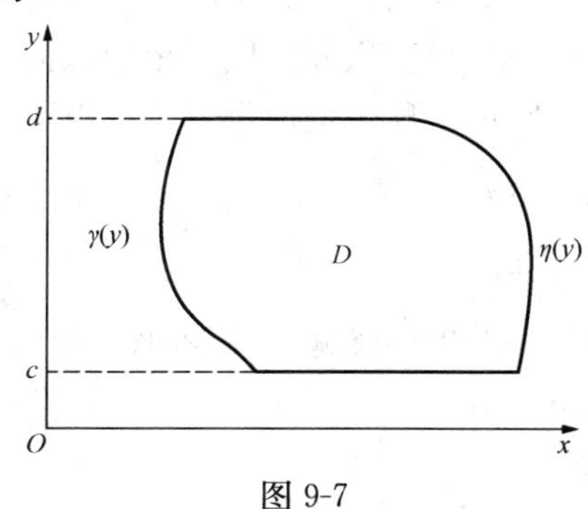

图 9-7

因此，计算二重积分的步骤如下：

（1）确定积分区域 D 的图形；

（2）将二重积分转化为二次积分；

（3）计算二次积分.

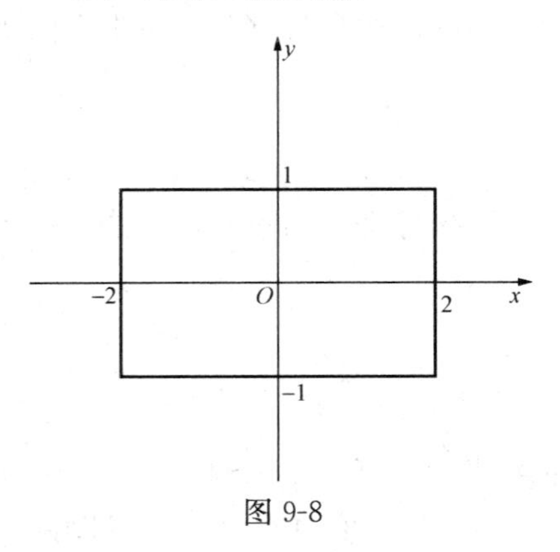

图 9-8

【例 9-3】 求二重积分 $\iint\limits_D \left(1-\frac{x}{4}-\frac{y}{3}\right)\mathrm{d}\sigma$，其中积分区域为

$$D=\{(x,y)\mid -2\leqslant x\leqslant 2,-1\leqslant y\leqslant 1\}$$

解 画出积分区域 D 的图形，如图 9-8 所示.

$$\begin{aligned}\iint\limits_D\left(1-\frac{x}{4}-\frac{y}{3}\right)\mathrm{d}\sigma&=\int_{-2}^{2}\mathrm{d}x\int_{-1}^{1}\left(1-\frac{x}{4}-\frac{y}{3}\right)\mathrm{d}y\\&=\int\left[2\left(1-\frac{x}{4}\right)y-\frac{y^2}{6}\right]\Big|_0^1\mathrm{d}x\\&=2\int_{-2}^{2}\left(1-\frac{x}{4}\right)\mathrm{d}x=8\end{aligned}$$

【例 9-4】 求二重积分 $\iint\limits_D x\mathrm{d}\sigma$，其中积分区域 D 是由 $y=\ln x$ 与直线 $x=\mathrm{e}$ 及 x 轴所围成的区域.

解 画出积分区域 D 的图形，如图 9-9 所示. 因为它与类型（1）的积分区域一致，所以可化为

$$\begin{aligned}\iint\limits_D x\mathrm{d}\sigma&=\int_1^{\mathrm{e}}\mathrm{d}x\int_0^{\ln x}x\mathrm{d}y\\&=\int_1^{\mathrm{e}}x\mathrm{d}x\int_0^{\ln x}\mathrm{d}y\\&=\int_1^{\mathrm{e}}x\ln x\mathrm{d}x=\frac{1}{2}\int_1^{\mathrm{e}}\ln x\mathrm{d}x^2\\&=\frac{1}{2}[x^2\ln x]_1^{\mathrm{e}}-\frac{1}{2}\int_1^{\mathrm{e}}x^2\mathrm{d}x\ln x\\&=\frac{1}{2}\mathrm{e}^2-\frac{1}{2}\int_1^{\mathrm{e}}x\mathrm{d}x\\&=\frac{1}{2}\mathrm{e}^2-\frac{1}{4}x^2\Big|_1^{\mathrm{e}}=\frac{1}{4}(\mathrm{e}^2+1)\end{aligned}$$

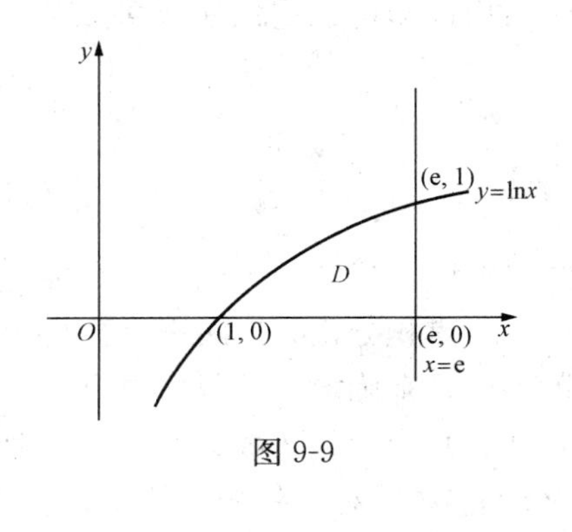

图 9-9

把一个二重积分化为二次积分时，可以先对 y 积分，再对 x 积分，也可以先对 x 积分，再对 y 积分. 对于积分区域为矩形域而言，二者难易程度是一样的，但当积分区域不是矩形域时，选择积分顺序是很重要的，以下举例说明.

【例 9-5】 计算二重积分 $\iint\limits_D xy\mathrm{d}\sigma$，其中积分区域 D 是由抛物线 $y^2=x$ 与直线 $y=x-2$ 所围成的区域.

解 画出积分区域 D 的图形，如图 9-10 所示，考虑区域 D 类似类型（2），所以化成二次积分为

$$\iint_D xy\,\mathrm{d}\sigma = \int_{-1}^{2}\mathrm{d}y\int_{y^2}^{y+2} xy\,\mathrm{d}x$$

$$= \frac{1}{2}\int_{-1}^{2}[y(y+2)^2 - y^5]\mathrm{d}y$$

$$= \frac{1}{2}\left[\frac{y^4}{4} + \frac{4y^3}{3} + 2y^2 - \frac{y^6}{6}\right]_{-1}^{2} = \frac{45}{8}$$

本题若先对 y 积分，再对 x 积分，就必须将区域 D 分成两个小区域，而有下面的计算形式

$$\iint_D xy\,\mathrm{d}\sigma = \int_0^1 \mathrm{d}x\int_{-\sqrt{x}}^{\sqrt{x}} xy\,\mathrm{d}y + \int_1^4 \mathrm{d}x\int_{x-2}^{\sqrt{x}} xy\,\mathrm{d}y$$

难易程度显然是不同的.

【例 9-6】 计算二重积分 $\iint_D \mathrm{e}^{-y^2}\mathrm{d}\sigma$，其中积分区域 D 由 $y=1$，$y=x$，$x=0$ 所围成.

解 如图 9-11 所示，可考虑先对 x 积分，再对 y 积分，得

$$\iint_D \mathrm{e}^{-y^2}\mathrm{d}\sigma = \int_0^1 \mathrm{d}y\int_0^y \mathrm{e}^{-y^2}\mathrm{d}x$$

$$= \int_0^1 \mathrm{e}^{-y^2} y\mathrm{d}y = -\frac{1}{2}\int_0^1 \mathrm{e}^{-y^2}\mathrm{d}(-y^2)$$

$$= -\frac{1}{2}(\mathrm{e}^{-1} - 1) = \frac{1}{2}\left(1 - \frac{1}{\mathrm{e}}\right)$$

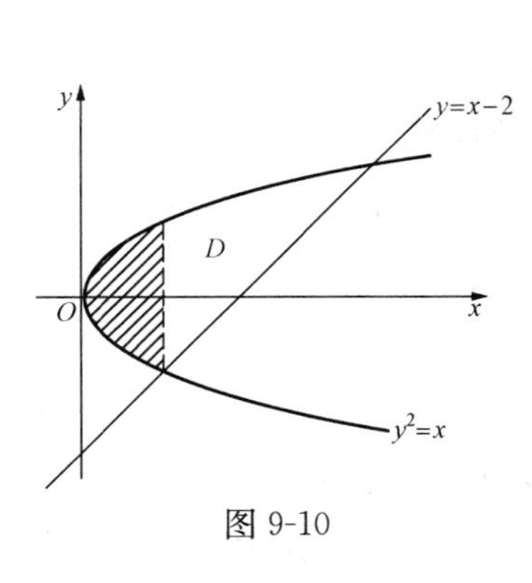

图 9-10

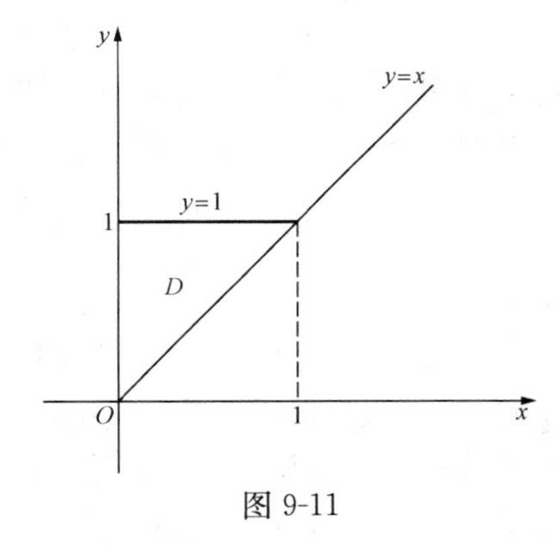

图 9-11

若先对 y 积分，再对 x 积分，则形式为

$$\iint_D \mathrm{e}^{-y^2}\mathrm{d}\sigma = \int_0^1 \mathrm{d}x\int_x^1 \mathrm{e}^{-y^2}\mathrm{d}y$$

由于 $\int \mathrm{e}^{-y^2}\mathrm{d}y$ 不是初等函数，因而无法用牛顿—莱布尼兹公式算出.

二、极坐标系下二重积分的计算

有些二重积分，其积分区域 D 的边界曲线用极坐标方程比较简便，且被积函数利用极坐标变量 r、θ 表示也比较简单，这时可以考虑利用极坐标来计算二重积分.

在极坐标系中求二重积分时，也可用 $r=$ 常数（它表示以极点为圆心的一族同心圆）和 $\theta=$ 常数（它表示发自极点的一族射线）两族曲线把区域划分成 n 个小区域（见图 9-12）.

小区域的面积 $\Delta\sigma_i$ 可计算如下：

$$\begin{aligned}\Delta\sigma_i &= \frac{1}{2}\cdot(r_i+\Delta r_i)^2\cdot\Delta\theta_i-\frac{1}{2}\cdot r_i^2\Delta\theta_i \\ &= \frac{1}{2}\cdot(2r_i+\Delta r_i)\cdot\Delta r_i\cdot\Delta\theta_i \\ &= \frac{1}{2}\cdot[r_i+(r_i+\Delta r_i)]\cdot\Delta r_i\cdot\Delta\theta_i=\overline{r_i}\cdot\Delta r_i\cdot\Delta\theta_i\end{aligned}$$

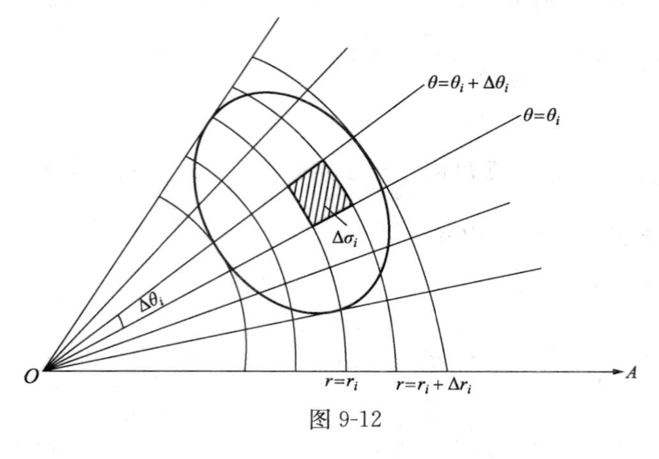

图 9-12

其中 $\overline{r_i}$ 表示相邻两圆弧半径的平均值，对应小区域面积的近似值为 $r\mathrm{d}r\mathrm{d}\theta$，即面积元素

$$\mathrm{d}\sigma = r\mathrm{d}r\mathrm{d}\theta$$

又由于直角坐标与极坐标的关系式是

$$\begin{cases}x = r\cos\theta \\ y = r\sin\theta\end{cases}$$

于是

$$\iint\limits_D f(x,y)\mathrm{d}\sigma = \iint\limits_D f(r\cos\theta, r\sin\theta)r\mathrm{d}r\mathrm{d}\theta \tag{9-5}$$

式（9-5）即二重积分在极坐标系中的表达式.

由于二重积分与区域 D 的分割方法无关，因此无论是直角坐标系中的分割方法，还是极坐标系中的分割方法，所得的二重积分都应该相等. 所以有

$$\iint\limits_D f(x,y)\mathrm{d}x\mathrm{d}y = \iint\limits_D f(r\cos\theta, r\sin\theta)r\mathrm{d}r\mathrm{d}\theta$$

直角坐标系变换为极坐标系的变换公式，其变换要点如下.

（1）将 $f(x,y)$ 中的 x、y 分别换为 $r\cos\theta$、$r\sin\theta$；

（2）将积分区域 D 的边界曲线用极坐标方程来表示；

（3）将直角坐标系中的面积元素 $\mathrm{d}x\mathrm{d}y$ 换为极坐标系中的面积元素 $r\mathrm{d}r\mathrm{d}\theta$.

极坐标系中的二重积分同样是化为二次积分来计算的. 这里只介绍先对 r 积分，后对 θ 积分，分三种情形对如何确定两次积分的上下限加以讨论.

1. 极点在区域 D 的外面（见图 9-13）

设区域 D 是由极点出发的两条射线 $\theta=\alpha$，$\theta=\beta$ 及两条连续曲线 $r=\varphi(\theta)$，$r=\psi(\theta)$ 所围成的区域，即区域 D 可以表示为

$$D=\{(r,\theta)\,|\,\varphi(\theta)\leqslant r\leqslant\psi(\theta),\alpha\leqslant\theta\leqslant\beta\}$$

从极点出发在 $[\alpha,\beta]$ 内作一条极角为 θ 的射线穿过区域 D，穿入点的极径 $r=\varphi(\theta)$ 作下限，穿出点的极径 $r=\varphi(\theta)$ 作上限；然后再对 θ 积分，其积分区间为 $[\alpha,\beta]$，即

$$\iint\limits_D f(r\cos\theta,r\sin\theta)r\mathrm{d}r\mathrm{d}\theta=\int_\alpha^\beta\mathrm{d}\theta\int_{\varphi(\theta)}^{\psi(\theta)}f(r\cos\theta,r\sin\theta)r\mathrm{d}r$$

2. 极点在区域 D 的边界上（见图 9-14）

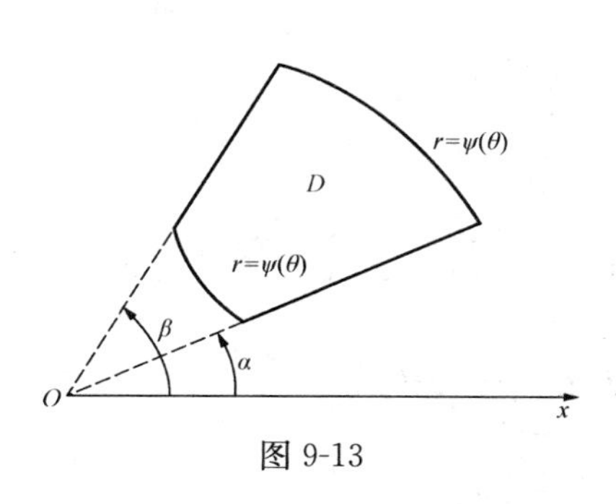

图 9-13

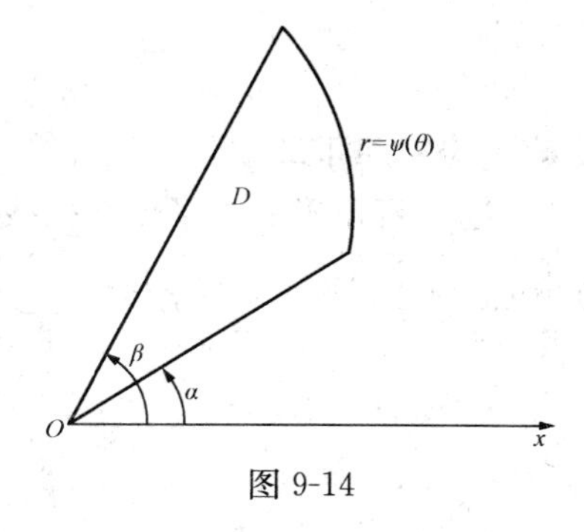

图 9-14

设区域 D 是由极点出发的两条射线 $\theta=\alpha$，$\theta=\beta$ 及连续曲线 $r=\psi(\theta)(\alpha\leqslant\theta\leqslant\beta)$ 所围成的曲边扇形，即区域 D 可以表示为 $D=\{(r,\ \theta)\,|\,0\leqslant r\leqslant\psi(\theta),\ \alpha\leqslant\theta\leqslant\beta\}$，则计算公式为

$$\iint\limits_D f(r\cos\theta,r\sin\theta)r\mathrm{d}r\mathrm{d}\theta=\int_\alpha^\beta\mathrm{d}\theta\int_0^{\psi(\theta)}f(r\cos\theta,r\sin\theta)r\mathrm{d}r$$

3. 极点在区域 D 的内部（见图 9-15）

设区域 D 的边界曲线方程为 $r=\psi(\theta)(0\leqslant\theta\leqslant2\pi)$，此时 $D=\{(r,\theta)\,|\,0\leqslant r\leqslant\psi(\theta),0\leqslant\theta\leqslant2\pi\}$，则计算公式为

$$\iint\limits_D f(r\cos\theta,r\sin\theta)r\mathrm{d}r\mathrm{d}\theta=\int_0^{2\pi}\mathrm{d}\theta\int_0^{\psi(\theta)}f(r\cos\theta,r\sin\theta)r\mathrm{d}r\mathrm{d}\theta$$

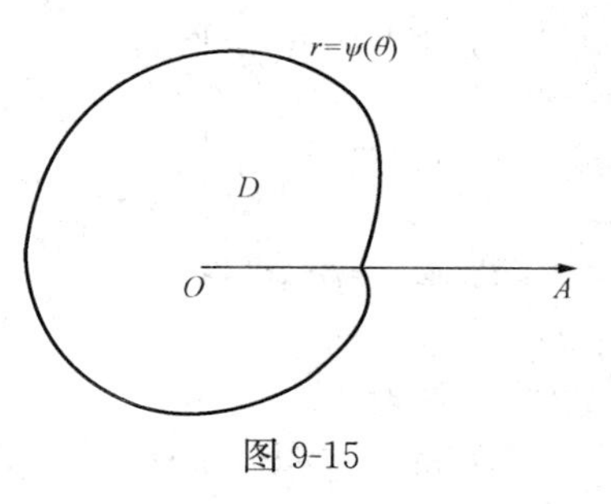

图 9-15

通常当积分区域 D 的边界由圆弧、射线组成，且被积函数为 $x^2+y^2,\dfrac{x}{y}$ 等形式时，用极坐标进行计算较为方便.

【例 9-7】 计算积分 $\iint\limits_D \mathrm{e}^{-(x^2+y^2)}\mathrm{d}\sigma$，其中积分区域 D 是由 $x^2+y^2=4$ 所围成的区域.

解 由于极点在区域 D 的内部，即 $D=\{(r,\theta)\,|\,0\leqslant r\leqslant2,0\leqslant\theta\leqslant2\pi\}$，则

$$\iint\limits_D \mathrm{e}^{-(x^2+y^2)}\mathrm{d}\sigma=\int_0^{2\pi}\mathrm{d}\theta\int_0^2\mathrm{e}^{-r^2}r\mathrm{d}$$

$$=-\frac{1}{2}\int_0^{2\pi}\mathrm{d}\theta\int_0^2\mathrm{e}^{-r^2}\mathrm{d}(-r^2)=-\frac{1}{2}(\mathrm{e}^{-4}-1)\int_0^{2\pi}\mathrm{d}\theta=\pi(1-\mathrm{e}^{-4})$$

【例 9-8】 计算积分 $\iint\limits_D(x^2+y^2)\mathrm{d}\sigma$，其中 D 由 $r=2a\cos\theta\left(-\dfrac{\pi}{2}\leqslant\theta\leqslant\dfrac{\pi}{2}\right)$ 所围成.

解 由于极点在区域 D 的边界上，即 $D=\left\{(r,\theta)\,\middle|\,0\leqslant r\leqslant2a\cos\theta,-\dfrac{\pi}{2}\leqslant\theta\leqslant\dfrac{\pi}{2}\right\}$，则

$$\iint\limits_D(x^2+y^2)\mathrm{d}\sigma=\iint\limits_D r^2\cdot r\mathrm{d}r\mathrm{d}\theta=\int_{-\frac{\pi}{2}}^{\frac{\pi}{2}}\mathrm{d}\theta\int_0^{2a\cos\theta}r^3\mathrm{d}r$$

$$=\int_{-\frac{\pi}{2}}^{\frac{\pi}{2}}\frac{1}{4}(2a\cos\theta)^4\mathrm{d}\theta=8a^2\int_0^{\frac{\pi}{2}}\cos^4\theta\mathrm{d}\theta=\frac{3}{2}\pi a^4$$

习题 9-2

一、直角坐标系下二重积分的计算

1. 填空题（将正确的答案填在横线上）.

(1) $\iint\limits_D (x^3+3x^2y+y^3)\mathrm{d}\sigma=$______，其中 D：$0\leqslant x\leqslant 1,0\leqslant y\leqslant 1$.

(2) $\iint\limits_D x\cos(x+y)\mathrm{d}\sigma=$______，其中 D 是顶点分别为 $(0,0)$，$(\pi,0)$，(π,π) 的三角形闭区域.

(3) 将二重积分 $\iint\limits_D f(x,y)\mathrm{d}\sigma$［其中 D 是由 x 轴及上半圆周 $x^2+y^2=r^2(y\geqslant 0)$ 所围成的闭区域］化为先 y 后 x 的积分，应为______.

(4) 将二重积分 $\iint\limits_D f(x,y)\mathrm{d}\sigma$［其中 D 是由直线 $y=x$，$x=2$ 及双曲线 $y=\dfrac{1}{x}(x>0)$ 所围成的闭区域］化为先 x 后 y 的积分，应为______.

(5) 将二次积分 $\int_1^2\mathrm{d}x\int_{2-x}^{\sqrt{2x-x^2}}f(x,y)\mathrm{d}y$ 改换积分次序，应为______.

(6) 将二次积分 $\int_0^{\pi}\mathrm{d}x\int_{-\sin\frac{x}{2}}^{\sin x}f(x,y)\mathrm{d}y$ 改换积分次序，应用______.

(7) 将二次积分 $\int_{e^{-2}}^{1}\mathrm{d}y\int_{-\ln y}^{2}f(x,y)\mathrm{d}x+\int_1^{1+\sqrt{2}}\mathrm{d}y\int_{(y-1)^2}^{2}f(x,y)\mathrm{d}x$ 改换积分次序，应为______.

(8) 将二次积分 $\int_0^1\mathrm{d}y\int_0^{2y}f(x,y)\mathrm{d}x+\int_1^3\mathrm{d}y\int_0^{3-y}f(x,y)\mathrm{d}x$ 改换积分次序，应为______.

2. 计算下列二重积分：

(1) $\iint\limits_D xy\mathrm{e}^{x^2+y^2}\mathrm{d}\sigma$，其中 $D=\{(x,y)\mid a\leqslant x\leqslant b,c\leqslant y\leqslant d\}$.

(2) $\iint\limits_D (x^2+y^2)\mathrm{d}\sigma$，其中 D 是由直线 $y=2$，$y=x$ 及 $y=2x$ 所围成的闭区域.

(3) $\iint\limits_D \sqrt{|y-x^2|}\mathrm{d}x\mathrm{d}y$，其中 D：$-1\leqslant x\leqslant 1,0\leqslant y\leqslant 2$.

3. 计算二次积分 $\int_0^1\mathrm{d}y\int_{\sqrt{y}}^{1}\mathrm{e}^{\frac{y}{x}}\mathrm{d}x$.

4. 交换积分次序，证明：$\int_0^a\mathrm{d}y\int_0^y\mathrm{e}^{m(a-x)}f(x)\mathrm{d}x=\int_0^a(a-x)\mathrm{e}^{m(a-x)}f(x)\mathrm{d}x$.

5. 求由曲面 $z=x^2+2y^2$ 及 $z=6-2x^2-y^2$ 所围成的立体体积.

二、极坐标系下二重积分的计算

1. 填空题（将正确的答案填在横线上）.

(1) 把下列二重积分表示为极坐标形式的二次积分：

1) $\iint\limits_{x^2+y^2\leqslant 2x} f\left(x^2+y^2,\arctan\dfrac{y}{x}\right)\mathrm{d}x\mathrm{d}y=$______；

2) $D=\{(x,y)\mid 1\leqslant x^2+y^2\leqslant 4, y>x\}$，$\iint\limits_D \mathrm{e}^{\sqrt{x^2+y^2}}\mathrm{d}x\mathrm{d}y=$ ______.

(2) 把下列二次积分化为极坐标系下的二次积分：

1) $\int_0^{2a}\mathrm{d}x\int_0^{\sqrt{2ax-x^2}} f(x^2+y^2)\mathrm{d}y=$ ______ $(a>0)$；

2) $\int_0^1\mathrm{d}x\int_0^1 f(\sqrt{x^2+y^2})\mathrm{d}y=$ ______；

3) $\int_0^2\mathrm{d}x\int_x^{\sqrt{3}x} f\left(\arctan\dfrac{y}{x}\right)\mathrm{d}y=$ ______；

4) $\int_0^1\mathrm{d}x\int_0^{x^2} f(x,y)\mathrm{d}y=$ ______.

2. 计算下列二重积分：

(1) $\iint\limits_D \ln(1+x^2+y^2)\mathrm{d}\sigma$，其中 D 是由圆周 $x^2+y^2=1$ 及坐标轴所围成的在第一象限内的闭区域.

(2) $\iint\limits_D \dfrac{1}{\sqrt{x^2+y^2}}\mathrm{d}x\mathrm{d}y$，其中 D 是由曲线 $y=x^2$ 与直线 $y=x$ 所围成的闭区域.

(3) $\iint\limits_D \sqrt{R^2-x^2-y^2}\mathrm{d}\sigma$，其中 D 是由圆周 $x^2+y^2=Rx$ 所围成的闭区域.

(4) $\iint\limits_D |x^2+y^2-2|\mathrm{d}\sigma$，其中 D: $x^2+y^2\leqslant 3$.

3. 计算二重积分 $\iint\limits_D (y-x)^2\mathrm{d}\sigma$，其中 D 由不等式 $y\leqslant R+x, x^2+y^2\leqslant R^2$，$y\geqslant 0$ 确定(注意选用适当的坐标).

4. 计算以 xOy 面上的圆周 $x^2+y^2=ax(a>0)$ 围成的区域为底，而以曲面 $z=x^2+y^2$ 为顶的曲顶柱体的体积.

第三节　二重积分的应用举例

一、曲顶柱体的体积

若 $z=f(x,y)$ 在有界闭区域 D 上连续，且 $f(x,y)\geqslant 0$，则二重积分 $\iint\limits_D f(x,y)\mathrm{d}\sigma$ 在几何上表示以 $z=f(x,y)$ 为顶，区域 D 为底的曲顶柱体的体积，因此可以利用二重积分来计算空间立体的体积.

【例 9-9】 求圆柱面 $x^2+y^2=a^2$ 与 $x^2+z^2=a^2$ 垂直相交部分的体积.

解　根据对称性，所求体积是如图 9-16 所示在第一卦限阴影部分体积的 8 倍. 在第一卦限部分的立体是以 $z=\sqrt{a^2-x^2}$ 为顶，区域 $D=\{(x,y)\mid 0\leqslant x\leqslant a, 0\leqslant y\leqslant \sqrt{a^2-x^2}\}$ 为底的曲顶柱体，于是

$$V=8\iint\limits_D \sqrt{a^2-x^2}\mathrm{d}\sigma$$

$$= 8\int_0^a \mathrm{d}x\int_0^{\sqrt{a^2-x^2}} \sqrt{a^2-x^2}\,\mathrm{d}y$$

$$= 8\int_0^a (a^2-x^2)\mathrm{d}x = \frac{16a^3}{3}$$

【例 9-10】 求球面 $x^2+y^2+z^2=R^2$ 与圆柱面 $x^2+y^2=Rx(R>0)$ 所围成的立体的体积.

解 由于对称性，所求立体的体积是如图 9-17 所示阴影部分体积的 4 倍. 图中阴影部分立体是以曲面 $z=\sqrt{R^2-x^2-y^2}$ 为顶，xOy 平面上区域 $D=\{(x,y)\mid 0\leqslant x\leqslant R,\ 0\leqslant y\leqslant\sqrt{Rx-x^2}\}$ 为底的曲顶柱体，可采用极坐标来计算.

则曲面方程为 $z=\sqrt{R^2-r^2}$，区域 D 表示为

$$D=\left\{(r,\theta)\,\middle|\,0\leqslant r\leqslant R\cos\theta,0\leqslant\theta\leqslant\frac{\pi}{2}\right\}$$

所以有

$$V=4\iint\limits_D \sqrt{R^2-r^2}\cdot r\mathrm{d}r\mathrm{d}\theta$$

$$=4\int_0^{\frac{\pi}{2}}\mathrm{d}\theta\int_0^{R\cos\theta}\sqrt{R^2-r^2}\cdot r\mathrm{d}r$$

$$=4\int_0^{\frac{\pi}{2}}\left[-\frac{1}{3}(R^2-r^2)^{\frac{3}{2}}\right]_0^{R\cos\theta}\mathrm{d}\theta$$

$$=\frac{4}{3}R^3\int_0^{\frac{\pi}{2}}(1-\sin^3\theta)\mathrm{d}\theta=\frac{4R^3}{3}\left(\frac{\pi}{2}-\frac{2}{3}\right)$$

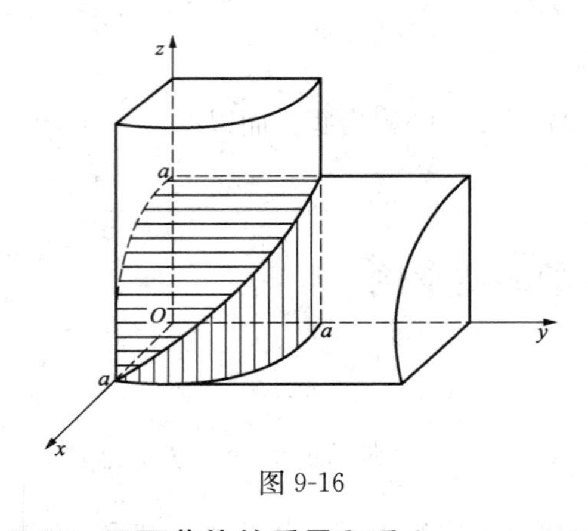

图 9-16

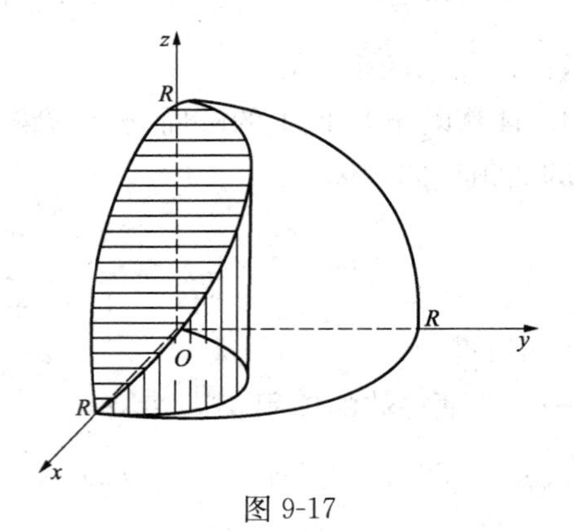

图 9-17

二、平面薄片的质量和重心

设有一质量分布不均匀的平面薄片，它位于 xOy 平面上的区域 D 上，点 $P(x,y)$ 的面密度为区域 D 上的连续函数$\rho(x,y)$，且 $\rho(x,y)>0$，求此薄片的质量和重心坐标.

如果薄片是均匀的，即面密度是常数，那么薄片的质量可以用公式

质量 = 面密度 × 面积

来计算. 现在面密度 $\rho(x,y)$ 是变量，薄片的质量就不能直接用上式来计算. 我们可用一组曲线网，把整个区域 D 分割成 n 个小区域（见图 9-18），设各小区域的面积分别为 $\Delta\sigma_1,\Delta\sigma_2,\cdots,\Delta\sigma_i,\cdots,\Delta\sigma_n$.

因面密度 $\rho(x,y)$ 在 D 上连续，故只要 $\Delta\sigma_i$ 足够小，就可把 $\rho(x,y)$ 当作常量，任取 $\Delta\sigma_i$ 上一点的密度 $\rho(\xi_i,\eta_i)$，求得 $\Delta\sigma_i$ 上质量 Δm_i 的近似值为

$$\Delta m_i = \rho(\xi_i,\eta_i)\cdot\Delta\sigma_i$$

因此，区域 D 上平面薄片的质量 M 为

$$M = \sum_{i=1}^{n}\Delta m_i = \lim_{\lambda\to 0}\sum_{i=1}^{n}\rho(\xi_i,\eta_i)\Delta\sigma_i = \iint_D \rho(x,y)\mathrm{d}\sigma$$

那么，它的重心又如何求呢？由物理学知，n 个质点系的重心坐标 $(\bar{x},\bar{y})$ 的计算公式为

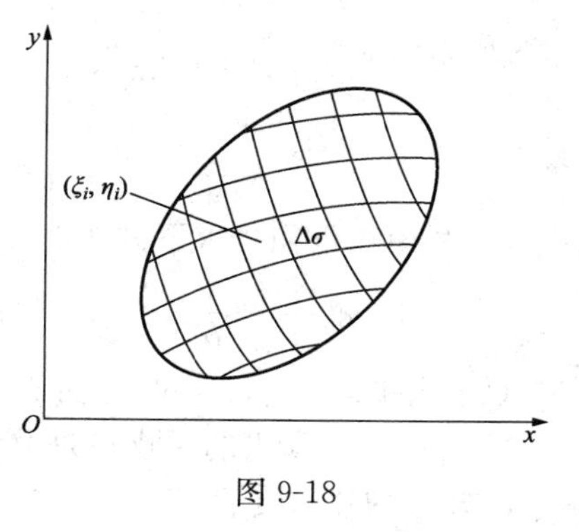

图 9-18

$$\bar{x} = \frac{M_y}{M} = \frac{\sum\limits_{i=1}^{n}m_i x_i}{\sum\limits_{i=1}^{n}m_i}$$

$$\bar{y} = \frac{M_x}{M} = \frac{\sum\limits_{i=1}^{n}m_i y}{\sum\limits_{i=1}^{n}m_i}$$

其中，m_i 是第 i 个质点的质量；(x_i,y_i) 是第 i 个质点所处的坐标 $(i=1,2,\cdots,n)$；$M=\sum\limits_{i=1}^{n}m_i$ 为质点系的总质量；$M_x=\sum\limits_{i=1}^{n}m_i y_i$，$M_y=\sum\limits_{i=1}^{n}m_i x_i$ 分别是质点系对 Ox、Oy 轴的静力矩. 由二重积分的概念即可得平面薄片的重心坐标为

$$\bar{x} = \frac{M_y}{M} = \frac{\iint\limits_D x\rho(x,y)\mathrm{d}\sigma}{\iint\limits_D \rho(x,y)\mathrm{d}\sigma}$$

$$\bar{y} = \frac{M_x}{M} = \frac{\iint\limits_D y\rho(x,y)\mathrm{d}\sigma}{\iint\limits_D \rho(x,y)\mathrm{d}\sigma}$$

【例 9-11】 设半径为 R 的半圆形平面薄片 D，各点处的面密度等于该点到圆心的距离，求它的重心坐标.

解 取坐标系，由题意得薄片的面密度 $\rho(x,y)=\sqrt{x^2+y^2}$，由对称性知 $\bar{x}=0$. 又由公式得

$$\bar{y} = \frac{\iint\limits_D y\sqrt{x^2+y^2}\mathrm{d}\sigma}{\iint\limits_D \sqrt{x^2+y^2}\mathrm{d}\sigma} = \frac{\int_0^{\pi}\mathrm{d}\theta\int_0^R r^3\sin\theta\mathrm{d}r}{\int_0^{\pi}\mathrm{d}\theta\int_0^R r^2\mathrm{d}r}$$

$$= \frac{\frac{1}{4}R^4\int_0^{\pi}\sin\theta\mathrm{d}\theta}{\frac{1}{3}R^3\int_0^{\pi}\mathrm{d}\theta} = \frac{3R}{2\pi}$$

所以重心坐标为 $\left(0,\dfrac{3R}{2\pi}\right)$.

习题 9-3

1. 利用二重积分求下列各曲面所围的立体体积：

(1) 由平面 $\dfrac{x}{a}+\dfrac{y}{b}+\dfrac{z}{c}=1(a>0,b>0,c>0)$ 与三个坐标平面所围成的立体；

(2) 由平面 $z=0$，圆柱面 $x^2+y^2=ax$ 和旋转抛物面 $x^2+y^2=z$ 所围成的立体.

2. 平面薄片所占的区域 D 是由直线 $x+y=2$，$y=x$ 和 x 轴所围成，其面密度 $\rho(x,y)=x^2+y^2$，求该薄片的质量.

3. 平面薄片所占区域 D 是由 $y=0$，$y=x$，$x=1$ 所围成，它的面密度为 $\rho(x,y)=x^2+y^2$，求该薄片重心.

本章小结

教学目的 使学生灵活掌握用二重积分的性质解决具体实际问题，以及如何用最佳方案进行二重积分的计算.

教学重点

(1) 使学生进一步明确用直角坐标系计算二重积分时，将积分区域看作何种区域的原则；

(2) 使学生进一步明确计算二重积分时用极坐标系的原则；

(3) 使学生灵活地结合二重积分性质进行二重积分计算.

知识要点回顾

(1) 二重积分的定义；

(2) 二重积分的几何意义及其物理模型；

(3) 二重积分的性质：①线性性质；②区域可加性；③比较定理；④单调性；⑤估值不等式；⑥二重积分的中值定理.

(4) 直角坐标系下二重积分化二次积分.

1) X 型区域特点及积分区域为 X 型区域时化二重积分为二次积分；

2) Y 型区域特点及积分区域为 Y 型区域时化二重积分为二次积分；

3) 积分区域为 X 型区域及积分区域为 Y 型区域时化二重积分为二次积分的转化问题

(5) 极坐标系下二重积分的计算. 何种二重积分适宜选择极坐标计算，要从积分区域和被积函数两方面考虑；

$$\iint\limits_D f(x,y)\mathrm{d}x\mathrm{d}y=\iint\limits_{D_1} f(r\cos\theta,r\sin\theta)r\mathrm{d}r\mathrm{d}\theta$$

根据积分区域与极坐标系的三种关系，将它化为二次积分的计算问题.

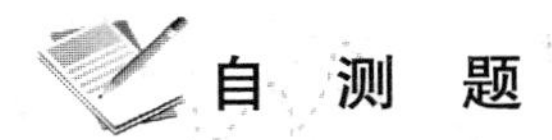

自 测 题

1. 是非题（判断下列结论的正误，正确的在括号里面画√，错误的画×）.

(1) $\iint\limits_D d\sigma$ 的值等于区域 D 的面积. ( )

(2) 二重积分 $\iint\limits_D \ln(x^2+y^2)d\sigma \geqslant 0$，其中 $D: x^2+y^2 \leqslant 1$. ( )

(3) 设 D 是由直线 $x=0, x=1, y=0, y=1$ 围城的平面区域，则二重积分 $\iint\limits_D dxdy = 1$. ( )

(4) 若函数 $f(x,y)$ 在有界闭区域 D_1 上可积，且 $D_1 \supset D_2$，则 $\iint\limits_{D_1} f(x,y)dxdy \geqslant \iint\limits_{D_2} f(x,y)dxdy$. ( )

(5) 设区域 D 由 $(1,0),(1,1),(2,0)$ 三点围成，则 $\iint\limits_D \ln(x+y)d\sigma \leqslant \iint\limits_D [\ln(x+y)]^2 d\sigma$. ( )

(6) $\int_a^b dx \int_c^d f(x,y)dy = \int_c^d dy \int_a^b f(x,y)dx$. ( )

(7) 椭圆 $\frac{x^2}{a^2}+\frac{y^2}{b^2}=1$ 的面积 S 用二重积分可表示成 $S=\iint\limits_D dxdy$，其中 D 为 $\frac{x^2}{a^2}+\frac{y^2}{b^2} \leqslant 1, x>0, y>0$. ( )

(8) 设 D 是由 $|x+y|=1$，$|x-y|=1$ 所围成的闭区域，则 $\iint\limits_D dxdy = 4$. ( )

(9) 设 D 是由 $x+y=1, x-y=1$ 及 $x=0$ 所围成的闭区域，则 $\iint\limits_D dxdy = 1$. ( )

(10) 设 D 是由 $xy=1$ 及 $x+y=3$ 所围成的闭区域，则 $\iint\limits_D dxdy = \frac{3}{2} - 2\ln 2$. ( )

(11) $\int_0^1 dx \int_0^x f(x,y)dy + \int_1^2 dx \int_0^{2-x} f(x,y)dy = \int_0^1 dy \int_y^{2-y} f(x,y)dx$. ( )

(12) $\int_0^2 dx \int_x^{\sqrt{2x}} f(x,y)dy = \int_0^2 dy \int_{\frac{y^2}{2}}^{y} f(x,y)dx$. ( )

2. 填空题（将正确的答案填在横线上）.

(1) 设 $D=\{(x,y)\mid -1 \leqslant x \leqslant 1, -1 \leqslant y \leqslant 1\}$，则 $\iint\limits_D dxdy =$______.

(2) 设 D 由 $y=x$ 及 $y=x^2$ 所围成，则 $\iint\limits_D dxdy =$______.

(3) 设 D 为 $|x| \leqslant 1, |y| \leqslant 1$，则 $\iint\limits_D (x-\sin y)dxdy =$______.

(4) 设 D 由直线 $2x-y-1=0$ 及抛物线 $y^2=x$ 所围成，将二重积分 $\iint\limits_D f(x,y)dxdy$ 化为累次积分为______.

(5) 设 D 为 $0 \leqslant x \leqslant 1, 0 \leqslant y \leqslant 1$，则 $I=\iint\limits_D e^{x+y}d\sigma =$______.

(6) 交换积分 $I=\int_0^1 dy \int_0^y f(x,y)dx$ 的顺序，则 $I=$______.

3. 单项选择题（以下四个选项中只有一个正确的，把满足条件的选项填在括号里）.

（1）设 D 是环形闭区域，$1\leqslant x^2+y^2\leqslant 4$，则 $\iint\limits_D \mathrm{d}x\mathrm{d}y=$（　　）.

A. 3π　　B. 4π　　C. π　　D. 8π

（2）设 D 是矩形闭区域，$|x|\leqslant 1,|y|\leqslant 2$，则 $\iint\limits_D \mathrm{d}x\mathrm{d}y=$（　　）.

A. 8　　B. 4　　C. 20　　D. 5

（3）$\iint\limits_{\substack{0\leqslant x\leqslant 1\\ -1\leqslant y\leqslant 1}} \mathrm{d}x\mathrm{d}y=$（　　）.

A. 1　　B. -1　　C. 2　　D. -2

（4）设积分区域D是由直线 $x+y=1,x=0,y=0$ 围成，则二重积分 $\iint\limits_D f(x,y)\mathrm{d}\sigma$ 可化为先对 x 后对 y 的二次积分（　　）.

A. $\int_0^1 \mathrm{d}y\int_0^1 f(x,y)\mathrm{d}x$　　B. $\int_0^1 \mathrm{d}y\int_0^{1-x} f(x,y)\mathrm{d}x$

C. $\int_0^{1-x} \mathrm{d}y\int_0^1 f(x,y)\mathrm{d}x$　　D. $\int_0^1 \mathrm{d}y\int_0^{1-y} f(x,y)\mathrm{d}x$

（5）设 $I_1=\iint\limits_D (x^2+y^2)\mathrm{d}\sigma$，$I_2=\iint\limits_D (x^2+y^2)^{\frac{1}{2}}\mathrm{d}\sigma$，$I_3=\iint\limits_D (x^2+y^2)^2\mathrm{d}\sigma$，其中区域D是由 $x^2+y^2=1$ 围成的平面图形，则下列不等式成立的是（　　）.

A. $I_1\leqslant I_2\leqslant I_3$　　B. $I_3\leqslant I_1\leqslant I_2$　　C. $I_2\leqslant I_3\leqslant I_1$　　D. $I_3\leqslant I_2\leqslant I_1$

（6）设 D 是平面区域，$\{(x,y)|-1\leqslant x\leqslant 1,0\leqslant y\leqslant 1\}$，则 $\iint\limits_D (x+1)\mathrm{d}\sigma=$（　　）.

A. 0　　B. 1　　C. 2　　D. 3

（7）设 $I_1=\iint\limits_{D_1}\mathrm{d}\sigma,I_2=\iint\limits_{D_2}\mathrm{d}\sigma,I_3=\iint\limits_{D_3}\mathrm{d}\sigma$，且这三个积分区域之间有关系 $D_1\subset D_2\subset D_3$，则有（　　）.

A. $I_1\leqslant I_2\leqslant I_3$　　B. $I_3\leqslant I_1\leqslant I_2$

C. $I_2\leqslant I_3\leqslant I_1$　　D. $I_3\leqslant I_2\leqslant I_1$

（8）设 $I_1=\iint\limits_D x^2\mathrm{d}\sigma,I_2=\iint\limits_D x\mathrm{d}\sigma,I_3=\iint\limits_D x^3\mathrm{d}\sigma$，其中是平面区域 $\{(x,y)\mid 0\leqslant x\leqslant 1,0\leqslant y\leqslant 2\}$，则下列不等式成立的是（　　）.

A. $I_1\leqslant I_2\leqslant I_3$　　B. $I_3\leqslant I_1\leqslant I_2$

C. $I_2\leqslant I_3\leqslant I_1$　　D. $I_3\leqslant I_2\leqslant I_1$

（9）设 D 为 $\{(x,y)|x^2+y^2\leqslant 1\}$，$D_1=\{(x,y)|x^2+y^2\leqslant 1,0\leqslant x,0\leqslant y\}$，$D_2=\{(x,y)|x^2+y^2\leqslant 1,0\leqslant x\}$，则由对称性，有 $\iint\limits_D x\mathrm{d}\sigma=$（　　）.

A. $4\iint\limits_{D_1} x\mathrm{d}\sigma$　　B. π　　C. $2\iint\limits_{D_2} x\mathrm{d}\sigma$　　D. 0

（10）设积分区域 D 是由曲线 $y=x^2$ 及 $y=1$，$x=0$ 围成的在第一象限内的图形，则二

重积分 $\iint\limits_D f(x,y)\mathrm{d}\sigma$ 可化为二次积分（ ）.

A. $\int_0^1 \mathrm{d}x\int_0^1 f(x,y)\mathrm{d}y$　　B. $\int_0^1 \mathrm{d}x\int_0^{x^2} f(x,y)\mathrm{d}y$

C. $\int_0^1 \mathrm{d}y\int_{x^2}^1 f(x,y)\mathrm{d}x$　　D. $\int_0^1 \mathrm{d}x\int_{x^2}^1 f(x,y)\mathrm{d}y$

(11) 设 D 是矩形闭区域，$|x|\leqslant 2,|y|\leqslant 3$，则 $\iint\limits_D \mathrm{d}x\mathrm{d}y=$（ ）.

A. 6　　B. 24　　C. 20　　D. 5

(12) 变换积分次序 $I=\int_0^1 \mathrm{d}x\int_0^x f(x,y)\mathrm{d}y$，则 $I=$（ ）.

A. $\int_0^1 \mathrm{d}y\int_y^1 f(x,y)\mathrm{d}x$　　B. $\int_0^x \mathrm{d}x\int_0^1 f(x,y)\mathrm{d}y$

C. $\int_0^1 \mathrm{d}y\int_1^y f(x,y)\mathrm{d}x$　　D. $\int_0^1 \mathrm{d}y\int_0^x f(x,y)\mathrm{d}x$

(13) 交换二次积分 $I=\int_0^1 \mathrm{d}y\int_{y^2}^y f(x,y)\mathrm{d}x$ 的积分次序，则 $I=$（ ）.

A. $\int_0^1 \mathrm{d}x\int_x^{\sqrt{x}} f(x,y)\mathrm{d}y$　　B. $\int_0^1 \mathrm{d}x\int_x^{x^2} f(x,y)\mathrm{d}y$

C. $\int_0^1 \mathrm{d}x\int_{\sqrt{x}}^x f(x,y)\mathrm{d}y$　　D. $\int_0^1 \mathrm{d}x\int_{x^2}^x f(x,y)\mathrm{d}y$

(14) 设 D 是由 $\{(x,y)\mid 1\leqslant x^2+y^2\leqslant 9\}$ 所确定的闭区域，则 $\iint\limits_D \mathrm{d}x\mathrm{d}y=$（ ）.

A. 5π　　B. 8π　　C. π　　D. 9π

(15) 设 D 是由 $\left\{(x,y)\mid \frac{x^2}{4}+y^2\leqslant 1\right\}$ 所确定的闭区域，则 $\iint\limits_D \mathrm{d}x\mathrm{d}y=$（ ）.

A. $4\pi^2$　　B. 16π　　C. 2π　　D. 4π

(16) 设 D 是由 $\left\{(x,y)\mid \frac{x^2}{4}+\frac{y^2}{9}\leqslant 1\right\}$ 所确定的闭区域，则 $\iint\limits_D \mathrm{d}x\mathrm{d}y=$（ ）.

A. 2π　　B. $4\pi^2$　　C. 4π　　D. 6π

(17) 设 D 是由 $0\leqslant x\leqslant 1$，$0\leqslant y\leqslant \pi$ 所确定的闭区域，则 $\iint\limits_D y\cos(xy)\mathrm{d}x\mathrm{d}y=$（ ）.

A. 2　　B. 2π　　C. $\pi+1$　　D. 0

(18) 设 D 是由直线 $y=x,y=\frac{1}{2}x,y=2$ 所围成的闭区域，则 $\iint\limits_D \mathrm{d}x\mathrm{d}y=$（ ）.

A. $\frac{1}{4}$　　B. 1　　C. $\frac{1}{2}$　　D. 2

4. 将下列二重积分 $\iint\limits_D f(x,y)\mathrm{d}x\mathrm{d}y$ 化为二次积分（写出两种积分的次序）：

(1) $D=\{(x,y)\mid |x|\leqslant 1，|y|\leqslant 1\}$.

(2) D 是由 y 轴、$y=1$ 及 $y=x$ 所围成的区域.

(3) D 是由 x 轴、$y=\ln x$ 及 $x=\mathrm{e}$ 所围成的区域.

(4) D 是由 x 轴与圆 $x^2+y^2-2x=0$ 在第一象限的部分及直线 $x+y=2$ 所围成的区域.

(5) D 是由 x 轴与抛物线 $y=4-x^2$ 在第二象限的部分及圆 $x^2+y^2-4y=0$ 所围成的区域.

5. 交换下列二次积分的次序：

(1) $\int_1^2 dx\int_x^{x^2} f(x,y)dy+\int_2^8 dx\int_x^8 f(x,y)dy$；

(2) $\int_0^1 dx\int_0^y f(x,y)dy+\int_1^2 dy\int_0^{2-y} f(x,y)dx$.

6. 求证 $\int_0^1 dy\int_0^{\sqrt{y}} e^y f(x)dx=\int_0^1 (e-e^{x^2})f(x)dx$（提示：交换积分次序）.

7. 计算下列二重积分：

(1) $\iint\limits_D xe^{xy}d\sigma$，其中 $D=\{(x,y)\,|\,0\leqslant x\leqslant 1,0\leqslant y\leqslant 1\}$.

(2) $\iint\limits_D \dfrac{y}{(1+x^2+y^2)^{\frac{3}{2}}}d\sigma$ 其中 $D=\{(x,y)\,|\,0\leqslant x\leqslant 1,0\leqslant y\leqslant 1\}$.

(3) $\iint\limits_D xy^2 d\sigma$，其中 D 是由抛物线 $y^2=2px$ 和直线 $x=\dfrac{p}{2}(p>0)$ 所围成的区域.

(4) $\iint\limits_D (x+6y)d\sigma$ 其中 D 是由 $y=x$，$y=5x$，$x=1$ 所围成的区域.

(5) $\iint\limits_D (x^2+y^2)d\sigma$ 其中 D 是由 $y=x$，$y=x+a$，$y=a$，$y=3a(a>0)$ 所围成的区域.

(6) $\iint\limits_D e^{-(x^2+y^2)}d\sigma$ 其中 D 是由圆域 $x^2+y^2\leqslant R^2$ 所围成的区域.

(7) $\iint\limits_D \dfrac{\sin x}{x}dxdy$ 其中 D 是由 $y=x$ 及抛物线 $y=x^2$ 所围成的区域.

（提示：化为二次积分时注意两种积分次序中有一种可以计算出该二重积分）

8. 如果二重积分 $\iint\limits_D f(x,y)d\sigma$ 的被积函数 $f(x,y)$ 是两个函数 $f_1(x)$ 及 $f_2(y)$ 的乘积，积分区域 D 为 $a\leqslant x\leqslant b$，$c\leqslant y\leqslant d$，试证该二重积分等于两个单积分的乘积，即

$$\iint\limits_D f_1(x)f_2(y)dxdy=\left[\int_a^b f_1(x)dx\right]\left[\int_c^d f_2(y)dy\right]$$

9. 计算下列曲面所围成的立体体积：

(1) $z=x^2+2y^2$ 及 $z=3-2x^2-y^2$；

(2) $z=\sqrt{x^2+y^2}$ 及 $z^2=2x$.

10. 在第一象限内作球面 $x^2+y^2+z^2=1$ 的切平面，使得切平面与三个坐标面所围成的四面体体积最小，试求切点的坐标（用拉格朗日乘数法计算）.

11. 求抛物线 $y=x^2$ 与直线 $x+y+2=0$ 之间的距离.

第十章 无 穷 级 数

无穷级数是高等数学的一个重要组成部分，它是一种表示函数、研究函数性质以及进行数值近似计算的工具。本章先讨论常数项级数，介绍无穷级数的一些基本内容，然后讨论函数项级数，着重讨论如何将函数展开成幂级数的问题。我们在中学里已经遇到过级数—等差数列与等比数列，它们都属于项数为有限的特殊情形. 下面我们来学习项数为无限的级数，称为无穷级数.

第一节 无穷级数的概念

定义 10.1 设已给数列 a_1，a_2，…，a_n，…，把数列中各项依次用加号连接起来的式子 $a_1+a_2+\cdots+a_n+\cdots$ 称为无穷级数，简称级数，记作 $\sum\limits_{n=1}^{\infty}a_x$ ，即

$$\sum_{n=1}^{\infty}a_n=a_1+a_2+\cdots+a_n+\cdots$$

数列的各项 a_1，a_2，…称为级数的项，a_n 称为级数的**通项**.

取级数最前的一项，两项，…，n 项，…相加，得一数列

$$S_1=a_1,S_2=a_1+a_2,\cdots,S_n=a_1+a_2+\cdots+a_n,\cdots$$

该数列的通项 $S_n=a_1+a_2+\cdots+a_n$ 称为级数 $\sum\limits_{n=1}^{\infty}a_n$ 的前 n 项的**部分和**，该数列称为级数的**部分和数列**.

如果级数的部分和数列收敛：$\lim\limits_{n\to\infty}S_n=S$ ，则称该**级数收敛**，极限值 S 称为**级数的和**.

【例 10-1】 判断几何级数（等比级数）$a+aq+aq^2+\cdots+aq^{n-1}+\cdots$ 的收敛性.

解 当公比 $q\neq1$ 时，级数的部分和

$$s_n=a+aq+aq^2+\cdots+aq^{n-1}=a\frac{1-q^n}{1-q}$$

当 $|q|<1$ 时，$\lim\limits_{n\to\infty}q^n=0$ ，所以

$$\lim_{n\to\infty}s_n=\frac{a}{1-q}$$

当 $|q|>1$ 时，$\lim\limits_{n\to\infty}q^n=\infty$ ，所以 $\lim\limits_{n\to\infty}s_n=\infty$ ，级数发散.

当 $q=1$ 时，几何级数成为 $a+a+a+\cdots$，$s_n=na$,所以 $\lim\limits_{n\to\infty}s_n=\infty$ ，级数发散.

当 $q=-1$ 时，几何级数成为 $a-a+a-a+\cdots$，当 n 为奇数时，$s_n=a$ ；当 n 为偶数时，$s_n=na$ ，所以当 $n\to\infty$ 时，级数发散.

综合上述结果，几何级数 $a+aq+aq^2+\cdots+aq^{n-1}+\cdots$ ，当 $|q|<1$ 时是收敛的，它的和等于 $\frac{a}{1-q}$ ；当 $|q|\geqslant1$ 时，级数是发散的.

【例 10-2】 证明级数 $\sum_{n=1}^{\infty}\frac{1}{n(n+1)}=\frac{1}{1\cdot 2}+\frac{1}{2\cdot 3}+\frac{1}{3\cdot 4}+\cdots+\frac{1}{n(n+1)}+\cdots$ 的和是1.

证
$$S_n=\frac{1}{1\cdot 2}+\frac{1}{2\cdot 3}+\frac{1}{3\cdot 4}+\cdots+\frac{1}{n(n+1)}$$
$$=\left(1-\frac{1}{2}\right)+\left(\frac{1}{2}-\frac{1}{3}\right)+\left(\frac{1}{3}-\frac{1}{4}\right)+\cdots+\left(\frac{1}{n}-\frac{1}{n+1}\right)$$
$$=1-\frac{1}{n+1}$$
当 $n\to\infty$ 时，$S_n\to 1$，所以级数的和是1.

无穷级数的基本性质：

性质 1 若级数 $\sum_{n=1}^{\infty}u_n$ 收敛，a 为任意常数，则 $\sum_{n=1}^{\infty}au_n$ 亦收敛，并且 $\sum_{n=1}^{\infty}au_n=a\sum_{n=1}^{\infty}u_n$.

证 设级数 $\sum_{n=1}^{\infty}u_n$ 和 $\sum_{n=1}^{\infty}au_n$ 的部分和分别为 s_n 与 σ_n，则
$$\sigma_n=au_1+au_2+\cdots+au_n=a(u_1+u_2+\cdots+u_n)=as_n$$
取极限得
$$\lim_{n\to\infty}\sigma_n=a\lim_{n\to\infty}s_n=as$$
由技术的收敛定义知，$\sum_{n=1}^{\infty}au_n$ 收敛，且其和为 as.

推论 1 若 $\sum_{n=1}^{\infty}u_n$ 发散，常数 $a\neq 0$，则 $\sum_{n=1}^{\infty}au_n$ 也发散.

性质 2 若两个级数 $\sum_{n=1}^{\infty}u_n$ 和 $\sum_{n=1}^{\infty}v_n$ 都收敛，则 $\sum_{n=1}^{\infty}(u_n\pm v_n)$ 也收敛，并且有 $\sum_{n=1}^{\infty}(u_n\pm v_n)=\sum_{n=1}^{\infty}u_n\pm\sum_{n=1}^{\infty}v_n$.

证 令 $s_n=\sum_{n=1}^{n}u_n$，$\sigma_n=\sum_{n=1}^{n}v_n$，$\omega_n=\sum_{n=1}^{n}(u_n\pm v_n)$

则
$$\sum_{n=1}^{n}(u_n\pm v_n)=\sum_{n=1}^{n}u_n\pm\sum_{n=1}^{n}v_n=s_n\pm\sigma_n$$
$$\lim_{n\to\infty}\omega_n=\lim_{n\to\infty}(s_n\pm\sigma_n)=s\pm\sigma$$

性质 3 一个收敛级数 $\sum_{n=1}^{\infty}u_n$ 对其项任意加括号后所成的级数仍收敛，且其和不变.

证 设 s_n 为级数 $\sum_{n=1}^{\infty}u_n$ 的前 n 项的和，σ_k 为加括号后所成级数的前 k 项的和，则
$$\sigma_k=(u_1+\cdots+u_{n_1})+\cdots+(u_{n_{k-1}+1}+\cdots+u_{n_k})=s_{n_k}$$
已知 $\lim_{n\to\infty}s_n=s$，又 $n_k\geqslant k$，当 $k\to\infty$ 时必有 $n_k\to\infty$，故
$$\lim_{k\to\infty}\sigma_k=\lim_{n_k\to\infty}s_{n_k}=s$$
所以加括号后所成的级数收敛，且其和与原级数和相等.

注意：加括号后的级数为收敛时，不代表原来未加括号的级数也一定收敛，即性质3的逆命题不成立.

例如，$\sum_{n=1}^{\infty}(-1)^n$ 级数发散，加括号后成为（1+1）+（1+1）…，其结果为零.

性质 4 一个级数 $\sum_{n=1}^{\infty}u_n$ 中去掉或添加或改变有限项，不会改变级数的收敛性.

证 设 s_n 为级数 $\sum_{n=1}^{\infty}u_n$ 的前 n 项的和，将级数 $\sum_{n=1}^{\infty}u_n$ 的前 N 项去掉，得级数

$$u_{N+1}+u_{N+2}+\cdots+u_{N+n}+\cdots$$

它的前 n 项部分和为

$$\sigma_n=u_{N+1}+u_{N+2}+\cdots+u_{N+n}=s_{N+n}-s_N$$

令 $n\to\infty$ 取极限，由于 s_N 是常量，故 σ_n 与 s_{N+n} 同时有极限或同时没有极限，故级数 $\sum_{n=1}^{\infty}u_n$ 与级数 $\sum_{n=1}^{\infty}u_{N+n}$ 具有相同的收敛性.

上面的证明过程其实也证明了在级数 $\sum_{n=1}^{\infty}u_{N+n}$ 的前面添加 N 项得级数 $\sum_{n=1}^{\infty}u_n$. 两个级数有相同的收敛性.

又，在级数 $\sum_{n=1}^{\infty}u_n$ 中任意改变有限项，可以看成在该级数前面部分去掉有限项后再添加有限项，由以上的讨论中可以知道其收敛性不变.

性质 5 （收敛的必要条件） 若级数 $\sum_{n=1}^{\infty}u_n$ 收敛，则 $u_n\to 0$.

证 设级数 $\sum_{n=1}^{\infty}u_n$ 收敛，其部分和 s_n 有极限 s，即

$$\lim_{n\to\infty}s_n=s,\lim_{n\to\infty}s_{n-1}=s$$

而 $u_n=s_n-s_{n-1}$，所以

$$\lim_{n\to\infty}u_n=\lim_{n\to\infty}(s_n-s_{n-1})=\lim_{n\to\infty}s_n-\lim_{n\to\infty}s_{n-1}=0$$

注意：此命题仅给出了级数收敛的必要条件而非充分条件.

例如，级数 $1+1/2+1/2+1/3+1/3+1/3+\cdots+1/n+\cdots+1/n+\cdots$ 的一般项 $u_n\to 0$，但级数是发散的.

推论 2 若级数 $\sum_{n=1}^{\infty}u_n$ 的通项 u_n 当 $n\to\infty$ 时不趋向于零，即 $\lim_{n\to\infty}u_n\neq 0$，则级数 $\sum_{n=1}^{\infty}u_n$ 是发散的.

我们常用此推论来证明级数发散.

习题 10-1

1. 是非题（判断下列结论的正误，正确的在括号里面画√，错误的画×）.

（1）级数简单的说就是对无穷项的数或函数求和或差. （ ）

（2）所谓级数收敛就是它们的和或差是唯一的. （ ）

（3）所谓级数发散就是它们的和或差不是唯一的或为无穷大. （ ）

2. 填空题（将正确的答案填在横线上）.

(1) $\sum_{n=1}^{\infty} u_n$ 收敛，则 $\lim\limits_{n\to\infty}(u_n^2-u_n+3)=$______.

(2) $\sum_{n=1}^{\infty} a_n$ 收敛，且 $S_n=a_1+a_2+\cdots+a_n$，则 $\lim\limits_{n\to\infty}(S_{n+1}+S_{n-1}-2S_n)=$______.

(3) $\left(\frac{1}{2}+\frac{1}{3}\right)+\left(\frac{1}{2^2}+\frac{1}{3^2}\right)+\left(\frac{1}{2^3}+\frac{1}{3^3}\right)+\cdots$ 的和是______.

(4) 若 $\sum_{n=1}^{\infty} u_n$ 的和是 3，则 $\sum_{n=3}^{\infty} u_n$ 的和是______.

(5) $\sum_{n=1}^{\infty} t^n$ 的和是 2，则 $\sum_{n=1}^{\infty} \frac{t^n}{2}$ 的和是______.

(6) 当 $|x|<1$ 时，$\sum_{n=1}^{\infty} x^n$ 的和是______.

3. 根据级数收敛与发散的定义判别下列级数的敛散性：

(1) $\sum_{n=1}^{\infty} \frac{1}{(2n-1)(2n+1)}$； (2) $\sum_{n=1}^{\infty}(\sqrt{n+2}-2\sqrt{n+1}+\sqrt{n})$.

4. 判断下列级数的敛散性：

(1) $\sum_{n=1}^{\infty}(-1)^{n-1}$； (2) $\sum_{n=1}^{\infty}(-1)^{n-1}\left(\frac{4}{5}\right)^n$； (3) $\sum_{n=1}^{\infty}\left(\frac{3}{2}\right)^n$；

(4) $\sum_{n=1}^{\infty} \sqrt[n]{0.001}$； (5) $\sum_{n=1}^{\infty} \frac{2^n+3^n}{6^n}$；

(6) $\frac{1}{5}+1+\frac{1}{25}+2+\cdots+\frac{1}{5^n}+n+\cdots$.

第二节 常数项级数的审敛法

对于一个级数，一般会提出这样两个问题：它是不是收敛的？它的和是多少？

显然第一个问题是更重要的，因为如果级数是发散的，那么第二个问题就不存在了. 下面我们来学习如何确定级数的收敛和发散问题.

我们先来考虑**正项级数**（即每一项 $a_n \geqslant 0$ 的级数）的收敛问题.

定理 10.1 正项级数 $\sum_{n=1}^{\infty} a_n$ 收敛的充分与必要条件是部分和 S_n 上有界. 如果 S_n 上无界，则级数 $\sum_{n=1}^{\infty} a_n$ 发散于正无穷大.

例如，p 级数：$\sum \frac{1}{n^p}=1+\frac{1}{2^p}+\frac{1}{3^p}+\cdots+\frac{1}{n^p}+\cdots$，当 $p>1$ 时收敛，当 $p\leqslant 1$ 时发散.

一、正项级数的审敛准则

准则Ⅰ(比较判别法) 设有两个正项级数 $\sum a_n$ 及 $\sum b_n$，而且 $a_n \leqslant b_n$（$n=1, 2, \cdots$），如果 $\sum b_n$ 收敛，则 $\sum a_n$ 也收敛；如果 $\sum a_n$ 发散，则 $\sum b_n$ 也发散.

推论 3 设 $\sum_{n=1}^{\infty} u_n$ 和 $\sum_{n=1}^{\infty} v_n$ 都是正项级数，如果级数 $\sum_{n=1}^{\infty} v_n$ 收敛，且存在自然数 N，使当

$n \geqslant N$ 时，$u_n \leqslant kv_n$ $(k>0)$ 成立，则级数 $\sum\limits_{n=1}^{\infty} u_n$ 收敛；如果级数 $\sum\limits_{n=1}^{\infty} v_n$ 发散，且当 $n \geqslant N$ 时，$u_n \leqslant kv_n$ $(k>0)$ 成立，则级数 $\sum\limits_{n=1}^{\infty} u_n$ 发散.

推论 4　设 $\sum\limits_{n=1}^{\infty} u_n$ 是正项级数，如果当 $p>1$ 时，$u_n \leqslant \dfrac{1}{n^p}$ $(n=1, 2\cdots)$，则级数 $\sum\limits_{n=1}^{\infty} u_n$ 收敛；如果 $u_n \geqslant \dfrac{1}{n}$ $(n=1, 2, \cdots)$，则级数 $\sum\limits_{n=1}^{\infty} u_n$ 发散.

例如，级数 $\sum \dfrac{1}{n^n} = 1 + \dfrac{1}{2^2} + \dfrac{1}{3^3} + \cdots + \dfrac{1}{n^n} + \cdots$ 是收敛的，因为当 $n>1$ 时，$\dfrac{1}{n^n} \leqslant \dfrac{1}{2^n}$，而等比级数 $\sum \dfrac{1}{2^n}$ 是收敛的.

准则Ⅱ　设有两个正项级数 $\sum a_n$ 与 $\sum b_n$，如果 $\lim\limits_{x\to\infty} \dfrac{a_n}{b_n} = \lambda \neq 0$，则这两个级数同时收敛或者同时发散.

关于此准则的补充问题如下：

如果 $\lim\limits_{x\to\infty} \dfrac{a_n}{b_n} = 0$，则当 $\sum b_n$ 收敛时，$\sum a_n$ 也收敛；如果 $\lim\limits_{x\to\infty} \dfrac{a_n}{b_n} = \infty$，则当 $\sum b_n$ 发散时，$\sum a_n$ 也发散.

例如，$\sum \tan \dfrac{1}{n^2}$ 是收敛的，因为 $\lim\limits_{x\to\infty}\left(\tan \dfrac{1}{n^2} / \dfrac{1}{n^2}\right) = 1$，而 $\sum \dfrac{1}{n^2}$ 是收敛的.

注意：以准则Ⅰ、Ⅱ来判定一个已知级数的敛散性，都需要另选一个收敛或发散的级数作为比较. 下面我们来学习两个只依赖于已知级数本身的审敛准则.

准则Ⅲ（比值审敛法）　设有正项级数 $\sum a_n$，如果极限 $\lim\limits_{x\to\infty} \dfrac{a_{n+1}}{a_n} = \lambda$ 存在，则当 $\lambda<1$ 时级数收敛，当 $\lambda>1$ 时级数收敛.

注意：此准则就是**达朗贝尔准则**，这种判定方法称为**检比法**.

例如，级数 $\dfrac{2}{1} + \dfrac{2^2}{2} + \dfrac{2^3}{3} + \cdots + \dfrac{2^n}{n} + \cdots$ 是收敛的，因为当 $n\to\infty$ 时，$\dfrac{a_{n+1}}{a_n} = \dfrac{2^{n+1}}{n+1} / \dfrac{2^n}{n} = \dfrac{2n}{n+1} \to 2 > 1$.

准则Ⅳ（根值审敛法）　如果极限 $\lim\limits_{n\to\infty} \sqrt[n]{a_n} = \lambda$ 存在，则当 $\lambda<1$ 时级数 $\sum a_n$ 收敛，当 $\lambda>1$ 时级数 $\sum a_n$ 发散.

例如，级数 $\sum\limits_{n=1}^{\infty} n^n \mathrm{e}^{-n}$ 是发散的，因为当 $n\to\infty$ 时，$\sqrt[n]{a_n} = \sqrt[n]{n^n \mathrm{e}^{-n}} = n\mathrm{e}^{-1} \to +\infty$.

习题 10-2-1

1. 用比较审敛法或比较审敛法的极限形式判别下列级数的敛散性：

(1) $\sum\limits_{n=1}^{\infty} \dfrac{1}{n\sqrt{n+1}}$；　(2) $\sum\limits_{n=1}^{\infty} \dfrac{1+n}{1+n^2} \cos^2 \dfrac{2}{n}$；　(3) $\sum\limits_{n=1}^{\infty} \sin \dfrac{\pi}{2^n}$.

2. 用比值审敛法或根值审敛法判别下列级数的敛散性：

(1) $\sum\limits_{n=1}^{\infty}\frac{2^n}{n}$；(2) $\sum\limits_{n=1}^{\infty}\frac{2^n\cdot n!}{n^n}$；(3) $\sum\limits_{n=1}^{\infty}\left(\frac{n}{3n-1}\right)^{2n-1}$.

二、交错级数的审敛法

定义 10.2 各项是正负交错的级数称为交错级数．级数中任一相邻的两项都是符号相反的数，它是一般常数项级数的一种特殊级数.

交错级数可以写成

$$\sum_{n=1}^{\infty}(-1)^{n-1}a_n=a_1-a_2+a_3-a_4+\cdots(-1)^{n-1}a_n+\cdots$$

定理 10.2 （莱布尼兹定理） 如果交错级数 $\sum\limits_{n=1}^{\infty}(-1)^{n-1}u_n$ 满足以下条件：

(1) $u_n\geqslant u_{n+1}$ ($n=1,2,3,\cdots$)；

(2) $\lim\limits_{n\to\infty}u_n=0$.

则级数收敛，且其和 $s\leqslant u_1$，其余项 r_n 的绝对值 $|r_n|\leqslant u_{n+1}$.

三、绝对收敛与条件收敛

定义 10.3 绝对收敛：对于级数 $\sum\limits_{n=1}^{\infty}u_n$，如果级数 $\sum\limits_{n=1}^{\infty}|u_n|$ 收敛，则称 $\sum\limits_{n=1}^{\infty}u_n$ 为绝对收敛.

条件收敛：如果 $\sum\limits_{n=1}^{\infty}|u_n|$ 发散，但 $\sum\limits_{n=1}^{\infty}u_n$ 却是收敛的，则称 $\sum\limits_{n=1}^{\infty}u_n$ 为条件收敛.

关系：绝对收敛级数必为条件收敛级数，但反之不然.

例如，$\sum\limits_{n=1}^{\infty}\frac{(-1)^{n+1}}{n}$ 非绝对收敛，但却是条件收敛.

注意：当我们运用柯西判别法和达朗贝尔判别法来判别正项级数 $\sum\limits_{n=1}^{\infty}|u_n|$ 而获得 $\sum\limits_{n=1}^{\infty}|u_n|$ 为发散时，可以确定级数 $\sum\limits_{n=1}^{\infty}u_n$ 也发散.

习题 10-2-2

1. 判别下列级数的敛散性：

(1) $\sum\limits_{n=1}^{\infty}\frac{n^2+3^n}{2^n}$；(2) $\sum\limits_{n=1}^{\infty}\frac{3+(-1)^n}{2^n}$；(3) $\sum\limits_{n=1}^{\infty}\left(\frac{na}{n+1}\right)^n(a>0)$.

2. 判别下列级数是否收敛，若收敛判断是绝对收敛还是条件收敛.

(1) $\sum\limits_{n=1}^{\infty}(-1)^n\left(1-\cos\frac{a}{n}\right)(a>0)$；(2) $\sum\limits_{n=2}^{\infty}(-1)^n\frac{1}{\ln n}$.

3. 已知级数 $\sum\limits_{n=1}^{\infty}a_n^2$ 和 $\sum\limits_{n=1}^{\infty}b_n^2$ 都收敛，试证明级数 $\sum\limits_{n=1}^{\infty}a_nb_n$ 绝对收敛.

第三节 函数项级数与幂级数

在自然科学与工程技术中运用级数这一工具时，经常用到的不是常数项的级数，而是函数项的级数，而常数项级数是研究函数项级数的基础.

一、函数项级数的概念

设有函数序列 $f_1(x), f_2(x), f_3(x), \cdots f_n(x), \cdots$，其中每一个函数都在同一个区间 I 上有定义，则表达式 $\sum_{n=1}^{\infty} f_n(x) = f_1(x) + f_2(x) + f_3(x) + \cdots + f_n(x) + \cdots$ 称为定义在 I 上的**函数项级数**.

下面我们来学习一种常见而应用广泛，且具有如下形式的函数项级数，即

$$c_0 + c_1 x + c_2 x^2 + c_3 x^3 + \cdots + c_n x^n + \cdots = \sum_{n=0}^{\infty} c_n x^n$$

它们的各项都是正整数幂的幂函数，这种级数称为**幂级数**，其中 c_n（$n=0$，1，2，…）均为常数.

显然，当上面级数中的变量 x 取定了某一个值 x_0 时，它就变为一个常数项级数.

二、幂级数的收敛问题

与常数项级数一样，我们把 $s_n(x) = c_0 + c_1 x + c_2 x^2 + \cdots + c_n x^n$ 称为**幂级数的部分和**. 如果该部分和当 $n \to \infty$ 时对区间 I 中的每一点都收敛，则称级数在**区间 I 收敛**. 此时 s_n（x）的极限是定义在区间 I 中的函数，记作 s（x），这个函数 s（x）称为级数的**和函数**，简称**和**，记作 $s(x) = \sum_{n=0}^{\infty} c_n x^n$.

对于幂级数，我们关心的问题仍是它的收敛与发散的判定问题，下面我们来学习关于幂级数的收敛的判定准则.

三、幂级数的审敛准则

准则 设有幂级数 $\sum_{n=0}^{\infty} c_n x^n$，如果极限 $\lim_{n \to \infty} \left| \frac{c_n}{c_{n+1}} \right| = R$，则当 $|x| < R$ 时，幂级数收敛，而且绝对收敛；当 $|x| > R$ 时，幂级数发散，其中 R 可以是零，也可以是 $+\infty$.

由上面的准则我们可知：幂级数的收敛区间是关于原点对称的区间 $|x| < R$，在该区间内级数**收敛**，在该区间外级数发散. 区间 $|x| < R$ 称为幂级数的**收敛区间**，简称**敛区**. 正数 R 为幂级数的**收敛半径**.

关于此审敛准则的问题：

讨论幂级数收敛的问题主要在于收敛半径的寻求. 当 $|x| = R$ 时，级数的敛散性不能由准则来判定，需另行讨论.

【例 10-3】 求幂级数 $1 + \frac{x}{2 \cdot 5} + \frac{x^2}{3 \cdot 5^2} + \cdots + \frac{x^n}{(n+1) \cdot 5^n} + \cdots$ 的收敛区间.

解 该级数的收敛半径为

$$R = \lim_{x \to +\infty} \left| \frac{c_n}{c_{n+1}} \right| = \lim_{x \to +\infty} \left| \frac{\frac{1}{(n+1) \cdot 5^n}}{\frac{1}{(n+2) \cdot 5^{n+1}}} \right| = \lim_{x \to +\infty} \frac{(n+2) \cdot 5}{n+1} = 5$$

所以此幂级数的敛区是（-5，5）.

在 $x=5$ 与 $x=-5$，级数分别为 $1 + \frac{1}{2} + \frac{1}{3} + \cdots$ 与 $1 - \frac{1}{2} + \frac{1}{3} - \frac{1}{4} + \cdots$，前者发散，后者收敛.

故级数的收敛区间是［−5，5］.

四、幂级数的性质

性质 1 设有两个幂级数 $\sum_{n=1}^{\infty}a_nx^n$ 与 $\sum_{n=1}^{\infty}b_nx^n$，如果

$$\sum_{n=1}^{\infty}a_nx^n=f_1(x)(-R_1<x<R_1)\quad \sum_{n=1}^{\infty}b_nx^n=f_2(x)(-R_2<x<R_2)$$

则 $\sum_{n=1}^{\infty}(a_n\pm b_n)x^n=f_1(x)\pm f_2(x)(-R<x<R)$，其中 $R=\min(R_1,R_2)$

性质 2 幂级数 $\sum_{n=1}^{\infty}c_nx^n$ 的和 $s(x)$ 在敛区内是连续的.

性质 3 幂级数 $\sum_{n=1}^{\infty}c_nx^n$ 的和 $s(x)$ 在敛区内的任一点均可导，且有逐项求导公式为

$$s'(x)=c_1+2c_2x+3c_3x^2+\cdots+nc_nx^{n-1}=\sum_{n=0}^{\infty}nc_nx^{n-1}$$

求导后的幂级数与原级数有相同的收敛半径.

性质 4 幂级数 $\sum_{n=1}^{\infty}c_nx^n$ 的和 $s(x)$ 在敛区内可以积分，并且有逐项积分公式为

$$\int_0^x s(x)=\int_0^x c_0\mathrm{d}x+\int_0^x c_1x\mathrm{d}x+\cdots+\int_0^x c_nx^n\mathrm{d}x+\cdots=\sum_{n=0}^{\infty}\frac{c_n}{n+1}x^{n+1}$$

积分后所得的幂级数与原级数有相同的收敛半径.

由性质 1～4 可知：**幂级数在其敛区内就像普通的多项式一样，可以相加、相减，可以逐项求导，逐项积分.**

【例 10-4】 设幂级数 $\sum_{n=1}^{\infty}a_nx^n=s(x)$，其收敛半径为 $r(r>0)$. 试求级数 $\sum_{n=1}^{\infty}\frac{a_n}{n+1}x^{n+1}$ 的和及其收敛半径.

解 $\int_0^x s(x)\mathrm{d}x=\int_0^x\left(\sum_{n=1}^{\infty}a_nx^n\right)\mathrm{d}x=\sum_{n=1}^{\infty}\int_0^x a_nx^n\mathrm{d}x$

$$=\sum_{n=1}^{\infty}\frac{a_n}{n+1}x^{n+1},x\in(-R,R)$$

【例 10-5】 求级数 $\sum_{n=1}^{\infty}\frac{1}{2n+1}x^{2n+1}$ 的收敛域与和函数.

解 对于这个缺偶次项的幂级数，用比值审敛法求收敛区间，

$$\lim_{n\to\infty}\left|\frac{\frac{x^{2n+3}}{2n+3}}{\frac{x^{2n+1}}{2n+1}}\right|=\lim_{n\to\infty}\frac{2n+1}{2n+3}x^2=x^2$$

由 $x^2<1$，得收敛区间为 $(-1,1)$

当 $x=1$ 时级数为 $\sum_{n=1}^{\infty}\frac{1}{2n+1}$，是发散的；

当 $x=-1$ 时级数为 $\sum_{n=1}^{\infty}\frac{-1}{2n+1}$，也是发散的；

故级数的 收敛区间为$(-1,1)$ 。

设和函数为是 $s(x)$ ，即 $s(x)=\sum_{n=1}^{\infty}\frac{1}{2n+1}x^{2n+1}$

逐项求导，得　$s'(x)=\sum_{n=1}^{\infty}x^{2n}=\frac{1}{1-x^2},x\in(-1,1)$

再从 0 到 x 求积分，得

$$s(x)-s(0)=\int_0^x\frac{1}{1-x^2}\mathrm{d}x=\frac{1}{2}\ln\frac{1+x}{1-x},x\in(-1,1)$$

又 $s(0)=0$，故得

$$s(x)=\sum_{n=1}^{\infty}\frac{x^{2n+1}}{2n+1}=\frac{1}{2}\ln\frac{1+x}{1-x},x\in(-1,1)$$

【例 10-6】　求级数 $\sum_{n=1}^{\infty}\frac{n(n+1)}{2}x^{n-1}$ 的收敛域与和函数.

解
$$\rho=\lim_{n\to\infty}\left|\frac{\frac{(n+1)(n+2)}{2}}{\frac{n(n+1)}{2}}\right|=\lim_{n\to\infty}\frac{n+2}{2}=1$$

所以收敛半径 $R=1$.

当 $x=1$ 时，数为 $\sum_{n=1}^{\infty}\frac{n(n+1)}{2}$ ，是发散的；

当 $x=-1$ 时，数为 $\sum_{n=1}^{\infty}\frac{(-1)^{n-1}}{2}n(n+1)$ ，也是发散的；

故级数的 收敛区间为$(-1,1)$.

设和函数为是 $s(x)$，即 $s(x)=\sum_{n=1}^{\infty}\frac{n(n+1)}{2}x^{n-1}$

逐项积分，得

$$\int_0^x s(x)\mathrm{d}x=\sum_{n=1}^{\infty}\int_0^x\frac{n(n+1)}{2}x^{n-1}\mathrm{d}x=\sum_{n=1}^{\infty}\frac{n+1}{2}x^n,x\in(-1,1)$$

两边再逐项积分，得

$$\int_0^x\left(\int_0^x s(x)\mathrm{d}x\right)\mathrm{d}x=\sum_{n=1}^{\infty}\int_0^x\frac{n+1}{2}x^n\mathrm{d}x=\frac{1}{2}\sum_{n=1}^{\infty}x^{n+1}=\frac{x^2}{2(1-x)},x\in(-1,1)$$

上式两边同时求导数：

$$\int_0^x s(x)\mathrm{d}x=\frac{x(2-x)}{2(1-x)^2}$$

上式两边再求导数，得

$$s(x)=\frac{1}{(1-x)^3},x\in(-1,1)$$

所以 $\sum_{n=0}^{\infty}\frac{n(n+1)}{2}x^{n-1}=\frac{1}{(1-x)^3},x\in(-1,1)$

习题 10-3

1. 是非题（判断下列结论的正误，正确的在括号里面画√，错误的画×）.

（1）幂级数的收敛域永远不是空集.（　　）

（2）利用逐项求导或逐项积分，求级数在收敛区间内的和函数就是用求导或积分的方法想方设法地把原级数变为一个等比数列的和，求出和后再用积分或求导的方法变回原级数，相应地对等比数列的和作同样的变化求出远级数的和.（　　）

2. 填空题（将正确的答案填在横线上）.

（1）若幂级数 $\sum\limits_{n=1}^{\infty} a_n\left(\frac{x-3}{2}\right)^n$ 在 $x=0$ 处收敛，则在 $x=5$ 处______（收敛、发散）.

（2）若 $\lim\limits_{n\to+\infty}\left|\frac{c_n}{c_{n+1}}\right|=2$，则幂级数 $\sum\limits_{n=0}^{\infty} c_n x^{2n}$ 的收敛半径为______.

（3）$\sum\limits_{n=1}^{\infty}\frac{(-3)^n x^n}{n}$ 的收敛域______.

（4）$\sum\limits_{n=0}^{\infty}\frac{3+(-1)^n}{3^n}x^n$ 的收敛域______.

（5）$\sum\limits_{n=1}^{\infty}(-1)^n\frac{x^{2n+1}}{n\cdot 2^n}$ 的收敛域______.

（6）$\sum\limits_{n=0}^{\infty}\frac{1+n}{1+n^2}(x-2)^n$ 的收敛域______.

3. 求下列幂级数的收敛域：

（1）$\sum\limits_{n=1}^{\infty}\frac{2^n}{n^2+1}x^n$；　（2）$\sum\limits_{n=1}^{\infty}\frac{2n-1}{2^n}x^{3n}$；　（3）$\sum\limits_{n=1}^{\infty}\frac{1}{n\cdot 3^n}(x-3)^n$.

4. 若幂级数 $\sum\limits_{n=1}^{\infty}a_n x^n$ 的收敛域是 [-9，9]，写出 $\sum\limits_{n=1}^{\infty}a_n x^{2n}$ 的收敛域.

5. 利用逐项求导或逐项积分，求下列级数在收敛区间内的和函数.

（1）$\sum\limits_{n=1}^{\infty}nx^{n-1}(-1<x<1)$；

（2）$\sum\limits_{n=1}^{\infty}\frac{x^{2n-1}}{2n-1}(-1<x<1)$，并求级数 $\sum\limits_{n=1}^{\infty}\frac{1}{(2n-1)2^n}$ 的和.

6. 求幂级数 $\sum\limits_{n=1}^{\infty}(2n+1)x^n$ 的收敛域及其和函数.

第四节　函数展开成幂级数

一、泰勒级数的定义

若函数 $f(x)$ 在点 x_0 的某一临域内具有直到 $(n+1)$ 阶导数，则在该邻域内 $f(x)$ 的 n 阶泰勒公式为

$$f(x)=f(x_0)+f'(x_0)(x-x_0)+\frac{f''(x_0)}{2!}(x-x_0)^2+\cdots+\frac{f^{(n)}(x_0)}{n!}(x-x_0)^n+R_n(x)$$

其中 $R_n(x)=\frac{f^{(n-1)}(\xi)}{(n-1)!}(x-x_0)^{n+1}$ 称为拉格朗日余项.

以上函数展开式当 n 趋向无穷时称为泰勒级数.

二、泰勒级数在幂级数展开中的作用

在泰勒公式中，取 $x_0=0$，得

$$f(x)=f(0)+f'(0)x+\frac{f''(0)}{2!}x^2+\cdots+\frac{f^{(n)}(0)}{n!}x^n+\cdots$$

该级数称为麦克劳林级数. 函数 $f(x)$ 的麦克劳林级数是 x 的幂级数，那么这种展开是唯一的，且必然与 $f(x)$ 的麦克劳林级数一致.

注意： 如果 $f(x)$ 的麦克劳林级数在点 $x_0=0$ 的某一临域内收敛，它不一定收敛于 $f(x)$. 因此，如果 $f(x)$ 在 $x_0=0$ 处有各阶导数，则 $f(x)$ 的麦克劳林级数虽然能做出来，但这个级数能否在某个区域内收敛，以及是否收敛于 $f(x)$ 都需要进一步验证.

三、几种初等函数的麦克劳林的展开式

（一）直接展开式

利用麦克劳林公式将函数 $f(x)$ 展开成幂级数的方法，称为直接展开法.

【例 10-7】 将函数 $f(x)=e^x$ 展开成 x 的幂级数.

解 由于 $f^{(n)}(x)=e^x\ (n=1,2,3,\cdots)$，

所以有：

$$f(0)=f'(0)=f''(0)=\cdots=f^{(n)}(0)=\cdots=1$$

于是得级数

$$e^x=1+x+\frac{1}{2!}x^2+\cdots+\frac{1}{n!}x^n+\cdots$$

它的收敛半径 $R=+\infty$.

该级数是否以 $f(x)=e^x$ 为和函数，即它是否收敛于 $f(x)=e^x$，还要考察函数 $f(x)=e^x$ 的麦克劳林公式中的余项. 因为

$$r_n(x)=\frac{e^{\theta x}}{(n+1)!}x^{n+1}\qquad(0<\theta<1)$$

所以

$$|r_n(x)|=\frac{e^{\theta x}}{(n+1)!}|x|^{n+1}<\frac{e^{|x|}}{(n+1)!}|x|^{n+1}.$$

由于级数 $\sum\limits_{n=0}^{\infty}\frac{1}{n!}x^n$ 绝对收敛，所以当 $n\to\infty$，$e^{|x|}\cdot\frac{1}{(n+1)!}|x|^{n+1}\to 0$. 由此可知，$\lim\limits_{n\to\infty}r_n(x)=0$. 于是得展开式

$$e^x=1+x+\frac{1}{2!}x^2+\cdots+\frac{1}{n!}x^n+\cdots\qquad(-\infty<x<+\infty).$$

【例 10-8】 将函数 $f(x)=\sin x$ 展开成 x 的幂级数.

解 由于 $f^{(n)}(x)=\sin(x+\frac{n\pi}{2})\ (n=1,2,3,\cdots)$，

所以有

$f(0)=0$，$f'(0)=1$，$f''(0)=0$，$f'''(0)=-1$，…，$f^{(2n)}(0)=0$，$f^{(2n+1)}(0)=(-1)^n$.

于是得到幂级数

$$x-\frac{1}{3!}x^3+\frac{1}{5!}x^5-\cdots+(-1)^n\frac{1}{(2n+1)!}x^{2n+1}+\cdots$$

且它的收敛半径 $R=+\infty$.

该级数的麦克劳林公式中的余项为

$$r_n(x)=\frac{\sin\left[\theta x+\frac{(n+1)}{2}\pi\right]}{(n+1)!}x^{n+1}$$

于是

$$|r_n(x)|\leqslant\frac{|x|^{n+1}}{(n+1)!}\to 0(\text{当 } n\to\infty).$$

因此得到展开式

$$\sin x=x-\frac{1}{3!}x^3+\frac{1}{5!}x^5-\cdots+(-1)^n\frac{1}{(2n+1)!}x^{2n+1}+\cdots\quad(-\infty<x<+\infty).$$

（二）间接展开式

以上将函数展开成幂级数的例子，是直接按公式 $a_n=\frac{f^{(n)}(0)}{n!}$ 计算幂级数的系数，然后考察余项 $r_n(x)$ 是否趋于零. 这种直接展开的方法计算量较大，而且研究余项在初等函数中也不是件容易的事，下面我们利用一些已知函数的展开式、幂级数的运算（如四则运算，逐项求导，逐项积分）及变量代换等，将所给函数展开成幂级数. 这种求函数的幂级数展开式的方法称为间接展开法.

【例 10-9】 将函数 $f(x)=\cos x$ 展开成 x 的幂级数.

解 因为 $(\sin x)'=\cos x$，而

$$\sin x=x-\frac{1}{3!}x^3+\frac{1}{5!}x^5-\cdots+(-1)^n\frac{1}{(2n+1)!}x^{2n+1}+\cdots\quad(-\infty<x<+\infty).$$

根据幂级数可逐项求导的法则，得

$$\cos x=1-\frac{1}{2!}x^2+\frac{1}{4!}x^4-\cdots+(-1)^n\frac{1}{(2n)!}x^{2n}+\cdots\quad(-\infty<x<+\infty).$$

【例 10-10】 将函数 $f(x)=\frac{1}{1+x^2}$ 展开成 x 的幂级数.

解 因为

$$\frac{1}{1-x}=1+x+x^2+\cdots+x^n+\cdots\quad(-1<x<1),$$

把 x 换成 $-x^2$，得

$$\frac{1}{1-x^2}=1-x^2+x^4-\cdots+(-1)^nx^{2n}+\cdots\quad(-1<x<1).$$

【例 10-11】 将函数 $f(x)=\ln(1+x)$ 展开成 x 的幂级数.

解 因为 $f'(x)=\frac{1}{1+x}$，而

$$\frac{1}{1+x}=1-x+x^2-\cdots+(-1)^nx^n+\cdots\quad(-1<x<1),$$

所以将上式从 0 到 x 逐项积分，得

$$\ln(1+x)=x-\frac{1}{2}x^2+\frac{1}{3}x^3-\cdots+(-1)^n\frac{1}{n+1}x^{n+1}+\cdots\quad(-1<x\leqslant 1).$$

上述展开式对 $x=1$ 也成立，这是因为上式右端的幂级数当 $x=1$ 时收敛，而函数 $f(x)=\ln(1+x)$ 在 $x=1$ 处有定义且连续.

【例 10-12】 将函数 $f(x)=\dfrac{1}{x^2-3x+2}$ 展开成 x 的幂级数.

解 因为 $\dfrac{1}{x^2-3x+2}=\dfrac{1}{(1-x)(2-x)}=\dfrac{1}{1-x}-\dfrac{1}{2-x}$，而

$$\frac{1}{2-x}=\frac{1}{2}\cdot\frac{1}{1-\frac{x}{2}}=\frac{1}{2}\left[1+\frac{x}{2}+\left(\frac{x}{2}\right)^2+\cdots+\left(\frac{x}{2}\right)^n+\cdots\right]\quad(-2<x<2).$$

所以

$$\begin{aligned}f(x)&=\frac{1}{1-x}-\frac{1}{2-x}\\&=(1+x+x^2+\cdots+x^n+\cdots)-\frac{1}{2}\left[1+\frac{x}{2}+\left(\frac{x}{2}\right)^2+\cdots+\left(\frac{x}{2}\right)^n+\cdots\right]\\&=\frac{1}{2}+\frac{2^2-1}{2^2}x+\frac{2^3-1}{2^3}x^2+\cdots+\frac{2^{n+1}-1}{2^{n+1}}x^n+\cdots\quad(-1<x<1).\end{aligned}$$

【例 10-13】 将函数 $f(x)=\dfrac{1}{x}$ 展开成 $x-1$ 的幂级数.

解 令 $y=x-1$，则 $x=y+1$，代入得 $f(x)=\dfrac{1}{1+y}$，即将函数 $\dfrac{1}{1+y}$ 展开成 y 的幂级数，于是有

$$\frac{1}{1+y}=1-y+y^2-\cdots+(-1)^ny^n+\cdots\qquad(-1<y<1).$$

所以

$$\frac{1}{x}=1-(x-1)+(x-1)^2-\cdots+(-1)^n(x-1)^n+\cdots\quad(0<x<2).$$

【例 10-14】 将 $f(x)=\ln(1+x+x^2)$ 展开成 x 的幂级数.

解
$$\begin{aligned}f(x)&=\ln\frac{1-x^3}{1-x}\quad x\neq 1\\&=\ln(1-x^3)-\ln(1-x)\end{aligned}$$

由 $\ln(1+x)=\sum\limits_{n=1}^{\infty}(-1)^{n-1}\dfrac{x^n}{n}\quad -1<x\leqslant 1$

$$\begin{aligned}f(x)&=\sum_{n=1}^{\infty}(-1)^{n-1}\frac{(-x^3)^n}{n}-\sum_{n=1}^{\infty}(-1)^{n-1}\frac{(-x)^n}{n}\\&=\sum_{n=1}^{\infty}\frac{x^n}{n}-\sum_{n=1}^{\infty}\frac{x^{3n}}{n},\quad -1\leqslant x<1\end{aligned}$$

【例 10-15】 将 $f(x)=\dfrac{x-1}{4-x}$ 在 $x=1$ 处展开成泰勒级数.

解 由 $\dfrac{1}{4-x}=\dfrac{1}{3-(x-1)}=\dfrac{1}{3\left(1-\dfrac{x-1}{3}\right)}$,

$$=\frac{1}{3}\left[1+\frac{x-1}{3}+\left(\frac{x-1}{3}\right)^2+\cdots+\left(\frac{x-1}{3}\right)^n+\cdots\right]\ |x-1|<3\quad 即\ x\in(2,4)$$

所以 $\dfrac{x-1}{4-x}=(x-1)\dfrac{1}{4-x}$

$$=\frac{1}{3}(x-1)+\frac{(x-1)^2}{3^2}+\frac{(x-1)^3}{3^3}+\cdots+\frac{(x-1)^n}{3^n}+\cdots\quad x\in(2,4)$$

由 $f(x)=\sum_{n=0}^{\infty}\frac{f^{(n)}(1)}{n!}(x-1)^n$

有$\frac{f^{(n)}(1)}{n!}=\frac{1}{3^n}$，　故 $f^{(n)}(1)=\frac{n!}{3^n}$.

习题 10-4

1. 将下列函数展开成的幂级数，并求展开式成立的区间.

(1) $\ln(a+x)(a>0)$；　(2) $a^x(a>0$ 且 $a\neq1)$；　(3) $\sin^2x$；

(4) $(1+x)\ln(1+x)$.

2. 将函数 $f(x)=\frac{1}{(1+x)^2}$ 在 $x_0=1$ 处展开成幂级数.

3. 将函数 $f(x)=\frac{1}{3+x}$ 展开成 $(x-2)$ 的幂级数.

4. 将函数 $f(x)=\frac{2x+1}{x^2+x-2}$ 展开成 $(x-2)$ 的幂级数.

5. 将函数 $f(x)=e^{3x}$ 在 $x=1$ 处展开成幂级数.

本章小结

基本要求与重点

（1）理解无穷级数收敛、发散以及和的概念.

（2）了解无穷级数基本性质及收敛的必要条件.

（3）掌握几何级数和 p—级数的收敛性.

（4）掌握正项级数的比较审敛法的原理，会运用极限审敛法，掌握比值审敛法.

（5）掌握交错级数的莱布尼茨定理，会估计交错级数的截断误差.

（6）了解无穷级数绝对收敛与条件收敛的概念以及绝对收敛与条件收敛的关系.

（7）理解函数项级数的收敛性、收敛域及和函数的概念，了解函数项级数的一致收敛性概念，了解函数项级数和函数的性质.

（8）掌握幂级数的收敛半径、收敛区间及收敛域的求法，了解幂级数在其收敛区间内的一些基本性质.

（9）会利用幂级数的性质求和.

（10）了解函数展开为泰勒级数的充分必要条件.

（11）会利用基本初等函数的麦克劳林展开式将一些简单的函数间接展开成幂级数.

教学重点

（1）级数收敛的定义及条件；

（2）判定正项级数的收敛与发散；交错级数的莱布尼兹审敛法；级数的绝对收敛与条件收敛；

（3）幂级数的收敛半径、收敛区间及收敛域的求法；

(4) 泰勒级数；

(5) 函数展开成幂级数.

自 测 题

1. 是非题（判断下列结论的正误，正确的在括号里面画√，错误的画×）.

(1) 若级数部分和的极限不存在，则级数发散. ( )

(2) 若级数 $\sum_{n=1}^{\infty}(u_n+v_n)$ 收敛，则级数 $\sum_{n=1}^{\infty}u_n$ 和 $\sum_{n=1}^{\infty}v_n$ 都收敛. ( )

(3) 改变级数的有限项不会改变级数的和. ( )

(4) 改变级数的有限项不会改变级数的敛散性. ( )

(5) 若 $\lim\limits_{n\to\infty}u_n=0$，则级数 $\sum_{n=1}^{\infty}u_n$ 一定收敛. ( )

(6) 若 $\lim\limits_{n\to\infty}u_n\neq 0$，则级数 $\sum_{n=1}^{\infty}u_n$ 一定发散. ( )

2. 判别下列级数的敛散性：

(1) $\sum_{n=1}^{\infty}\left(\frac{2n^2+30}{4n^2+10}\right)^2$； (2) $\sum_{n=2}^{\infty}\frac{1}{\sqrt{\ln n}}$；

(3) $\sum_{n=1}^{\infty}\frac{1!+2!+\cdots+n}{(2n)!}$； (4) $\sum_{n=1}^{\infty}\frac{a^n n!}{n^n}(a>0)$；

(5) $\sum_{n=1}^{\infty}\frac{n}{e^n-1}$； (6) $\sum_{n=2}^{\infty}\ln\frac{n-1}{n+1}$.

3. 利用级数收敛的必要条件，证明 $\lim\limits_{n\to\infty}\frac{n^n}{(n!)^2}=0$.

4. 讨论级数 $\sum_{n=1}^{\infty}(-1)^n\frac{(n+1)!}{n^{n+1}}$ 的收敛性；若收敛，是条件收敛还是绝对收敛？

5. 判定级数 $\sum_{n=1}^{\infty}\frac{a^n}{n^s}$（$a$ 是常数，$a>0,s>0$）的敛散性.

6. 设正项级数 $\sum_{n=1}^{\infty}a_n$ 收敛，证明 $\sum_{n=1}^{\infty}a_n^2$ 收敛，并说明反之不成立.

7. 求下列幂级数的收敛区间与和函数：

(1) $\sum_{n=1}^{\infty}n(x-1)^{n-1}$； (2) $\sum_{n=0}^{\infty}\frac{n^2+1}{3^n n!}x^n$.

8. 求下列级数的和：

(1) $\sum_{n=1}^{\infty}\frac{2n+1}{n^2(n+1)^2}$； (2) $\sum_{n=2}^{\infty}\frac{1}{(n^2-1)2^n}$.

9. 利用函数 e^x 的幂函数展开式计算$\sqrt{e}$的近似值，精确到 10^{-4}.

10. 将函数 $f(x)=(1+x^2)\arctan x$ 展为 x 的幂级数，并写出收敛区间.

第十一章　常微分方程

在实践中，经常需要根据问题提供的条件来寻找函数关系．函数是客观事物的内部联系在数量方面的反映，利用函数关系就可以对客观事物的规律性进行研究，因此如何寻找出所需要的函数关系在实践中具有重要意义．在许多问题中，往往不能直接找出所需要的函数关系，但是根据问题所提供的情况，有时可以列出含有要找的函数及其导数的关系式，这样的关系就是所谓的微分方程．微分方程建立以后，对它进行研究，找出未知函数来，这就是解微分方程．本章主要介绍微分方程的一些基本概念和几种常用的微分方程的解法．

第一节　微分方程的基本概念

一、引例

【例 11-1】　一曲线通过点 (1,2)，且在该曲线上任一点 $M(x,y)$ 处切线斜率为 $2x$，求该曲线的方程．

解　设所求曲线的方程为 $y=y(x)$，根据导数的几何意义，可知未知函数 $y=y(x)$ 应满足关系式（称为微分方程）

$$\frac{\mathrm{d}y}{\mathrm{d}x}=2x \tag{11-1}$$

此外，未知函数 $y=y(x)$ 还应满足下列条件：当 $x=1$ 时，$y=2$，简记为 $y|_{x=1}=2$．

把式（11-1）两端积分，得（称为微分方程的通解）

$$y=\int 2x\mathrm{d}x \tag{11-2}$$

即

$$y=x^2+C$$

式中　C——任意常数．

把条件“当 $x=1$ 时，$y=2$”代入式（11-2），得

$$2=1^2+C$$

由此得出 $C=1$．把 $C=1$ 代入式（11-2），得所求曲线方程（称为微分方程满足条件 $y|_{x=1}=2$ 的解）为

$$y=x^2+1$$

【例 11-2】　列车在平直线路上以 20m/s（相当于 72km/h）的速度行驶，当制动时列车获得加速度 $-0.4\mathrm{m/s^2}$．问开始制动后多长时间列车才能停住，以及列车在这段时间里行驶了多少路程？

解　设列车在开始制动后 ts 时行驶了 sm，根据题意，反映制动阶段列车运动规律的函数 $s=s(t)$ 应满足关系式

$$\frac{\mathrm{d}^2 s}{\mathrm{d}t^2}=-0.4 \tag{11-3}$$

此外，未知函数 $s=s(t)$ 还应满足下列条件：当 $t=0$ 时，$s=0$，$v=\frac{ds}{dt}=20$，简记为 $s|_{t=0}=0$，$s'|_{t=0}=20$.

把式（11-3）两端积分一次，得

$$v=\frac{ds}{dt}=-0.4t+C_1 \tag{11-4}$$

再积分一次，得

$$s=-0.2t^2+C_1t+C_2 \tag{11-5}$$

这里 C_1、C_2 都是任意常数.

把条件 $v|_{t=0}=20$ 代入式（11-4）得

$$20=C_1$$

把条件 $s|_{t=0}=0$ 代入式（11-5）得 $0=C_2$.

把 C_1、C_2 的值代入式（11-4）和式（11-5）得

$$v=-0.4t+20 \tag{11-6}$$

$$s=-0.2t^2+20t \tag{11-7}$$

在式（11-6）中令 $v=0$，得到列车从开始制动到完全停住所需的时间为

$$t=\frac{20}{0.4}=50(\mathrm{s})$$

再把 $t=50$ 代入式（11-7），得到列车在制动阶段行驶的路程为

$$s=-0.2\times 50^2+20\times 50=500(\mathrm{m})$$

二、微分方程的基本概念

微分方程：是指表示未知函数、未知函数的导数与自变量之间关系的方程.

常微分方程：是指未知函数是一元函数的微分方程.

偏微分方程：是指未知函数是多元函数的微分方程.

微分方程的阶：是指微分方程中所出现的未知函数的最高阶导数的阶数.

$$x^3y'''+x^2y''-4xy'=3x^2$$

$$y^{(4)}-4y'''+10y''-12y'+5y=\sin 2x$$

$$y^{(n)}+1=0$$

一般 n 阶微分方程

$$F[x,y,y',\cdots,y^{(n)}]=0$$

$$y^{(n)}=f[x,y,y',\cdots,y^{(n-1)}]$$

微分方程的解：是指满足微分方程的函数（把函数代入微分方程能使该方程成为恒等式）. 确切地说，设函数 $y=\varphi(x)$ 在区间 I 上有 n 阶连续导数，如果在区间 I 上，有

$$F[x,\varphi(x),\varphi'(x),\cdots,\varphi^{(n)}(x)]=0$$

则函数 $y=\varphi(x)$ 就称为微分方程 $F[x,y,y',\cdots,y^{(n)}]=0$ 在区间 I 上的解.

通解：是指微分方程的解中含有任意常数，且任意常数的个数与微分方程的阶数相同.

初始条件：是指用于确定通解中任意常数的条件. 如当 $x=x_0$ 时，$y=y_0$，$y'=y_0'$. 一般写成

$$y|_{x=x_0}=y_0,\ y'|_{x=x_0}=y_0'$$

特解：确定了通解中的任意常数以后，就得到微分方程的特解，即不含任意常数的解.

初值问题：是指求微分方程满足初始条件的解的问题.

如求微分方程 $y' = f(x,y)$ 满足初始条件 $y|_{x=x_0} = y_0$ 的解的问题，记为

$$\begin{cases} y' = f(x,y) \\ y|_{x=x_0} = y_0 \end{cases}$$

积分曲线：是指微分方程的解的图形的曲线.

【例 11-3】 验证函数 $x = C_1\cos kt + C_2\sin kt$ 是微分方程 $\frac{d^2x}{dt^2} + k^2x = 0$ 的解.

解 求所给函数的导数：

$$\frac{dx}{dt} = -kC_1\sin kt + kC_2\cos kt,$$

$$\frac{d^2x}{dt^2} = -k^2C_1\cos kt - k^2C_2\sin kt = -k^2(C_1\cos kt + C_2\sin kt)$$

将 $\frac{d^2x}{dt^2}$ 及 x 的表达式代入所给方程，得

$$-k^2(C_1\cos kt + C_2\sin kt) + k^2(C_1\cos kt + C_2\sin kt) = 0$$

这表明函数 $x = C_1\cos kt + C_2\sin kt$ 满足方程 $\frac{d^2x}{dt^2} + k^2x = 0$，因此所给函数是所给方程的解.

【例 11-4】 已知函数 $x = C_1\cos kt + C_2\sin kt\,(k \neq 0)$ 是微分方程 $\frac{d^2x}{dt^2} + k^2x = 0$ 的通解，求满足初始条件 $x|_{t=0} = A$，$x'|_{t=0} = 0$ 的特解.

解 由条件 $x|_{t=0} = A$ 及 $x = C_1\cos kt + C_2\sin kt$，得

$$C_1 = A$$

再由条件 $x'|_{t=0} = 0$ 及 $x'(t) = -kC_1\sin kt + kC_2\cos kt$，得

$$C_2 = 0$$

把 C_1、C_2 的值代入 $x = C_1\cos kt + C_2\sin kt$ 中，得

$$x = A\cos kt$$

习题 11-1

1. 是非题（判断下列结论的正误，正确的在括号里面画√，错误的画×）.

(1) 微分方程的阶和求导数的阶的含义是一样的. （ ）

(2) 微分方程的通解中含有的任意常数个数和方程中阶的个数是一样多的. （ ）

(3) 微分方程的解和一般代数方程的解的定义一样，是指满足方程的变量的值. （ ）

(4) 若可导函数 $f(x)$ 满足方程 $f(x) = 2\int_0^x tf(t)dt + 1$ ①，将式①两边求导，得 $f'(x) = 2xf(x)$ ②，易知 $f(x) = ce^{x^2}$（c 为任意常数）是式②的通解，则 $f(x) = ce^{x^2}$ 为式①的解.

2. 填空题（将正确的答案填在横线上）.

(1) 方程 $x^2(y'')^4 - 3y' + y\ln x = 0$ 称为______阶微分方程.

(2) 设 $y = y(x,c_1,c_2,\cdots,c_n)$ 是方程 $y''' - xy'' + 2y$ 的通解，则任意常数的个数 n=______.

(3) 设曲线 $y = y(x)$ 上任一点 (x,y) 的切线垂直于此点与原点的连线，则曲线所满足

的微分方程______.

(4) 方程 $y=x+\int_0^x y\mathrm{d}x$ 可化为形如______微分方程.

3. 已知 $Q=c\mathrm{e}^{kt}$ 满足微分方程 $\frac{\mathrm{d}Q}{\mathrm{d}t}=-0.03Q$，问 c、k 应如何取值?

4. 证明 $y=c_1x+c_2x\ln|x|$ 是微分方程 $x^2y''-xy'+y=0$ 的通解.

第二节 可分离变量的微分方程

一阶微分方程

$$y'=f(x,y) \tag{11-8}$$

有时候也可以写成如下的对称方式，即

$$P(x,y)\mathrm{d}x+Q(x,y)\mathrm{d}y=0 \tag{11-9}$$

在式（11-9）中，变量 x 与 y 对称，它既可看作是以 x 为自变量、y 为未知函数的方程

$$\frac{\mathrm{d}y}{\mathrm{d}x}=-\frac{P(x,y)}{Q(x,y)} \quad [\text{这时 } Q(x,y)\neq 0],$$

又可看作是以 y 为自变量、x 为未知函数的方程

$$\frac{\mathrm{d}x}{\mathrm{d}y}=-\frac{Q(x,y)}{P(x,y)} \quad [\text{这时 } P(x,y)\neq 0]$$

通常，如果一个一阶微分方程能写成

$$g(y)\mathrm{d}y=f(x)\mathrm{d}x \tag{11-10}$$

的形式，就是说，能把微分方程写成一端只含 y 的函数和 $\mathrm{d}y$，另一端只含 x 的函数和 $\mathrm{d}x$，那么原方程就称为可分离变量的微分方程.

假设式（11-10）中的函数 $g(y)$ 和 $f(x)$ 是连续的，设 $y=\varphi(x)$ 是式（11-10）的解，把它代入式（11-10）中得到恒等式

$$g[\varphi(x)]\varphi'(x)\mathrm{d}x=f(x)\mathrm{d}x \tag{11-11}$$

将式（11-11）两端积分，并由 $y=\varphi(x)$ 引进变量 y，得

$$\int g(y)\mathrm{d}y=\int f(x)\mathrm{d}x$$

设 $G(y)$ 及 $F(x)$ 依次为 $g(y)$ 及 $f(x)$ 的原函数，于是有

$$G(y)=F(x)+C \tag{11-12}$$

因此，式（11-10）的解满足式（11-12）. 反之，如果 $y=\varphi(x)$ 是由式（11-12）所确定的隐函数，那么在 $g(y)\neq 0$ 的条件下，$y=\varphi(x)$ 也是式（11-10）的解. 事实上，由隐函数的求导法可知，当 $g(y)\neq 0$ 时，有

$$\varphi'(x)=\frac{F'(x)}{G'(y)}=\frac{f(x)}{g(y)}$$

这就表示函数 $y=\varphi(x)$ 满足式（11-10）. 所以，如果已分离变量的式（11-10）中 $g(y)$ 和 $f(x)$ 是连续的，且 $g(y)\neq 0$，那么式（11-10）两端积分后得到的式（11-12）就用隐式给出了式（11-10）的解，式（11-12）就称为式（11-10）的隐式解. 又由于式（11-12）中含有任意常数，因此式（11-12）所确定的隐函数是式（11-10）的通解，所以式（11-12）称为式（11-10）的隐式通解 [当 $f(x)\neq 0$ 时，式（11-12）所确定的隐函数 $x=\psi(y)$ 也可认为

是式（11-10）的解].

【例 11-5】 求解微分方程 $\frac{dy}{dx}=2xy$ 的通解.

解 方程是可分离变量的，分离变量后得

$$\frac{dy}{y}=2xdx$$

将方程两端积分，即 $\int\frac{dy}{y}=\int 2xdx$，可得

$$\ln|y|=x^2+C_1$$

从而

$$y=\pm e^{x^2+C_1}=\pm e^{C_1}e^{x^2}$$

因 $\pm e^{C_1}$ 仍是任意常数，把它记作 C，便得方程的通解

$$y=Ce^{x^2}$$

【例 11-6】 放射性元素铀由于不断地放射出微粒子而变成其他元素，铀的含量就不断减少，这种现象称为衰变. 由原子物理学知道，铀的衰变速度与当时未衰变的原子的含量 M 成正比. 已知 $t=0$ 时铀的含量为 M_0，求在衰变过程中铀含量 $M(t)$ 随时间 t 变化的规律.

解 铀的衰变速度就是 $M(t)$ 对时间 t 的导数 $\frac{dM}{dx}$. 由于铀的衰变速度与其含量成正比，故得微分方程

$$\frac{dM}{dx}=-\lambda M$$

其中 $\lambda(\lambda>0)$ 是常数，称为衰变系数，λ 前置负号是由于当 t 增加时 M 单调减少，即 $\frac{dM}{dx}<0$ 的缘故.

按题意，初始条件为

$$M|_{t=0}=M_0$$

方程是可分离变量的，分离变量后得

$$\frac{dM}{M}=-\lambda dt$$

将方程两端积分，即

$$\int\frac{dM}{M}=\int(-\lambda)dt$$

以 $\ln C$ 表示任意常数，考虑到 $M>0$，得

$$\ln M=-\lambda t+\ln C$$

即

$$M=Ce^{-\lambda t}$$

这就是方程的通解. 以初始条件代入上式得

$$M_0=Ce^0=C$$

所以

$$M=M_0e^{-\lambda t}$$

这就是所求铀的衰变规律. 由此可见，铀的含量随时间的增加而按指数规律衰变.

【例 11-7】 船从初速 $v_0=6\text{m/s}$ 而开始运动，5s 后速度减至一半。已知阻力与速度成正比，试求船速随时间变化的规律。

解 因为阻力 F 与速度 v 成正比，所以有 $F=-\lambda v(t)$

又由牛顿定理：$F=ma=m\dfrac{\mathrm{d}v}{\mathrm{d}t}$，得 $m\dfrac{\mathrm{d}v}{\mathrm{d}t}=-\lambda v$

$$m\frac{\mathrm{d}v}{v}=-\lambda\mathrm{d}t$$

$$\int m\frac{\mathrm{d}v}{v}=\int-\lambda\mathrm{d}t$$

即
$$m\ln v=-\lambda t+c$$

$$v=\dot{C}\mathrm{e}^{-\frac{\lambda}{m}t}$$

因为 $t=0$ 时 $v_0=6\mathrm{m/s}$；$t=5$ 时 $v=3\mathrm{m/s}$，代入上式得

$$6=\dot{C}\text{；及 }3=\dot{C}\mathrm{e}^{-\frac{\lambda}{m}\times5}$$

$$6=\dot{C}\text{；}\frac{\lambda}{m}=\frac{\ln2}{5}$$

所以 $v=6\mathrm{e}^{-\frac{\ln2}{5}t}$

齐次方程：

如果一阶微分方程 $\dfrac{\mathrm{d}y}{\mathrm{d}x}=f(x,y)$ 中的函数 $f(x,y)$ 可写成 $\dfrac{y}{x}$ 的函数，即 $f(x,y)=\varphi\left(\dfrac{y}{x}\right)$，则称该方程为齐次方程.

例如：

(1) $xy'-y-\sqrt{y^2-x^2}=0$ 是齐次方程.

$$\frac{\mathrm{d}y}{\mathrm{d}x}=\frac{y+\sqrt{y^2-x^2}}{x}\Rightarrow\frac{\mathrm{d}y}{\mathrm{d}x}=\frac{y}{x}+\sqrt{\left(\frac{y}{x}\right)^2-1}$$

(2) $\sqrt{1-x^2}y'=\sqrt{1-y^2}$ 不是齐次方程.

$$\frac{\mathrm{d}y}{\mathrm{d}x}=\sqrt{\frac{1-y^2}{1-x^2}}$$

(3) $(x^2+y^2)\mathrm{d}x-xy\mathrm{d}y=0$ 是齐次方程.

$$\frac{\mathrm{d}y}{\mathrm{d}x}=\frac{x^2+y^2}{xy}\Rightarrow\frac{\mathrm{d}y}{\mathrm{d}x}=\frac{x}{y}+\frac{y}{x}$$

(4) $(2x+y-4)\mathrm{d}x+(x+y-1)\mathrm{d}y=0$ 不是齐次方程.

$$\frac{\mathrm{d}y}{\mathrm{d}x}=-\frac{2x+y-4}{x+y-1}$$

(5) $\left(2x\mathrm{sh}\dfrac{y}{x}+3y\mathrm{ch}\dfrac{y}{x}\right)\mathrm{d}x-3x\mathrm{ch}\dfrac{y}{x}\mathrm{d}y=0$ 是齐次方程.

$$\frac{\mathrm{d}y}{\mathrm{d}x}=\frac{2x\mathrm{sh}\dfrac{y}{x}+3y\mathrm{ch}\dfrac{y}{x}}{3x\mathrm{ch}\dfrac{y}{x}}\Rightarrow\frac{\mathrm{d}y}{\mathrm{d}x}=\frac{2}{3}\mathrm{th}\frac{y}{x}+\frac{y}{x}$$

齐次方程的解法：

在齐次方程 $\dfrac{\mathrm{d}y}{\mathrm{d}x}=\varphi\left(\dfrac{y}{x}\right)$ 中，令 $u=\dfrac{y}{x}$，即 $y=ux$，有

$$u+x\frac{\mathrm{d}u}{\mathrm{d}x}=\varphi(u)$$

分离变量，得

$$\frac{\mathrm{d}u}{\varphi(u)-u}=\frac{\mathrm{d}x}{x}$$

两端积分，得

$$\int\frac{\mathrm{d}u}{\varphi(u)-u}=\int\frac{\mathrm{d}x}{x}$$

求出积分后，再用 $\frac{y}{x}$ 代替 u，便得所给齐次方程的通解.

【例 11-8】 解方程 $y^2+x^2\frac{\mathrm{d}y}{\mathrm{d}x}=xy\frac{\mathrm{d}y}{\mathrm{d}x}$.

解 原方程可写成

$$\frac{\mathrm{d}y}{\mathrm{d}x}=\frac{y^2}{xy-x^2}=\frac{\left(\frac{y}{x}\right)^2}{\frac{y}{x}-1}$$

因此原方程是齐次方程. 令 $\frac{y}{x}=u$，即 $y=ux$，则

$$\frac{\mathrm{d}y}{\mathrm{d}x}=u+x\frac{\mathrm{d}u}{\mathrm{d}x}$$

于是原方程变为

$$u+x\frac{\mathrm{d}u}{\mathrm{d}x}=\frac{u^2}{u-1}$$

即

$$x\frac{\mathrm{d}u}{\mathrm{d}x}=\frac{u}{u-1}$$

分离变量，得

$$\left(1-\frac{1}{u}\right)\mathrm{d}u=\frac{\mathrm{d}x}{x}$$

两边积分，得 $u-\ln|u|+C=\ln|x|$，或写成 $\ln|xu|=u+C$，以 $\frac{y}{x}$ 代其中的 u，便得所给方程的通解，即

$$\ln|y|=\frac{y}{x}+C$$

【例 11-9】 在前面的［例 11-7］中，船从初速 $v_0=6\mathrm{m/s}$，$s(0)=0$ 而开始运动，5s 后速度减至一半. 已知阻力与速度成正比，改为求船的移动距离随时间变化的规律.

解 设船的移动距离为 $s(t)$，则有 $s(0)=0$，$\frac{\mathrm{d}s}{\mathrm{d}t}=v$

因为阻力 F 与速度 v 成正比，所以有 $F=-\lambda v(t)$

又由牛顿定理：$F=ma=m\frac{\mathrm{d}v}{\mathrm{d}t}$，得 $m\frac{\mathrm{d}v}{\mathrm{d}t}=-\lambda v(t)$，即 $m\frac{\mathrm{d}^2s}{\mathrm{d}t^2}=-\lambda\frac{\mathrm{d}s}{\mathrm{d}t}$ 为 s 的二阶微分方程，可以如下降阶，

令 $\frac{\mathrm{d}s}{\mathrm{d}t}=v$，得

$$m\frac{\mathrm{d}v}{v}=-\lambda \mathrm{d}t$$

$$\int m\frac{\mathrm{d}v}{v}=\int -\lambda \mathrm{d}t$$

即
$$m\ln v=-\lambda t+c$$

$$v=\dot{C}\mathrm{e}^{-\frac{\lambda}{m}t}$$

因为 $t=0$ 时 $v_0=6\ \mathrm{m/s}$；$t=5$ 时 $v=3\mathrm{m/s}$，代入上式得：

$6=\dot{C}$；及 $3=\dot{C}\mathrm{e}^{-\frac{\lambda}{m}\times 5}$

$6=\dot{C}$；$\dfrac{\lambda}{m}=\dfrac{\ln 2}{5}$

所以 $v=6\mathrm{e}^{-\frac{\ln 2}{5}t}$

即 $\dfrac{\mathrm{d}s}{\mathrm{d}t}=6\mathrm{e}^{-\frac{\ln 2}{5}t}$

$\mathrm{d}s=6\mathrm{e}^{-\frac{\ln 2}{5}t}\mathrm{d}t$

$s=\displaystyle\int 6\mathrm{e}^{-\frac{\ln 2}{5}t}\mathrm{d}t=-\frac{30}{\ln 2}\int \mathrm{e}^{-\frac{\ln 2}{5}t}\,\mathrm{d}\left(-\frac{\ln 2}{5}t\right)$

$\quad=-\dfrac{30}{\ln 2}(\mathrm{e}^{-\frac{\ln 2}{5}t}+c_1)$

由 $s(0)=0$ 得 $c_1=-1$

所以 $s=-\dfrac{30}{\ln 2}(\mathrm{e}^{-\frac{\ln 2}{5}t}-1)$.

习题 11-2

1. 是非题（判断下列结论的正误，正确的在括号里面画√，错误的画×）.

(1) 方程 $x\mathrm{d}y=y\ln y\mathrm{d}x$ 的一个解是 $x=\ln y$；（　　）

(2) 方程 $x\mathrm{d}y+\mathrm{d}x=\mathrm{e}^y\mathrm{d}x$ 的通解是 $y=cx\mathrm{e}^x$.（　　）

2. 求下列微分方程的通解：

(1) $y'+\dfrac{\mathrm{e}^{y^2+3x}}{y}=0$；

(2) $3\mathrm{e}^x\tan y\mathrm{d}x+(2-\mathrm{e}^x)\sec^2 y\mathrm{d}y=0$.

3. 求下列微分方程满足所给初始条件的特解：

(1) $\sin y\cos x\mathrm{d}y=\cos y\sin x\mathrm{d}x, y\Big|_{x=0}=\dfrac{\pi}{4}$；

(2) $\dfrac{x}{1+y}\mathrm{d}x-\dfrac{y}{1+x}\mathrm{d}y=0, y|_{x=0}=1$.

第三节 一阶线性微分方程

一、一阶线性微分方程

方程 $\dfrac{\mathrm{d}y}{\mathrm{d}x}+P(x)y=Q(x)$ 称为一阶线性微分方程. 如果 $Q(x)\equiv 0$，则方程称为齐次线

性方程，否则方程称为非齐次线性方程.

方程 $\frac{dy}{dx}+P(x)y=0$ 称为对应于非齐次线性方程 $\frac{dy}{dx}+P(x)y=Q(x)$ 的齐次线性方程.

例如：

(1) $(x-2)\frac{dy}{dx}=y\Rightarrow\frac{dy}{dx}-\frac{1}{x-2}y=0$，是齐次线性方程.

(2) $3x^2+5x-y'=0\Rightarrow y'=3x^2+5x$，是非齐次线性方程.

(3) $y'+y\cos x=e^{-\sin x}$，是非齐次线性方程.

(4) $\frac{dy}{dx}=10^{x+y}$，不是线性方程.

(5) $(y+1)^2\frac{dy}{dx}+x^3=0\Rightarrow\frac{dy}{dx}-\frac{x^3}{(y+1)^2}=0$ 或 $\frac{dx}{dy}-\frac{(y+1)^2}{x^3}$，不是线性方程.

1. 齐次线性方程的解法

齐次线性方程 $\frac{dy}{dx}+P(x)y=0$ 是变量可分离方程，分离变量后得

$$\frac{dy}{y}=-P(x)dx$$

将方程两边积分，得

$$\ln|y|=-\int P(x)dx+C_1$$

或

$$y=Ce^{-\int P(x)dx}(C=\pm e^{C_1})$$

这就是齐次线性方程的通解（积分中不再加任意常数）.

【例 11-10】 求方程 $(x-2)\frac{dy}{dx}=y$ 的通解.

解 这是齐次线性方程，分离变量后得

$$\frac{dy}{y}=\frac{dx}{x-2}$$

将方程两边积分，得

$$\ln|y|=\ln|x-2|+\ln C$$

方程的通解为

$$y=C(x-2)$$

2. 非齐次线性方程的解法——常数变易法

将齐次线性方程通解中的常数换成 x 的未知函数 $u(x)$，把

$$y=u(x)e^{-\int P(x)dx}$$

设想成非齐次线性方程的通解，代入非齐次线性方程求得

$$u'(x)e^{-\int P(x)dx}-u(x)e^{-\int P(x)dx}P(x)+P(x)u(x)e^{-\int P(x)dx}=Q(x)$$

化简得

$$u'(x)=Q(x)e^{\int P(x)dx}$$

$$u(x)=\int Q(x)e^{\int P(x)dx}dx+C$$

于是非齐次线性方程的通解为

$$y = e^{-\int P(x)dx}\left[\int Q(x)e^{\int P(x)dx}dx + C\right]$$

或

$$y = Ce^{-\int P(x)dx} + e^{-\int P(x)dx}\int Q(x)e^{\int P(x)dx}dx$$

非齐次线性方程的通解等于对应的齐次线性方程通解与非齐次线性方程的一个特解之和.

【例 11-11】 求方程 $\dfrac{dy}{dx} - \dfrac{2y}{x+1} = (x+1)^{\frac{5}{2}}$ 的通解.

解 这是一个非齐次线性方程.

先求对应的齐次线性方程 $\dfrac{dy}{dx} - \dfrac{2y}{x+1} = 0$ 的通解，分离变量后得

$$\frac{dy}{y} = \frac{2dx}{x+1}$$

将方程两边积分，得

$$\ln y = 2\ln(x+1) + \ln C$$

齐次线性方程的通解为

$$y = C(x+1)^2$$

用常数变易法，把 C 换成 u，即令 $y = u\cdot(x+1)^2$，代入所给非齐次线性方程，得

$$u'\cdot(x+1)^2 + 2u\cdot(x+1) - \frac{2}{x+1}u\cdot(x+1)^2 = (x+1)^{\frac{5}{2}}$$

$$u' = (x+1)^{\frac{1}{2}}$$

将方程两边积分，得

$$u = \frac{2}{3}(x+1)^{\frac{3}{2}} + C$$

再把上式代入 $y = u(x+1)^2$ 中，即得所求方程的通解为

$$y = (x+1)^2\left[\frac{2}{3}(x+1)^{\frac{3}{2}} + C\right]$$

如果用公式的方法求解，比较标准方程，则 $P(x) = -\dfrac{2}{x+1}$，$Q(x) = (x+1)^{\frac{5}{2}}$.

因为

$$\int P(x)dx = \int\left(-\frac{2}{x+1}\right)dx = -2\ln(x+1)$$

$$e^{-\int P(x)dx} = e^{2\ln(x+1)} = (x+1)^2$$

$$\int Q(x)e^{\int P(x)dx}dx = \int (x+1)^{\frac{5}{2}}(x+1)^{-2}\,dx = \int (x+1)^{\frac{1}{2}}dx = \frac{2}{3}(x+1)^{\frac{3}{2}}$$

所以通解为

$$y = e^{-\int P(x)dx}\left[\int Q(x)e^{\int P(x)dx}dx + C\right] = (x+1)^2\left[\frac{2}{3}(x+1)^{\frac{3}{2}} + C\right]$$

二、伯努利方程

方程

$$\frac{dy}{dx} + P(x)y = Q(x)y^n\,(n \neq 0,1)$$

称为伯努利方程.

例如：

(1) $\frac{\mathrm{d}y}{\mathrm{d}x}+\frac{1}{3}y=\frac{1}{3}(1-2x)y^4$，是伯努利方程.

(2) $\frac{\mathrm{d}y}{\mathrm{d}x}=y+xy^5 \Rightarrow \frac{\mathrm{d}y}{\mathrm{d}x}-y=xy^5$，是伯努利方程.

(3) $y'=\frac{x}{y}+\frac{y}{x} \Rightarrow y'-\frac{1}{x}y=xy^{-1}$，是伯努利方程.

(4) $\frac{\mathrm{d}y}{\mathrm{d}x}-2xy=4x$，是线性方程，不是伯努利方程.

伯努利方程的解法：以 y^n 除方程的两边，得

$$y^{-n}\frac{\mathrm{d}y}{\mathrm{d}x}+P(x)y^{1-n}=Q(x)$$

令 $z=y^{1-n}$，得线性方程

$$\frac{\mathrm{d}z}{\mathrm{d}x}+(1-n)P(x)z=(1-n)Q(x)$$

【例 11-12】 求方程 $\frac{\mathrm{d}y}{\mathrm{d}x}+\frac{y}{x}-a(\ln x)y^2$ 的通解.

解 以 y^2 除方程的两端，得

$$y^{-2}\frac{\mathrm{d}y}{\mathrm{d}x}+\frac{1}{x}y^{-1}=a\ln x$$

即

$$-\frac{\mathrm{d}(y^{-1})}{\mathrm{d}x}+\frac{1}{x}y^{-1}=a\ln x$$

令 $z=y^{-1}$，则上述方程成为

$$\frac{\mathrm{d}z}{\mathrm{d}x}-\frac{1}{x}z=-a\ln x$$

这是一个线性方程，其通解为

$$z=x\left[C-\frac{a}{2}(\ln x)^2\right]$$

以 y^{-1} 代 z，得所求方程的通解为

$$yx\left[C-\frac{a}{2}(\ln x)^2\right]=1$$

经过变量代换，某些方程可以化为变量可分离的方程，或化为已知其求解方法的方程.

【例 11-13】 解方程 $\frac{\mathrm{d}y}{\mathrm{d}x}=\frac{1}{x+y}$.

解 若把所给方程变形为

$$\frac{\mathrm{d}x}{\mathrm{d}y}=x+y$$

即为一阶线性方程，则按一阶线性方程的解法可求得通解，但这里用变量代换来解所给方程.

令 $x+y=u$，则原方程化为

$$\frac{\mathrm{d}u}{\mathrm{d}x}-1=\frac{1}{u}$$

即
$$\frac{du}{dx}=\frac{u+1}{u}$$
分离变量，得
$$\frac{u}{u+1}du=dx$$
将方程两端积分，得
$$u-\ln|u+1|=x-\ln|C|$$
以 $u=x+y$ 代入上式，得
$$y-\ln|x+y+1|=-\ln|C|$$
或
$$x=Ce^{y}-y-1$$

习题 11-3

1. 填空题（将正确的答案填在横线上）.

(1) 设 y^* 是 $\frac{dy}{dx}+p(x)y=Q(x)$ 的一个解，Y 是对应的齐次方程的通解，则该方程的通解为 $y=$______.

(2) $y^*=\frac{x-1}{x}e^{x}$ 是方程 $xy'+y=xe^{x}$ 的一个特解，则其通解为______.

(3) 微分方程 $xy'+y=2\sqrt{xy}$ 作变换，可化为变量可分离的微分方程______.

(4) $(1+x^2)y'-2xy=(1+x^2)^2$ 的通解为______.

(5) $y'-\frac{2y}{x}=x^2\sin 3x$ 的通解为______.

2. 求下列微分方程的通解：

(1) $y'-\frac{2}{x+1}y=(1+x)^2$；

(2) $(2xy-x^2)dx+x^2dy=0$.

3. 求微分方程 $y'+y\cos x=e^{-\sin x}$ 满足初始条件 $y|_{x=0}=0$ 的特解.

4. 用适当的变量代换将下列方程化为可分离变量的方程，然后求解.

(1) $x\frac{dy}{dx}+y=2\sqrt{xy}$；

(2) $y'=\frac{x^2+y^2}{xy}, y|_{x=1}=1$.

5. 已知一曲线过原点，且它在点 (x, y) 处切线的斜率等于 $2x+y$，求该曲线方程.

6. 设 $f(x)$ 可微，且满足关系式 $\int_0^x[2f(t)-1]dt=f(x)-1$，求 $f(x)$.

7. 应用题

(1) 已知放射性物质镭的衰变速率与该时刻现有存镭量成正比. 由经验材料得知，镭经过 1600 年后，只余原始量 R 的一半. 试求镭的量 r 与时间 t 的函数关系.

(2) 质量为 m 的潜水艇在水下垂直下沉时，所遇阻力与它下沉的速度 v 成正比（比例系数为 k）. 今有一整个沉没在水中的潜水艇，由静止状态开始下沉，已知它的重力与水的浮力的合力大小为常数 E. 试求该潜水艇下沉的速度 v 随时间变化的规律.

第四节 可降阶的高阶微分方程

一、$y^{(n)}=f(x)$ 型的微分方程

解法：积分 n 次

$$y^{(n-1)}=\int f(x)\mathrm{d}x+C_1$$

$$y^{(n-2)}=\int\left[\int f(x)\mathrm{d}x+C_1\right]\mathrm{d}x+C_2$$

$$\cdots$$

【例 11-14】 求微分方程 $y'''=\mathrm{e}^{2x}-\cos x$ 的通解.

解 对所给方程接连积分 3 次，得

$$y''=\frac{1}{2}\mathrm{e}^{2x}-\sin x+C_1$$

$$y'=\frac{1}{4}\mathrm{e}^{2x}+\cos x+C_1x+C_2$$

$$y=\frac{1}{8}\mathrm{e}^{2x}+\sin x+\frac{1}{2}C_1x^2+C_2x+C_3$$

这就是所给方程的通解.

或

$$y''=\frac{1}{2}\mathrm{e}^{2x}-\sin x+2C_1$$

$$y'=\frac{1}{4}\mathrm{e}^{2x}+\cos x+2C_1x+C_2$$

$$y=\frac{1}{8}\mathrm{e}^{2x}+\sin x+C_1x^2+C_2x+C_3$$

这就是所给方程的通解.

【例 11-15】 一物体质量为 m，以初速度 v_0 从一斜面上滑下，若斜面的倾角为 α，摩擦系数为 u，试求物体在斜面上滑动的距离与时间的函数关系.

解 由牛顿定理：$F=ma=m\dfrac{\mathrm{d}v}{\mathrm{d}t}$，

得 $m\dfrac{\mathrm{d}^2s}{\mathrm{d}t^2}=mg\sin\alpha-\mu mg\cos\alpha=mg(\sin\alpha-\mu\cos\alpha)$

即 $\dfrac{\mathrm{d}^2s}{\mathrm{d}t^2}=g(\sin\alpha-\mu\cos\alpha)$

得 $\dfrac{\mathrm{d}s}{\mathrm{d}t}=g(\sin\alpha-\mu\cos\alpha)t+c_1$

得 $s=\dfrac{1}{2}g(\sin\alpha-\mu\cos\alpha)t^2+c_1t+c_2$

又因为 $\left.\dfrac{\mathrm{d}s}{\mathrm{d}t}\right|_{t=0}=v_0$ 得 $c_1=v_0$

$s|_{t=0}=0$ 得 $c_2=0$

所以 $s=\dfrac{1}{2}g(\sin\alpha-\mu\cos\alpha)t^2+v_0t$.

【例 11-16】 求微分方程 $(1+x^2)y''=2xy'$ 满足初始条件 $y|_{x=0}=1$，$y'|_{x=0}=3$ 的特解.

解 所给方程是 $y''=f(x, y')$ 型的. 设 $y'=p$，代入方程并分离变量后，得

$$\frac{\mathrm{d}p}{p}=\frac{2x}{1+x^2}\mathrm{d}x$$

将方程两边积分，得

$$\ln|p|=\ln+(1+x^2)+C$$

即
$$p=y'=C_1(1+x^2)\quad (C_1=\pm \mathrm{e}^C)$$

由条件 $y'|_{x=0}=3$，得 $C_1=3$，所以

$$y'=3(1+x^2)$$

两边再积分，得

$$y'=x^3+3x+C_2$$

又由条件 $y|_{x=0}=1$，得 $C_2=1$.

于是所求的特解为

$$y=x^3+3x+1$$

二、$y''=f(y, y')$ 型的微分方程

解法：设 $y'=p$，有

$$y''=\frac{\mathrm{d}p}{\mathrm{d}x}=\frac{\mathrm{d}p}{\mathrm{d}y}\cdot\frac{\mathrm{d}y}{\mathrm{d}x}=p\frac{\mathrm{d}p}{\mathrm{d}y}$$

原方程化为

$$p\frac{\mathrm{d}p}{\mathrm{d}y}=f(y,p)$$

设方程 $p\frac{\mathrm{d}p}{\mathrm{d}y}=f(y, p)$ 的通解为 $y'=p=\varphi(y, C_1)$，则原方程的通解为

$$\int\frac{\mathrm{d}y}{\varphi(y,C_1)}=x+C_2$$

【例 11-17】 求微分方程 $yy''-y'^2=0$ 的通解.

解 设 $y'=p$，则 $y''=p\frac{\mathrm{d}p}{\mathrm{d}y}$，代入方程，得

$$yp\frac{\mathrm{d}p}{\mathrm{d}y}-p^2=0$$

在 $y\neq 0$、$p\neq 0$ 时，约去 p 并分离变量，得

$$\frac{\mathrm{d}p}{p}=\frac{\mathrm{d}y}{y}$$

将方程两边积分，得

$$\ln|p|=\ln|y|=\ln c$$

即
$$p=Cy \text{ 或 } y'=Cy(C=\pm c)$$

再分离变量并两边积分，便得原方程的通解为

$$\ln|y|=Cx+\ln c_1$$

或
$$y=C_1\mathrm{e}^{Cx}(C_1=\pm c_1)$$

【例 11-18】 求微分 $yy''-y'^2=0$ 的通解.

解　设 $y'=p$，则原方程化为

$$yp\frac{\mathrm{d}p}{\mathrm{d}y}-p^2=0$$

当 $y\neq 0$、$p\neq 0$ 时，有

$$\frac{\mathrm{d}p}{\mathrm{d}y}-\frac{1}{y}p=0$$

于是
$$p=\mathrm{e}^{\int\frac{1}{y}\mathrm{d}y}=C_1y$$

即
$$y'-C_1y=0$$

从而原方程的通解为

$$y=C_2\mathrm{e}^{\int C_1\mathrm{d}x}=C_2\mathrm{e}^{C_1x}$$

习题 11-4

1. 填空题（将正确的答案填在横线上）.

(1) 微分方程 $y''=\dfrac{1}{1+x^2}$ 的通解为______.

(2) 微分方程 $y''=1+(y')^2$ 的通解为______.

(3) 微分方程 $y''=y'+x$ 的通解为______.

(4) 微分方程 $yy''-(y')^2=0$ 的通解为______.

(5) 微分方程 $(1+x^2)y''=2xy$ 满足初始条件 $y|_{x=0}=1$，$y'|_{x=0}=3$ 的特解为______.

2. 求微分方程 $(1-x^2)\dfrac{\mathrm{d}^2y}{\mathrm{d}x^2}-xy'=3$ 满足初始条件 $y|_{x=0}=0,\dfrac{\mathrm{d}y}{\mathrm{d}x}|_{x=0}=0$ 的特解.

3. 求下列微分方程满足初始条件的特解：

(1) $y''-ay'^2=0,\quad y|_{x=0}=0,y'|_{x=0}=-1$；

(2) $y''=\mathrm{e}^{ax},y|_{x=1}=y'|_{x=1}=0$.

4. 试求 $y''=x$ 的经过点 $M(0,1)$，且在此点与直线 $y=\dfrac{x}{2}+1$ 相切的积分曲线.

5. 验证 $y_1=\mathrm{e}^{x^2}$ 及 $y_2=x\mathrm{e}^{x^2}$ 都是方程 $y''-4xy'+(4x^2-2)y=0$ 的解，并写出该方程的通解.

6. 设函数 $y_1(x),y_2(x),y_3(x)$ 均是非齐次线性方程 $\dfrac{\mathrm{d}^2y}{\mathrm{d}x^2}+a(x)\dfrac{\mathrm{d}y}{\mathrm{d}x}+b(x)y=f(x)$ 的特解，其中 $a(x),b(x),f(x)$ 为已知函数，而且 $\dfrac{y_2(x)-y_1(x)}{y_3(x)-y_1(x)}\neq$ 常数，求证 $y(x)=(1-c_1-c_2)y_1(x)+c_1y_2(x)+c_2y_3(x)$　（c_1、c_2 为任意常数）是该方程的通解.

7. 证明函数 $y=c_1\mathrm{e}^x+c_2\mathrm{e}^{2x}+\dfrac{1}{12}\mathrm{e}^{5x}$（$c_1$、$c_2$ 是任意常数）是方程 $y''-3y'+2y=\mathrm{e}^{5x}$ 的通解.

第五节　二阶常系数齐次线性微分方程

方程

$$y''+py'+qy=0$$

称为二阶常系数齐次线性微分方程，其中 p、q 均为常数.

如果 y_1、y_2 是二阶常系数齐次线性微分方程的两个线性无关解，则 $y=C_1y_1+C_2y_2$ 就是它的通解.

我们看看，能否适当选取 r，使 $y=e^{rx}$ 满足二阶常系数齐次线性微分方程，为此将 $y=e^{rx}$ 代入方程

$$y''+py'+qy=0$$

得

$$(r^2+pr+q)e^{rx}=0$$

由此可见，只要 r 满足代数方程 $r^2+pr+q=0$，函数 $y=e^{rx}$ 就是微分方程的解.

特征方程：方程 $r^2+pr+q=0$ 称为微分方程 $y''+py'+qy=0$ 的特征方程. 特征方程的两个根 r_1、r_2 可用公式

$$r_{1,2}=\frac{-p\pm\sqrt{p^2-4q}}{2}$$

求出.

特征方程的根与通解的关系如下：

(1) 特征方程有两个不相等的实根 r_1、r_2 时，函数 $y_1=e^{r_1x}$、$y_2=e^{r_2x}$ 是方程的两个线性无关解.

这是因为函数 $y_1=e^{r_1x}$、$y_2=e^{r_2x}$ 是方程的解，又 $\frac{y_1}{y_2}=\frac{e^{r_1x}}{e^{r_2x}}=e^{(r_1-r_2)x}$ 不是常数，因此方程的通解为

$$y=C_1e^{r_1x}+C_2e^{r_2x}$$

(2) 特征方程有两个相等的实根（即 $r_1=r_2$）时，函数 $y_1=e^{r_1x}$、$y_2=xe^{r_1x}$ 是二阶常系数齐次线性微分方程的两个线性无关解.

这是因为 $y_1=e^{r_1x}$ 是方程的解，又

$$\begin{aligned}(xe^{r_1x})''+p(xe^{r_1x})'+q(xe^{r_1x})&=(2r_1+xr_1^2)e^{r_1x}+p(1+xr_1)e^{r_1x}+qxe^{r_1x}\\&=e^{r_1x}(2r_1+p)+xe^{r_1x}(r_1^2+pr_1+q)=0\end{aligned}$$

所以 $y_2=xe^{r_1x}$ 也是方程的解，且 $\frac{y_2}{y_1}=\frac{xe^{r_1x}}{e^{r_1x}}=x$ 不是常数，因此方程的通解为

$$y=C_1e^{r_1x}+C_2xe^{r_1x}$$

(3) 特征方程有一对共轭复根 $r_{1,2}=\alpha\pm i\beta$ 时，函数 $y=e^{(\alpha+i\beta)x}$、$y=e^{(\alpha-i\beta)x}$ 是微分方程两个线性无关的复数形式的解，函数 $y=e^{\alpha x}\cos\beta x$、$y=e^{\alpha x}\sin\beta x$ 是微分方程两个线性无关的实数形式的解.

函数 $y_1=e^{(\alpha+i\beta)x}$ 和 $y_2=e^{(\alpha-i\beta)x}$ 都是方程的解，而由欧拉公式得

$$y_1=e^{(\alpha+i\beta)x}=e^{\alpha x}(\cos\beta x+i\sin\beta x)$$

$$y_2=e^{(\alpha-i\beta)x}=e^{\alpha x}(\cos\beta x-i\sin\beta x)$$

$$y_1+y_2=2e^{\alpha x}\cos\beta x,\ e^{\alpha x}\cos\beta x=\frac{1}{2}(y_1+y_2)$$

$$y_1-y_2=2ie^{\alpha x}\sin\beta x,\ e^{\alpha x}\sin\beta x=\frac{1}{2i}(y_1-y_2)$$

故 $e^{\alpha x}\cos\beta x$、$y_2=e^{\alpha x}\sin\beta x$ 也是方程解.

可以验证，$y_1 = e^{\alpha x}\cos\beta x$、$y_2 = e^{\alpha x}\sin\beta x$ 是方程的线性无关解.

因此方程的通解为

$$y = e^{\alpha x}(C_1\cos\beta x + C_2\sin\beta x)$$

求二阶常系数齐次线性微分方程 $y'' + py' + qy = 0$ 通解的步骤为：

第一步：写出微分方程的特征方程，即

$$r^2 + pr + q = 0$$

第二步：求出特征方程的两个根 r_1、r_2.

第三步：根据特征方程两个根的不同情况，写出微分方程的通解.

【例 11-19】 求微分方程 $y'' - 2y' - 3y = 0$ 的通解.

解 所给微分方程的特征方程为

$$r^2 - 2r - 3 = 0$$

即

$$(r+1)(r-3) = 0$$

其根 $r_1 = -1$，$r_2 = 3$ 是两个不相等的实根，因此所求通解为

$$y = C_1 e^{-x} + C_2 e^{3x}$$

【例 11-20】 求方程 $y'' + 2y' + y = 0$ 满足初始条件 $y|_{x=0} = 4$，$y'|_{x=0} = -2$ 的特解.

解 所给方程的特征方程为

$$r^2 + 2r + 1 = 0$$

即

$$(r+1)^2 = 0$$

其根 $r_1 = r_2 = -1$ 是两个相等的实根，因此所给微分方程的通解为

$$y = (C_1 + C_2 x)e^{-x}$$

将条件 $y|_{x=0} = 4$ 代入通解，得 $C_1 = 4$，从而

$$y = (4 + C_2 x)e^{-x}$$

将上式对 x 求导，得

$$y' = (C_2 - 4 - C_2 x)e^{-x}$$

再把条件 $y'|_{x=0} = -2$ 代入上式，得 $C_2 = 2$，于是所求特解为

$$x = (4 + 2x)e^{-x}$$

【例 11-21】 求微分方程 $y'' - 2y' + 5y = 0$ 的通解.

解 所给方程的特征方程为

$$r^2 - 2r + 5 = 0$$

特征方程的根为 $r_1 = 1 + 2i$，$r_2 = 1 - 2i$，是一对共轭复根，因此所求通解为

$$y = e^x(C_1\cos 2x + C_2\sin 2x)$$

n 阶常系数齐次线性微分方程：

方程

$$y^{(n)} + p_1 y^{(n-1)} + p_2 y^{(n-2)} + \cdots + p_{n-1}y' + p_n y = 0$$

称为 n 阶常系数齐次线性微分方程，其中 p_1，p_2，…，p_{n-1}，p_n 都是常数.

*二阶常系数齐次线性微分方程所用的方法以及方程的通解形式可推广到 n 阶常系数齐次线性微分方程中去.

引入微分算子 D 及微分算子的 n 次多项式：

$$L(D) = D^n + p_1 D^{n-1} + p_2 D^{n-2} + \cdots + p_{n-1}D + p_n$$

则 n 阶常系数齐次线性微分方程可记作

$$(D^n+p_1D^{n-1}+p_2D^{n-2}+\cdots+p_{n-1}D+p_n)y=0 \text{ 或 } L(D)y=0$$

注：D 称为微分算子 $D^0y=y$，$Dy=y'$，$D^2y=y''$，$D^3y=y'''$，…，$D^ny=y^{(n)}$.

分析：令 $y=e^{rx}$，则

$$L(D)y=L(D)e^{rx}=(r^n+p_1r^{n-1}+p_2r^{n-2}+\cdots+p_{n-1}r+p_n)e^{rx}=L(r)e^{rx}$$

因此如果 r 是多项式 $L(r)$ 的根，则 $y=e^{rx}$ 是微分方程 $L(D)y=0$ 的解.

n 阶常系数齐次线性微分方程的特征方程：

$$L(r)=r^n+p_1r^{n-1}+p_2r^{n-2}+\cdots+p_{n-1}r+p_n=0$$

称为微分方程 $L(D)y=0$ 的特征方程.

特征方程的根与通解中项的对应：

单实根 r 对应于一项：Ce^{rx}；

一对单复根 $r_{1,2}=\alpha\pm i\beta$ 对应于两项：$e^{\alpha x}(C_1\cos\beta x+C_2\sin\beta x)$；

k 重实根 r 对应于 k 项：$e^{rx}(C_1+C_2x+\cdots+C_kx^{k-1})$；

一对 k 重复根 $r_{1,2}=\alpha\pm i\beta$ 对应于 $2k$ 项：$e^{\alpha x}[(C_1+C_2x+\cdots+C_kx^{k-1})\cos\beta x+(D_1+D_2x+\cdots+D_kx^{k-1})\sin\beta x]$.

【例 11-22】 求方程 $y^{(4)}-2y'''+5y''=0$ 的通解.

解 这里的特征方程为

$$r^4-2r^3+5r^2=0$$

即

$$r^2(r^2-2r+5)=0$$

它的根是 $r_1=r_2=0$ 和 $r_{3,4}=1\pm 2i$.

因此所给微分方程的通解为

$$y=C_1+C_2x+e^x(C_3\cos 2x+C_4\sin 2x)$$

【例 11-23】 求方程 $y^{(4)}+\beta^4y=0$ 的通解，其中 $\beta>0$.

解 这里的特征方程为

$$r^4+\beta^4=0$$

它的根为 $r_{1,2}=\dfrac{\beta}{\sqrt{2}}(1\pm i)$，$r_{3,4}=-\dfrac{\beta}{\sqrt{2}}(1\pm i)$.

因此所给微分方程的通解为

$$y=e^{\frac{\beta}{\sqrt{2}}x}\left(C_1\cos\frac{\beta}{\sqrt{2}}x+C_2\sin\frac{\beta}{\sqrt{2}}x\right)+e^{-\frac{\beta}{\sqrt{2}}x}\left(C_3\cos\frac{\beta}{\sqrt{2}}x+C_4\sin\frac{\beta}{\sqrt{2}}x\right)$$

习题 11-5

1．填空题（将正确的答案填在横线上）.

(1) 微分方程 $y''-4y'=0$ 的通解为______.

(2) 微分方程 $4y''+4y'+y=0$ 的通解为______.

(3) 微分方程 $y''-4y'+13y=0$ 的通解为______.

(4) 设 $2\pm i$ 为方程 $y''+py'+qy=0$ 的特征方程的两根，则其通解为______.

(5) 设二阶常系数齐次线性微分方程的两个特征根为 $r_1=2$，$r_2=4$，则该二阶常系数齐次线性微分方程为______.

2. 求下列微分方程满足所给初始条件的特解：

(1) $y''-3y'-4y=0$，$y|_{x=0}=6$，$y'|_{x=0}=-5$；

(2) $y''+25y=0$，$y|_{x=0}=2$，$y'|_{x=0}=15$；

(3) $y''+4y'+29y=0$，$y|_{x=0}=0$，$y'|_{x=0}=15$.

3. 求以 $y_1=e^x$，$y_2=xe^x$ 为特解的二阶常系数齐次线性微分方程.

4. 方程 $4y''+9y=0$ 的一条积分曲线经过点 $(\pi,-1)$，且在该点与直线 $y+1=x-\pi$ 相切，求这条曲线方程.

5. 求 $x^2y''+xy'=1$ 的过点 $(1,0)$，且在此点与 $y=x-1$ 相切的积分曲线.

第六节　二阶常系数非齐次线性微分方程

方程

$$y''+py'+qy=f(x)$$

称为二阶常系数非齐次线性微分方程，其中 p、q 是常数.

二阶常系数非齐次线性微分方程的通解是对应的齐次方程的通解 $y=Y(x)$ 与非齐次方程本身的一个特解 $y=y^*(x)$ 之和，即

$$y=Y(x)+y^*(x)$$

当 $f(x)$ 为两种特殊形式时，方程的特解的求法如下.

1. $f(x)=P_m(x)e^{\lambda x}$ 型

当 $f(x)=P_m(x)e^{\lambda x}$ 时，可以猜想，方程的特解也应具有这种形式. 因此，设特解形式为 $y^*=Q(x)e^{\lambda x}$，将其代入方程，得等式

$$Q''(x)+(2\lambda+p)Q'(x)+(\lambda^2+p\lambda+q)Q(x)=P_m(x)$$

(1) 如果 λ 不是特征方程 $r^2+pr+q=0$ 的根，则 $\lambda^2+p\lambda+q\neq0$，要使上式成立，$Q(x)$ 应设为 m 次多项式，即

$$Q_m(x)=b_0x^m+b_1x^{m-1}+\cdots+b_{m-1}x+b_m$$

通过比较等式两边同次项系数，可确定 b_0，b_1，…，b_m，并得所求特解为

$$y^*=Q_m(x)e^{\lambda x}$$

(2) 如果 λ 是特征方程 $r^2+pr+q=0$ 的单根，则 $\lambda^2+p\lambda+q=0$，但 $2\lambda+p\neq0$，要使等式成立，$Q(x)$ 应设为 $m+1$ 次多项式，即

$$Q(x)=xQ_m(x)$$

$$Q_m(x)=b_0x^m+b_1x^{m-1}+\cdots+b_{m-1}x+b_m$$

通过比较等式两边同次项系数，可确定 b_0，b_1，…，b_m，并得所求特解为

$$y^*=xQ_m(x)e^{\lambda x}$$

(3) 如果 λ 是特征方程 $r^2+pr+q=0$ 的二重根，则 $\lambda^2+p\lambda+q=0$，$2\lambda+p=0$，要使等式成立，$Q(x)$ 应设为 $m+2$ 次多项式，即

$$Q(x)=x^2Q_m(x)$$

$$Q_m(x)=b_0x^m+b_1x^{m-1}+\cdots+b_{m-1}x+b_m$$

通过比较等式两边同次项系数，可确定 b_0，b_1，…，b_m，并得所求特解为

$$y^* = x^2 Q_m(x) e^{\lambda x}$$

综上所述，得到如下结论：如果 $f(x) = P_m(x)e^{\lambda x}$，则二阶常系数非齐次线性微分方程 $y'' + py' + qy = f(x)$ 有形如

$$y^* = x^k Q_m(x) e^{\lambda x}$$

的特解，其中 $Q_m(x)$ 是与 $P_m(x)$ 同次的多项式，而 k 按 λ 不是特征方程的根、是特征方程的单根或是特征方程的重根依次取为 0、1 或 2.

【例 11-24】 求微分方程 $y'' - 2y' - 3y = 3x + 1$ 的一个特解.

解 所给方程是二阶常系数非齐次线性微分方程，且函数 $f(x)$ 是 $P_m(x)e^{\lambda x}$ 型[其中 $P_m(x) = 3x + 1$，$\lambda = 0$].

与所给方程对应的齐次方程为

$$y'' - 2y' - 3y = 0$$

其特征方程为

$$r^2 - 2r - 3 = 0$$

由于这里 $\lambda = 0$ 不是特征方程的根，所以应设特解为

$$y^* = b_0 x + b_1$$

把它代入所给方程，得

$$-3b_0 x - 2b_0 - 3b_1 = 3x + 1$$

比较两端 x 同次幂的系数，得

$$\begin{cases} -3b_0 = 3 \\ -2b_0 - 3b_1 = 1 \end{cases}，\quad -3b_0 = 3，\quad -2b_0 - 3b_1 = 1$$

由此求得 $b_0 = -1$，$b_1 = \dfrac{1}{3}$，于是求得所给方程的一个特解为

$$y^* = -x + \frac{1}{3}$$

【例 11-25】 求微分方程 $y'' - 5y' + 6y = xe^{2x}$ 的通解.

解 所给方程是二阶常系数非齐次线性微分方程，且 $f(x)$ 是 $P_m(x)e^{\lambda x}$ 型 [其中 $P_m(x) = x$，$\lambda = 2$].

与所给方程对应的齐次方程为

$$y'' - 5y' + 6y = 0$$

其特征方程为

$$r^2 - 5r + 6 = 0$$

特征方程有两个实根即 $r_1 = 2$，$r_2 = 3$，于是所给方程对应的齐次方程的通解为

$$Y = C_1 e^{2x} + C_2 e^{3x}$$

由于 $\lambda = 2$ 是特征方程的单根，所以应设方程的特解为

$$y^* = x(b_0 x + b_1)e^{2x}$$

把它代入所给方程，得

$$-2b_0 x + 2b_0 - b_1 = x$$

比较两端 x 同次幂的系数，得

$$\begin{cases} -2b_0 = 1 \\ 2b_0 - b_1 = 0 \end{cases}，\quad -2b_0 = 1，\quad 2b_0 - b_1 = 0$$

由此求得 $b_0=-\frac{1}{2}$，$b_1=-1$，于是求得所给方程的一个特解为

$$y^*=x\left(-\frac{1}{2}x-1\right)e^{2x}$$

从而所给方程的通解为

$$y=C_1e^{2x}+C_2e^{3x}-\frac{1}{2}(x^2+2x)e^{2x}$$

提示：

$$y^*=x(b_0x+b_1)e^{2x}=(b_0x^2+b_1x)e^{2x}$$

$$[(b_0x^2+b_1x)e^{2x}]'=[(2b_0x+b_1)+(b_0x^2+b_1x)\cdot 2]e^{2x}$$

$$[(b_0x^2+b_1x)e^{2x}]''=[2b_0+2(2b_0x+b_1)\cdot 2+(b_0x^2+b_1x)\cdot 2^2]e^{2x}$$

$$\begin{aligned}&y^{*\prime\prime}-5y^{*\prime}+6y^*\\&=[(b_0x^2+b_1x)e^{2x}]''-5[(b_0x^2+b_1x)e^{2x}]'+6[(b_0x^2+b_1x)e^{2x}]\\&=[2b_0+2(2b_0x+b_1)\cdot 2+(b_0x^2+b_1x)\cdot 2^2]e^{2x}-5[(2b_0x+b_1)+(b_0x^2+b_1x)\cdot 2]e^{2x}\\&\quad+6(b_0x^2+b_1x)e^{2x}\\&=[2b_0+4(2b_0x+b_1)-5(2b_0x+b_1)]e^{2x}\\&=[-2b_0x+2b_0-b_1]e^{2x}\end{aligned}$$

2. 方程 $y''+py'+qy=e^{\lambda x}[P_l(x)\cos\omega x+P_n(x)\sin\omega x]$ 的特解形式

应用欧拉公式可得

$$\begin{aligned}&e^{\lambda x}[P_l(x)\cos\omega x+P_n(x)\sin\omega x]\\&=e^{\lambda x}\left[P_l(x)\frac{e^{i\omega x}+e^{-i\omega x}}{2}+P_n(x)\frac{e^{i\omega x}-e^{-i\omega x}}{2i}\right]\\&=\frac{1}{2}[P_l(x)-iP_n(x)]e^{(\lambda+i\omega)x}+\frac{1}{2}[P_l(x)+iP_n(x)]e^{(\lambda-i\omega)x}\\&=P(x)e^{(\lambda+i\omega)x}+\bar{P}(x)e^{(\lambda-i\omega)x}\end{aligned}$$

其中 $P(x)=\frac{1}{2}(P_l-P_ni)$，$\bar{P}(x)=\frac{1}{2}(P_l+P_ni)$，而 $m=\max\{l,n\}$.

设方程 $y''+py'+qy=P(x)e^{(\lambda+i\omega)x}$ 的特解为 $y_1^*=x^kQ_m(x)e^{(\lambda+i\omega)x}$，则 $\bar{y}_1^*=x^k\bar{Q}_m(x)e^{(\lambda-i\omega)}$ 必是方程 $y''+py'+qy=\bar{P}(x)e^{(\lambda-i\omega)}$ 的特解，其中 k 按 $\lambda\pm i\omega$ 不是特征方程的根或是特征方程的根依次取 0 或 1.

于是方程 $y''+py'+qy=e^{\lambda x}[P_l(x)\cos\omega x+P_n(x)\sin\omega x]$ 的特解为

$$\begin{aligned}y^*&=x^kQ_m(x)e^{(\lambda+i\omega)x}+x^k\bar{Q}_m(x)e^{(\lambda-i\omega)x}\\&=x^ke^{\lambda x}[Q_m(x)(\cos\omega x+i\sin\omega x)+\bar{Q}_m(x)(\cos\omega x-i\sin\omega x)]\\&=x^ke^{\lambda x}[R^{(1)}m(x)\cos\omega x+R^{(2)}m(x)\sin\omega x]\end{aligned}$$

综上所述，得到如下结论：

如果 $f(x)=e^{\lambda x}[P_l(x)\cos\omega x+P_n(x)\sin\omega x]$，则二阶常系数非齐次线性微分方程 $y''+py'+qy=f(x)$ 的特解可设为

$$y^*=x^ke^{\lambda x}[R^{①}m(x)\cos\omega x+R^{②}m(x)\sin\omega x]$$

其中 $R^{①}m(x)$、$R^{②}m(x)$ 是 m 次多项式，$m=\max\{l,n\}$，而 k 按 $\lambda+i\omega$（或 $\lambda-i\omega$）不是特征方程的根或是特征方程的单根依次取 0 或 1.

【例 11-26】 求微分方程 $y''+y=x\cos2x$ 的一个特解.

解 所给方程是二阶常系数非齐次线性微分方程，且 $f(x)$ 属于 $e^{\lambda x}[P_l(x)\cos\omega x+P_n(x)\sin\omega x]$ 型[其中 $\lambda=0$，$\omega=2$，$P_l(x)=x$，$P_n(x)=0$].

与所给方程对应的齐次方程为

$$y''+y=0$$

其特征方程为

$$r^2+1=0$$

由于这里 $\lambda+i\omega=2i$ 不是特征方程的根，所以应设特解为

$$y^*=(ax+b)\cos2x+(cx+d)\sin2x$$

把它代入所给方程，得

$$(-3ax-3b+4c)\cos2x-(3cx+3d+4a)\sin2x=x\cos2x$$

比较两端同类项的系数，得 $a=-\frac{1}{3}$，$b=0$，$c=0$，$d=\frac{4}{9}$，于是求得一个特解为

$$y^*=-\frac{1}{3}x\cos2x+\frac{4}{9}\sin2x$$

提示：

$$\begin{aligned}
y^*&=(ax+b)\cos2x+(cx+d)\sin2x\\
y^{*\prime}&=a\cos2x-2(ax+b)\sin2x+c\sin2x+2(cx+d)\cos2x\\
&=(2cx+a+2d)\cos2x+(-2ax-2b+c)\sin2x\\
y^{*\prime\prime}&=2c\cos2x-2(2cx+a+2d)\sin2x-2a\sin2x+2(-2ax-2b+c)\cos2x\\
&=(-4ax-4b+4c)\cos2x+(-4cx-4a-4d)\sin2x\\
y^{*\prime\prime}+y^*&=(-3ax-3b+4c)\cos2x+(-3cx-4a-3d)\sin2x
\end{aligned}$$

由 $\begin{cases}-3a=1\\-3b+4c=0\\-3c=0\\-4a-3d=0\end{cases}$，得 $a=-\frac{1}{3}$，$b=0$，$c=0$，$d=\frac{4}{9}$.

习题 11-6

1. 填空题（将正确的答案填在横线上）.

(1) 微分方程 $y''+2y'+y=xe^x$ 的特解可设为形如______.

(2) 微分方程 $y''-7y'+6y=\sin x$ 的特解可设为形如______.

(3) 微方程 $y''+y=\cos x$ 的特解可设为形如______.

(4) 微分方程 $y''+3y'+2y=20\cos2x$ 的特解可设为形如______.

(5) 微分方程 $y''+y=4\sin x$ 的特解可设为形如______.

2. 求下列微分方程的通解：

(1) $y''-6y'+9y=e^{3x}$；

(2) $y''-2y'+5y=\cos2x$.

3. 求微分方程 $y''-y=4xe^x$ 满足初始条件 $y|_{x=0}=0$，$y'|_{x=0}=1$ 的特解.

4. 设函数 $y=y(x)$ 满足微分方程 $y''-3y'+2y=xe^{2x}$，它的图形在 $x=0$，$y=0$ 处与直线 $y=x$ 相切，求该函数.

5. 设函数 $\varphi(x)$ 连续，且满足 $\varphi(x)=e^{x}+\int_{0}^{x}t\varphi(t)dt-x\int_{0}^{x}\varphi(t)dt$，求 $\varphi(x)$.

本章小结

基本要求与重点

(1) 了解微分方程及其阶的定义.

(2) 了解微分方程的通解、特解的定义.

(3) 了解初始条件，初值问题的含义.

(4) 掌握各种类型的微分方程的解法.

教学重点

1. 一阶微分方程中的各种解法

(1) 可分离变量的方程的解法；以及可变为可分离变量的微分方程如齐次方程的处理方法.

(2) 一阶线性微分方程的常数变异法，以及可变为一阶线性微分方程的伯努利方程的处理方法.

2. 高阶微分方程

(1) 可降阶的高阶微分方程.

(2) 二阶常系数线性方程的解法.

二阶常系数齐次线性方程 $y''+py'+qy=0$ 的通解：

1) 特征方程有两个不相等的实根 ($\Delta>0$)，特征根为 r_1，r_2 时齐次方程的通解为 $y=C_1e^{r_1x}+C_2e^{r_2x}$；

2) 特征方程有两个相等的实根 ($\Delta=0$) 时，齐次方程的通解为 $y=(C_1+C_2x)e^{r_1x}$；

(3) 特征方程有一对共轭复根 ($\Delta<0$) 时，假设特征根为 $r_1=\alpha+i\beta, r_2=\alpha-i\beta$；则齐次方程的通解为 $y=e^{\alpha x}(C_1\cos\beta x+C_2\sin\beta x)$.

(4) 二阶常系数非齐次线性方程的标准形式：$y''+py'+qy=f(x)$.

根据 $f(x)$ 式子的类型特点设立其方程的特解，再有待定系数法确定其具体特解.

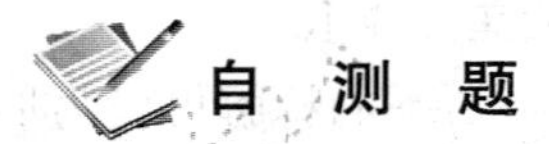

自 测 题

1. 是非题（判断下列结论的正误，正确的在括号里面画√，错误的画×）.

(1) $y'=xye^{x^2}\ln y$ 是可分离变量的微分方程，分离变量后，再将方程两边积分就可以求出通解.（　）

(2) $(x+y)dy-dx=0$ 是一阶线性非齐次微分方程，用常数变易法求解.（　）

(3) $y'=\dfrac{3x^6-2xy^3}{3x^2y^2}$ 是伯努利方程，作代换 $z=y^{-2}$ 后可以求解.（　）

(4) $\left(\ln y-\dfrac{y}{x}\right)dx+\left(\dfrac{x}{y}-\ln x\right)dy=0$ 是齐次微分方程，令 $u=\dfrac{y}{x}$ 后求解.（　）

(5) $\left(x\frac{\mathrm{d}y}{\mathrm{d}x}-y\right)\arctan\frac{y}{x}=x$ 是全微分方程. ( )

2. 单项选择题（以下四个选项中只有一个正确的，把满足条件的选项填在括号里）.

(1) 微分方程 $y''+2y'+y=\mathrm{e}^x$ 是（ ）.

A. 齐次的　　B. 线性齐次的

C. 常系数线性齐次的　　D. 常系数线性非齐次的

(2) 微分方程 $y''+y=0$ 的通解为（ ）.

A. $y=A\sin x$　　B. $y=B\cos x$

C. $y=\sin x+B\cos x$　　D. $y=A\sin x+B\cos x$

(3) 方程 $y''-6y'+9y=x^2\mathrm{e}^{3x}$ 的一个特解的形式是（ ）.

A. $Cx^2\mathrm{e}^{3x}$　　B. $x^2(ax^2+bx+c)\mathrm{e}^{3x}$

C. $x(ax^2+bx+c)\mathrm{e}^{3x}$　　D. $Cx^4\mathrm{e}^{3x}$

(4) 方程 $(y-\ln x)\mathrm{d}x+x\mathrm{d}y=0$ 是（ ）.

A. 可分离变量方程　　B. 齐次方程

C. 一阶线性非齐次方程　　D. 一阶线性齐次方程

(5) 设二阶常系数线性齐次方程 $y''+py'+qy=0$ 的特征方程有两个不相等的实根 r_1、r_2，则它的通解是（ ）.

A. $C_1\cos r_1x+C_2\sin r_2x$　　B. $C_1\mathrm{e}^{r_1x}+C_2x\mathrm{e}^{r_2x}$

C. $C_1\mathrm{e}^{r_1x}+C_2\mathrm{e}^{r_2x}$　　D. $x(C_1\mathrm{e}^{r_1x}+C_2\mathrm{e}^{r_2x})$

(6) $x^*=-\frac{t}{4}\cos 2t$ 是方程 $x''+4x=\sin 2t$ 的一个特解，则它的通解是（ ）.

A. $x=C_1\sin 2t+C_2\cos 2t-\frac{t}{4}\cos 2t$　　B. $x=C_1\sin 2t-\frac{t}{4}\cos 2t$

C. $x=(C_1+C_2t)\mathrm{e}^{2t}-\frac{t}{4}\cos 2t$　　D. $x=C_1\mathrm{e}^{2t}+C_2\mathrm{e}^{2t}-\frac{t}{4}\cos 2t$

3. 设 f_1 和 f_2 为二阶线性微分方程 $y''+P(x)y'+Q(x)y=0$ 的两个非零特解，试证明：由 f_1 和 f_2 能构成此微分方程通解的充要条件是 $f_1f_2'-f_2f_1'\neq 0$.

4. 求 $(1-x^2)y''-xy'=2$ 满足初始条件 $y|_{x=0}=0$，$y'|_{x=0}=1$ 的特解.

5. 设可导函数 $\varphi(x)$ 满足 $(x+1)\int_0^x\varphi'(t)\mathrm{d}t-\int_0^x t\varphi'(t)\mathrm{d}t=\mathrm{e}^x-\varphi(x)$，求 $\varphi(x)$.

6. 求微分方程 $xy(x)=\int_0^x\left[2y(t)+\sqrt{t^2+y^2(t)}\right]\mathrm{d}t$ 满足初始条件 $y(1)=0$ 的特解.

附录Ⅰ 模拟试题1～6

模拟试题1

一、填空题（每题3分，共5题，总15分）.

1. 设由方程 $x+y+z=e^{z}$ 确定 z 是 x、y 的函数，则 $\dfrac{\partial z}{\partial x}=$ ______.

2. 设 $f(x,y,z)=\left(\dfrac{y}{x}\right)^{\frac{1}{z}}$，则 $df(1,1,1)=$ ______.

3. $\iint\limits_{x^2+y^2\leqslant 1}\sqrt{1-x^2-y^2}\,dxdy=$ ______.

4. 若级数 $\sum\limits_{n=1}^{\infty}\left(u_n-\dfrac{n}{n+1}\right)$ 收敛，则 $\lim\limits_{x\to\infty}u_n=$ ______.

5. 微分方程 $(x+y)dx+xdy=0$ 的通解是 ______.

二、单项选择题（每题3分，共5题，总15分）.

1. 下列命题中，正确的是（　　）.

A. 若 (x_0,y_0) 是函数 $z=f(x,y)$ 的驻点，则 $z=f(x,y)$ 必在 (x_0,y_0) 取得极值

B. 若函数 $z=f(x,y)$ 在 (x_0,y_0) 取得极值，则 (x_0,y_0) 必是 $z=f(x,y)$ 的驻点

C. 若函数 $z=f(x,y)$ 在 (x_0,y_0) 处可微，则 (x_0,y_0) 必是 $z=f(x,y)$ 连续点

D. 若函数 $z=f(x,y)$ 在 (x_0,y_0) 处偏导数存在，则 $z=f(x,y)$ 在 (x_0,y_0) 处必连续

2. 设 D 由 $x^2+y^2=1$ 围成，则二重积分 $I=\iint\limits_{D}f(\sqrt{x^2+y^2})d\sigma=$（　　）.

A. $4\int_0^1 dy\int_0^{\sqrt{1-y^2}}f(\sqrt{x^2+y^2})dx$　　B. $4\int_0^{\frac{\pi}{2}}d\theta\int_0^1 rf(1)dr$

C. $4\int_0^{\frac{\pi}{2}}d\theta\int_0^1 f(r)dr$　　D. $\int_0^{\frac{\pi}{2}}d\theta\int_0^1 rf(1)dr$

3. 若 $\sum\limits_{n=1}^{\infty}a_n^2$ 收敛，则 $\sum\limits_{n=1}^{\infty}\dfrac{a_n}{n}$（　　）.

A. 绝对收敛　　B. 条件收敛　　C. 发散　　D. 敛散性不定

4. 方程 $y=x+\int_1^x ydx$ 可化为形如（　　）的微分方程.

A. $y'-y=1$　　B. $y=2e^{x-1}-1$　　C. $\begin{cases}y'-y=1\\y(0)=0\end{cases}$　　D. $\begin{cases}y'-y=1\\y(1)=1\end{cases}$

5. 微分方程 $y''-2y'+y=0$ 的解是（　　）.

A. $=x^2e^x$　　B. $y=e^x$　　C. $y=x^3e^x$　　D. $y=e^{-x}$

三、计算题（每题6分，共8题，总48分）.

1. 设 $z=\ln\tan\dfrac{x}{y}$，求 $\dfrac{\partial z}{\partial x},\dfrac{\partial z}{\partial y}$.

2. 交换积分次序，求 $I=\int_0^1 \mathrm{d}y\int_{\sqrt{y}-1}^{1} \mathrm{e}^{y/x}\mathrm{d}x$.

3. 求 $I=\iint\limits_D |x^2+y^2-1|\mathrm{d}\sigma$，其中 $D: x^2+y^2\leqslant 4$.

4. 判定级数 $\sum\limits_{n=1}^{\infty}\dfrac{2^n}{n\cdot 3^n}$ 的敛散性.

5. 求微分方程 $\dfrac{\mathrm{d}y}{\mathrm{d}x}+y\cot x=5\mathrm{e}^{\cos x}$ 满足 $y\left(\dfrac{\pi}{2}\right)=4$ 的特解.

6. 设 $z=f(x,xy)$，其中 f 具有二阶连续偏导数，求 $\dfrac{\partial^2 z}{\partial x\partial y}$.

7. 求级数 $\sum\limits_{n=1}^{\infty}nx^n$ 的收敛域及和函数.

8. 求微分方程 $y''-y=4x\mathrm{e}^x$ 的通解.

四、应用题（每题 8 分，共 2 题，总 16 分）.

1. 假设某产品的销售量 $x(t)$ 是时间 t 的可导函数，如果商品的销售量对时间的增长速率 $\dfrac{\mathrm{d}x}{\mathrm{d}t}$ 与销售量 $x(t)$ 及销售量接近于饱和水平的程度 $N-x(t)$ 之积成正比（N 为饱和水平，比例常数 $k>0$），当 $t=0$ 时，求销售量 $x(t)$.

2. 设某工厂生产 A 和 B 两种产品，它们的销售单位（每 120 件）价格分别是 16 万元和 20 万元，总成本是两种产品的产量 x 和 y 的函数，即 x^2+y^2+8xy 万元，问需要生产多少 A 和 B 才能使利润最大?

五、证明题（本题 6 分）.

设 $\dfrac{a_{n+1}}{a_n}\leqslant\dfrac{b_{n+1}}{b_n}(n=1,2,\cdots;a_n>0,b_n>0)$，证明若 $\sum\limits_{n=1}^{\infty}b_n$ 收敛，则 $\sum\limits_{n=1}^{\infty}a_n$ 收敛.

模 拟 试 题 2

一、单项选择题（每题 3 分，共 5 题，总 15 分）.

1. 二元函数 $z=f(x,y)$ 在点 (x_0,y_0) 的偏导数存在，是在该点可微的（　　）.

A. 充分条件　　B. 必要条件　　C. 充要条件　　D. 无关条件

2. 设 D 是圆域 $x^2+y^2\leqslant a^2,(a>0)D_1$ 是 D 在第一象限部分区域，则 $\iint\limits_D(x+y+1)\mathrm{d}\sigma=$（　　）.

A. $4\iint\limits_{D_1}(x+y+1)\mathrm{d}\sigma$　　B. $\iint\limits_{D_1}(x+y+1)\mathrm{d}\sigma$　　C. πa^2　　D. 0

3. 下列级数中发散的级数是（　　）.

A. $\sum\limits_{n=1}^{\infty}\dfrac{1}{n(n+1)}$　　B. $\sum\limits_{n=1}^{\infty}\dfrac{(-1)^n}{n}$　　C. $\sum\limits_{n=1}^{\infty}\dfrac{1}{\sqrt{n}}$　　D. $\sum\limits_{n=1}^{\infty}\dfrac{1}{2^n}$

4. 微分方程 $y''-y=\mathrm{e}^x+1$ 的一个特解应有形式（式中 a、b 为常数）（　　）.

A. $a\mathrm{e}^x+b$　　B. $ax\mathrm{e}^x+bx$　　C. $a\mathrm{e}^x+bx$　　D. $ax\mathrm{e}^x+b$

5. 函数 $z=xy$ 在（0，0）点处一定为（　　）.

A. 极大值　　B. 极小值　　C. 无法确定　　D. 不取得极值

二、填空题（每题 3 分，共 5 题，总 15 分）.

1. $z=e^{xy}$ 在点（2，1）处的全微分 $dz=$______.

2. $\iint\limits_D \sqrt{a^2-x^2-y^2}d\sigma=$______，其中 $D:x^2+y^2\leqslant a^2$.

3. 若级数 $\sum\limits_{n=1}^{\infty}\left(u_n-\dfrac{2n}{n+1}\right)$ 收敛，则 $\lim\limits_{x\to\infty}u_n=$______.

4. 幂级数 $\sum\limits_{n=1}^{\infty}\dfrac{x^n}{n\cdot 2^n}$ 的收敛域是______.

5. 若二阶线性非齐次微分方程的两个解为 $3+x^2, e^{-x}+3+x^2$，且相应齐次方程的一个解为 x，则该非齐次方程的通解为______.

三、计算题（每题 7 分，共 7 题，总 49 分）.

1. 求过点（3，1，−2），且通过直线 $\dfrac{x-4}{5}=\dfrac{y+3}{2}=\dfrac{z}{1}$ 的平面方程.

2. 设 $z=f(xy,x^2+y^2)$，其中 f 具有二阶连续偏导数，求 $\dfrac{\partial^2 z}{\partial x\partial y}$.

3. 交换积分次序，求 $\int_0^1 dx\int_{x^2}^1\dfrac{xy}{\sqrt{1+y^3}}dy$.

4. 求级数 $\sum\limits_{n=1}^{\infty}nx^{n-1}(-1<x<1)$ 的和函数.

5. 求微分方程 $\dfrac{dy}{dx}-y\tan x=\sec x$ 满足 $y(0)=0$ 的特解.

6. 求微分方程 $4y''+4y'+y=0$，$y|_{x=0}=2, y'|_{x=0}=0$ 的特解.

7. 抛物面 $z=x^2+y^2$ 与平面 $x+y+z-4=0$ 的交线是一个椭圆，求此椭圆上的点到原点距离的最大值与最小值.

四、应用题（每题 8 分，共 2 题，总 16 分）.

1. 求由曲面 $z=x^2+2y^2$ 及 $z=6-2x^2-y^2$ 所围成的立体体积.

2. 欲造一无盖的长方体容器，已知底部造价为 3 元/m²，侧面造价为 1 元/m²，现想用 36 元造一个容积为最大容器，求它的尺寸.

五、证明题（本题 5 分）.

设 $f(x)$ 在 $x=0$ 的某一邻域内具有二阶连续导数，且 $\lim\limits_{x\to 0}\dfrac{f(x)}{x}=0$，证明级数 $\sum\limits_{n=1}^{\infty}f\left(\dfrac{1}{n}\right)$ 绝对收敛.

模拟试题 3

一、单项选择题（每题 3 分，共 8 题，总 24 分）.

1. 级数 $\sum\limits_{n=1}^{\infty}\dfrac{x^n}{n^2}$ 的收敛区间是（　　）.

A. [−1，1]　　B. [−1，1)　　C. (−1，1)　　D. (−1，1]

2. 下列级数绝对收敛的有（　　）.

A. $\sum\limits_{n=1}^{\infty}\dfrac{(-1)^{n-1}}{\sqrt{n}}$　　B. $\sum\limits_{n=1}^{\infty}\dfrac{(-1)^{n-1}2^n}{5^n}$

C. $\sum_{n=1}^{\infty}\frac{(-1)^{n-1}(n+1)}{2n-1}$　　D. $\sum_{n=1}^{\infty}\frac{(-1)^{n-1}n}{\sqrt{2n^3-1}}$

3. 设 D 是由 $0\leqslant x\leqslant 1, 0\leqslant y\leqslant \pi$ 所确定的闭区域，则 $\iint\limits_{D} y\cos(xy)\mathrm{d}x\mathrm{d}y=$（　　）.

A. 2　　B. 2π　　C. $\pi+1$　　D. 0

4. $\int_0^2 \mathrm{d}x\int_x^{\sqrt{2x}} f(x,y)\mathrm{d}y=$（　　）.

A. $\int_0^2 \mathrm{d}y\int_x^{\sqrt{2x}} f(x,y)\mathrm{d}x$　　B. $\int_0^2 \mathrm{d}y\int_{\frac{y^2}{2}}^{y} f(x,y)\mathrm{d}x$

C. $\int_0^2 \mathrm{d}y\int_0^{y} f(x,y)\mathrm{d}x$　　D. $\int_2^0 \mathrm{d}y\int_{\frac{y^2}{2}}^{y} f(x,y)\mathrm{d}x$

5. 点（　　）是二元函数 $z=3xy-x^3-y^3$ 的极值点.

A. (0，0)　　B. (0，1)　　C. (1，1)　　D. (1，0)

6. 已知 $z=F(x^2-y^2)$，且 F 具有导数，则 $\frac{\partial z}{\partial x}+\frac{\partial z}{\partial y}=$（　　）.

A. $2x-2y$　　B. $(2x-2y)F(x^2-y^2)$

C. $(2x-2y)F'(x^2-y^2)$　　D. $(2x+2y)F'(x^2-y^2)$

7. 微分方程 $\frac{\mathrm{d}^2y}{\mathrm{d}x^2}=x^2$ 的解是（　　）.

A. $y=\frac{1}{x}$　　B. $y=\frac{x^3}{3}+c$

C. $y=\frac{y^4}{12}+c$　　D. $y=\frac{x^4}{6}$

8. 直线 $\frac{x-3}{1}=\frac{y}{-1}=\frac{z+1}{2}$ 与平面 $x-y-z+1=0$ 的关系是（　　）.

A. 垂直　　B. 平行　　C. 相交但不垂直　　D. 直线在平面上

二、填空题（每空2分，共12空，总24分）.

1. 设 $\vec{a}=-i+j, \vec{b}=2i+j-2k$，则 $\vec{a}\cdot\vec{b}=$______；$\vec{a}\times\vec{b}=$______.

2. 设直线 $\frac{x-1}{m}=\frac{y+2}{2}=\lambda(z-1)$ 与平面 $-3x+6y+3z+25=0$ 垂直，则 $m=$______，$\lambda=$______.

3. 若 $f(x,y)=\sqrt{xy+\frac{x}{y}}$，则 $f_x(2,1)=$______，$f_y(2,1)=$______.

4. 设 $z=\mathrm{e}^{y(x^2+y^2)}$，则 $\frac{\partial z}{\partial x}=$______，$\frac{\partial z}{\partial y}=$______.

5. 设 $D=\{(x,y)\mid 0\leqslant x\leqslant 1, 0\leqslant y\leqslant 1\}$，则 $\iint\limits_{D} x^2y\mathrm{d}x\mathrm{d}y=$______.

6. 交换积分次序：$\int_0^1 \mathrm{d}y\int_y^1 \mathrm{e}^{x^2}\mathrm{d}x=$______.

7. $\lim\limits_{n\to 0} u_n\neq 0$ 是级数 $\sum_{n=1}^{\infty}u_n$ 发散的______条件.

8. $y''+y=0$ 的解是______.

三、计算题（共 52 分）.

1. 求过点（6，−10，1），且在 x 轴和 y 轴上的截距分别为−3 和 2 的平面方程（8 分）.
2. 设 $x-az=f(y-bz)$，求证 $a\dfrac{\partial z}{\partial x}+b\dfrac{\partial z}{\partial y}=1$（8 分）.
3. $\iint\limits_D xy^2\mathrm{d}x\mathrm{d}y$，其中 D 是由 $0\leqslant x\leqslant\sqrt{4-y^2}$ 所确定的闭区域（10 分）.
4. 将 $y=\sin x$ 展开成幂级数（8 分）.
5. 求微分方程 $y''+2y'+5y=\sin 2x$ 的通解（9 分）.
6. 求函数 $f(x,y)=x+2y$ 在条件 $x^2+y^2=5$ 下的极值（9 分）.

模 拟 试 题 4

一、是非题（下列结论正确的在括号里面划√，错误的划×，每题 4 分，共 5 题，总 20分）.

1. 二元函数 $f(x,y)=x^2+y^2-2x-y$ 的驻点是(2，1).　　（　　）
2. 空间柱面 $x^2+z=0$ 的母线平行于 z 轴.　　（　　）
3. 设 D 是由 $y=1,x-y=0,x=0$ 所围成的闭区域，则 $\iint\limits_D \mathrm{d}x\mathrm{d}y=1$.　　（　　）
4. 级数 $\sum\limits_{n=1}^{\infty}\dfrac{1}{\sqrt{n}}$ 发散.　　（　　）
5. 微分方程 $y'+x^2y=x-1$ 是一阶线性微分方程.　　（　　）

二、单项选择题（每题 4 分，共 5 题，总 20 分）.

1. 若向量 $\vec{a},\vec{b},\vec{c}$ 两两垂直，且 $|\vec{a}|=1,|\vec{b}|=2,|\vec{c}|=3$，则 $|\vec{a}+\vec{b}+\vec{c}|=$（　　）.

A. 7　　B. $\sqrt{7}$　　C. 14　　D. $\sqrt{14}$

2. 极限 $\lim\limits_{(x,y)\to(0,3)}\dfrac{\sin xy}{x}=$（　　）.

A. 0　　B. 1　　C. 2　　D. 3

3. 函数 $z=x^2\mathrm{e}^y$，则 $z''_{xx}\Big|_{(1,0)}=$（　　）.

A. 0　　B. 1　　C. 2　　D. 3

4. $\iint\limits_D x^2y\mathrm{d}\sigma=$（　　），其中 $D=\{(x,y)\mid 0\leqslant x\leqslant 1,0\leqslant y\leqslant 1\}$.

A. 1　　B. $\dfrac{1}{2}$　　C. $\dfrac{1}{3}$　　D. $\dfrac{1}{6}$

5. $\sum\limits_{n=1}^{\infty}u_n$ 收敛，则 $\lim\limits_{n\to\infty}u_n=$（　　）.

A. 0　　B. 1　　C. 2　　D. 无法确定

三、填空题（每题 4 分，共 5 题，总 20 分）.

1. 过 (1,2,3),(−1,0,1) 点的直线方程是________.
2. 函数 $f(x,y)=\dfrac{x^2+y^2}{xy}$，则 $f\left(\dfrac{x}{y},1\right)=$ ________.

3. 设 $z = e^{-y}\sin 2x$，则 $dz =$ ________.

4. 二次积分 $\int_0^1 dx\int_0^x f(x^2+y^2)dy$ 在极坐标下的二次积分为________.

5. 以 $y = c_1e^{2x} + c_2e^x$ 为通解的二阶常系数齐次线性微分方程是________.

四、计算题（每题 10 分，共 4 题，总 40 分）.

1. 求通过 x 轴和点 $(4,-3,-1)$ 的平面方程.

2. 设 $z = u^2\ln v$，$u = \dfrac{x}{y}, v = 3x-2y$，求 $\dfrac{\partial z}{\partial x} + \dfrac{\partial z}{\partial y}$.

3. 判断级数 $\sum\limits_{n=1}^{\infty}\dfrac{2^n}{n!}$ 的敛散性.

4. 计算 $\iint\limits_D xy\,d\sigma$，其中 D 是由抛物线 $y^2 = x$ 及直线 $y = x-2$ 所围成的在第一象限的闭区域.

模 拟 试 题 5

一、是非题（下列结论正确的在括号里面划√，错误的划×，每题 4 分，共 5 题，总 20 分）.

1. 函数 $z = \ln(x+y)$ 的定义域为 $\{(x,y)\mid x+y\geqslant 0\}$. (　　)

2. 若 α,β,γ 为空间向量的三个方向角，则 $\cos^2\alpha+\cos^2\beta+\cos^2\gamma = 1$. (　　)

3. 设 D 是由 $x=1, x-y=0, y=0$ 所围成的闭区域，则 $\iint\limits_D dxdy = 1$. (　　)

4. 级数 $\sum\limits_{n=1}^{\infty}\left(\dfrac{1}{n}+\dfrac{1}{3^n}\right)$ 发散. (　　)

5. 微分方程 $(y')^3 + x^2y = x-1$ 是三阶微分方程. (　　)

二、单项选择题（每题 4 分，共 5 题，总 20 分）.

1. 已知 $\vec{a}, \vec{b}, \vec{c}$ 为单位向量，且满足 $\vec{a}+\vec{b}+\vec{c} = 0$，则 $\vec{a}\cdot\vec{b}+\vec{b}\cdot\vec{c}+\vec{c}\cdot\vec{a} =$ (　　).

A. $-\dfrac{3}{2}$　　B. $\dfrac{3}{2}$　　C. 2　　D. 4

2. 极限 $\lim\limits_{(x,y)\to(0,0)}\dfrac{\sqrt{xy+1}-1}{xy} =$ (　　).

A. 0　　B. 1　　C. $\dfrac{1}{2}$　　D. 2

3. 函数 $z = x^2e^y$，则 $z''_{xy}\Big|_{(1,0)} =$ (　　).

A. 0　　B. 1　　C. 2　　D. 3

4. $\iint\limits_D\sqrt{1-x^2-y^2}\,d\sigma =$ (　　)，其中 $D = \{(x,y)\mid x^2+y^2\leqslant 1\}$.

A. π　　B. $\dfrac{\pi}{2}$　　C. $\dfrac{2\pi}{3}$　　D. $\dfrac{4\pi}{3}$

5. 若级数 $\sum_{n=1}^{\infty} u_n$ 收敛，则 $\lim_{n\to\infty} u_n = ($　　$)$.

A. 0　　B. 1　　C. 2　　D. 无法确定

三、填空题（每题4分，共5题，总20分）.

1. 过点（1，2，1）且与直线 $\frac{x-1}{2}=\frac{y}{-1}=\frac{2z-1}{1}$ 垂直的平面方程是________.

2. 函数 $f(x,y)=\ln(y-x^2)$ 的定义域为________.

3. 设 $z=e^{2y}\sin x$，则 $dz=$ ________.

4. 二次积分 $\int_0^1 dx\int_0^x f(x,y)dy$ 在极坐标下的二次积分为________.

5. 二阶常系数齐次线性微分方程 $y''-3y'+2y=0$ 的通解为________.

四、计算题（每题10分，共4题，总40分）.

1. 已知空间点 $A(1,-1,2)$，$B(5,-6,2)$，$C(1,3,-1)$，求 ΔABC 的面积、从顶点 A 到 BC 边的高的长度.

2. 判断级数 $\sum_{n=1}^{\infty} \frac{n!}{n\cdot 10^n}$ 的敛散性.

3. 由方程 $x^2e^z=xy+yz$ 决定函数 $z=f(x,y)$，求 $\frac{\partial z}{\partial x}+\frac{\partial z}{\partial y}$.

4. 求二重积分 $\iint_D \left(1-\frac{x}{4}-\frac{y}{3}\right)d\sigma$，其中积分区域 D：$-2\leqslant x\leqslant 2$，$-1\leqslant y\leqslant 1$.

模 拟 试 题 6

一、是非题（下列结论正确的在括号里面划√，错误的划×，每题4分，共5题，总20分）.

1. $f(x,y)=\frac{xy}{1-x^2-y^2}$ 的定义域为 $\{(x,y)\,|\,x^2+y^2\neq 1\}$.　（　　）

2. 空间旋转曲面 $2x^2+y+2z^2=1$ 的旋转轴为 y 轴.　（　　）

3. 设 D 是由 $0\leqslant x\leqslant 1$，$0\leqslant y\leqslant 1$ 所围成的闭区域，则 $\iint_D dxdy=1$.　（　　）

4. 级数 $\sum_{n=1}^{\infty}\frac{1}{\sqrt{n^3}}$ 发散.　（　　）

5. 微分方程 $y'''-xy''+2y=0$ 的通解中有3个任意常数.　（　　）

二、单项选择题（每题4分，共5题，总20分）.

1. 向量 $\vec{a}=(1,2,3)$，$\vec{b}=(-1,0,1)$，则 $\vec{a}+2\vec{b}=($　　$)$.

A.（0，2，4）　B.（−1，2，5）　C.（1，3，6）　D.（2，3，−1）

2. 极限 $\lim_{(x,y)\to(0,0)}\frac{xy}{x^2+y^2}=($　　$)$.

A. 0　　B. 1　　C. 2　　D. 不存在

3. 函数 $z=x^2e^y$，则 $z''_{yy}\Big|_{(1,0)}=($　　$)$.

A. 0　　B. 1　　C. 2　　D. 3

4. $\iint\limits_{D} xy\mathrm{d}\sigma=$（ ），其中 $D=\{(x,y)\,|\,0\leqslant x\leqslant 1,0\leqslant y\leqslant 1\}$.

A. 1 B. $\frac{1}{2}$ C. $\frac{1}{3}$ D. $\frac{1}{4}$

5. 级数 $\sum\limits_{n=1}^{\infty}\frac{x^n}{2^n}$ 的收敛区间为（ ）.

A. （−1，1） B. （−2，2） C. $\left(-\frac{1}{2},\ \frac{1}{2}\right)$ D. $\left(-\frac{1}{3},\ \frac{1}{3}\right)$

三、填空题（每题 4 分，共 5 题，总 20 分）.

1. 过点（1，2，1）且与平面 $x+2y-z=1$ 平行的平面方程是________.
2. 函数 $f(x,y)=x^2+\mathrm{e}^y$ ，则 $f(1,0)=$ ________.
3. 设 $z=\mathrm{e}^{3x}\ln y$ ，则 $\mathrm{d}z=$ ________.
4. 二次积分 $\int_0^1\mathrm{d}x\int_x^1 f(\sqrt{x^2+y^2})\mathrm{d}y$ 在极坐标下的二次积分为________.
5. 二阶常系数线性齐次微分方程 $y''-3y'=0$ 的通解为________.

四、计算题（每题 10 分，共 4 题，总 40 分）.

1. 求抛物面 $z=4-x^2-2y^2$ 在点 $M_0(1,1,1)$ 处的切平面方程.
2. 设 $z=\mathrm{e}^u\ln v$, $u=x^2y,v=2x-3y$ ，求 $\frac{\partial z}{\partial x},\frac{\partial z}{\partial y}$.
3. 判断级数 $\sum\limits_{n=1}^{\infty}\frac{n!}{3^n n^n}$ 的敛散性.
4. 计算二重积分 $\iint\limits_{D} x\mathrm{d}\sigma$, 其中积分区域 D 是由 $y=\ln x,x=\mathrm{e}$ 及 x 轴所围成的区域.

附录Ⅱ 试 题 1～3

《高等数学》（B，下）试题1

一、是非题（每题2分，共5题，总10分）.

1. 对于二元函数来说，函数在某点可微与函数在该点的偏导存在等价. （ ）

2. 最值点必是极值点. （ ）

3. 函数 z 的两个混合偏导数 $\dfrac{\partial^2 z}{\partial x\partial y},\dfrac{\partial^2 z}{\partial y\partial x}$ 未必相等. （ ）

4. 设 D 是由 $|x+y|=1,|x-y|=1$ 所围成的闭区域，则 $\iint\limits_D \mathrm{d}x\mathrm{d}y=4$. （ ）

5. $\int_0^1\mathrm{d}x\int_0^x f(x,y)\mathrm{d}y+\int_1^2\mathrm{d}x\int_0^{2-x}f(x,y)\mathrm{d}y=\int_0^1\mathrm{d}y\int_y^{2-y}f(x,y)\mathrm{d}x$. （ ）

二、填空题（每题3分，共10题，总30分）.

1. 若 $f(x)$ 是连续函数，则 $\left[\int f(x)\mathrm{d}x\right]'=$______.

2. 函数 $f(x)=\ln(x+y)$ 的定义域为______.

3. $\lim\limits_{\substack{x\to 0\\ y\to 0}}\dfrac{xy}{1+x^2+y^2}=$______.

4. $f(x,y)=x^2+y$，则 $f(1,-y)=$______.

5. $(\int_0^x\sin^2 t\mathrm{d}t)'=\sin^2 x=$______.

6. 设函数 $z=xy^2+\mathrm{e}^x$，则 $\dfrac{\partial z}{\partial x}=$______.

7. $\int x\mathrm{e}^x\mathrm{d}x=$______.

8. 交换二次积分的积分次序：$\int_0^1\mathrm{d}y\int_{y^2}^{y}f(x,y)\mathrm{d}x=$______.

9. $\int_{-1}^1\dfrac{x}{\sqrt{1+x^2}}\mathrm{d}x=$______.

10. $z=x^2y$，则 $\mathrm{d}z=$______.

三、计算题（每题5分，共10题，总50分）.

1. 计算 $\int\sqrt{1-2x}\mathrm{d}x$

2. 计算 $\int_{-\frac{1}{2}}^{\frac{1}{2}}\dfrac{x^2}{\sqrt{1-x^2}}\mathrm{d}x$.

3. 计算 $\int_0^4\dfrac{1}{1+\sqrt{x}}\mathrm{d}x$.

4. 计算 $\int x\sin x\mathrm{d}x$.

5. 求由曲线 $y^2=x$ 与 $y=x^2$ 所围成图形的面积.

6. 计算广义积分 $\int_0^{+\infty} x\mathrm{e}^{-x^2}\mathrm{d}x$.

7. 设函数 $z=z(x,y)$ 由方程 $z^2y-xz^3=1$ 确定，求 $\dfrac{\partial z}{\partial x}$.

8. 设 $z=\sqrt{x^2-y^2}$，证明 $\dfrac{\partial^2 z}{\partial x^2}-\dfrac{\partial^2 z}{\partial y^2}=\dfrac{1}{z}$.

9. 设 $z=u^2\ln v, u=\dfrac{x}{y}, v=3x-2y$，求 $\dfrac{\partial z}{\partial x},\dfrac{\partial z}{\partial y}$.

10. 计算二重积分 $\iint\limits_D \dfrac{y}{x}\mathrm{d}x\mathrm{d}y$，其中 D 由 $2x=y, x=y, x=2, x=4$ 围成.

四、要做一个容积为 $32\mathrm{cm}^2$ 的无盖长方体箱子，问长、宽、高各为多少时，才能使所用材料最省（本题 10 分）？

《高等数学》(B，下）试题 2

一、是非题（每题 2 分，共 5 题，总 10 分）.

1. 对于二元函数来说，函数在某点可微可以推出函数在该点连续.（　　）

2. 对于二元函数来说，函数在某点可微与函数在该点的偏导存在等价.（　　）

3. 最值点必是极值点.（　　）

4. 设曲面 $z=f(x,y)$ 与平面 $y=y_0$ 的交线在点 $[x_0,y_0,f(x_0,y_0)]$ 处的切线与 x 轴正向所成的角为 $\dfrac{\pi}{6}$，则 $f_x(x_0,y_0)=\mathrm{tg}\dfrac{\pi}{6}=\dfrac{\sqrt{3}}{3}$.（　　）

5. 设 D 是由 $x+y=1, x-y=1$ 及 $x=0$ 所围成的闭区域，则 $\iint\limits_D \mathrm{d}x\mathrm{d}y=1$.（　　）

二、单项选择题（每题 3 分，共 4 题，总 12 分）.

1. 下列关系式中错误的是（　　）.

A. $\mathrm{d}\int f(x)\mathrm{d}x=f(x)\mathrm{d}x$　　B. $\left[\int_a^b f(x)\mathrm{d}x\right]'=0$

C. $\left[\int_a^b f(x)\mathrm{d}x\right]'=f(b)-f(a)$　　D. $\dfrac{\mathrm{d}}{\mathrm{d}x}\int f(x)\mathrm{d}x=f(x)$

2. 设 D 由 $x^2+y^2=1$ 围成，则二重积分 $I=\iint\limits_D f(\sqrt{x^2+y^2})\mathrm{d}\sigma=$（　　）.

A. $4\int_0^1\mathrm{d}y\int_0^{\sqrt{1-y^2}} f(\sqrt{x^2+y^2})\mathrm{d}x$　　B. $4\int_0^{\frac{\pi}{2}}\mathrm{d}\theta\int_0^1 rf(1)\mathrm{d}r$

C. $4\int_0^{\frac{\pi}{2}}\mathrm{d}\theta\int_0^1 f(r)\mathrm{d}r$　　D. $\int_0^{\frac{\pi}{2}}\mathrm{d}\theta\int_0^1 rf(1)\mathrm{d}r$

3. 若函数 $f(x,y)$ 连续，则 $\int_a^b f(x)\mathrm{d}x-\int_a^b f(u)\mathrm{d}u=$（　　）.

A. 0　　B. 1　　C. -1　　D. 不确定

4. $\dfrac{\mathrm{d}}{\mathrm{d}x}\int_0^{x^2}\sqrt{1+t}\mathrm{d}t=$（　　）.

A. $2x\sqrt{1+x^2}$　　B. $\sqrt{1+x}$

C. $\sqrt{1+x^2}$　　D. $x^2\mathrm{e}^{x^2}$

三、填空题（每题3分，共10题，总30分）.

1. $\int_{-1}^{1}\frac{\sin x}{\sqrt{1+x^2}}\mathrm{d}x=$______.

2. 过点 $A(1,-2,0)$ 和 $B(-2,1,1)$ 的直线方程为______.

3. 设 $z=x^2\cos y$，则 $\frac{\partial z}{\partial x}=$______.

4. 由直线 $y=x$ 与抛物线 $y=x^2$ 围成图形的面积为______.

5. 过点 $P(1,2,1)$，且与平面 $x-2y+z-6=0$ 平行的平面方程为______.

6. 向量 $\vec{a}=(1,k,1)$ 与向量 $\vec{b}=(2,3,2)$ 平行，则 $k=$______.

7. 向量 $\vec{a}=(1,1,2)$，向量 $\vec{b}=(2,1,1)$，则 $\vec{a}\times\vec{b}=$______.

8. 设 $z=\mathrm{e}^x y$，而 $x=\cos t, y=\sin t$，则 $\frac{\mathrm{d}z}{\mathrm{d}t}=$______.

9. 曲面 $x^2+y^2-z^2=27$ 在点 $M(0,1,1)$ 处的切平面方程为______.

10、$\iint\limits_D xy\,\mathrm{d}x\mathrm{d}y=$______，其中 D 是由 $0\leqslant x\leqslant 1, 1\leqslant y\leqslant 2$ 围成的区域.

四、计算题（每题6分，共5题，总30分）.

1. 求 $\int_0^1 x\mathrm{e}^x\mathrm{d}x$.

2. 求 $\int_0^4\frac{2}{1+\sqrt{x}}\mathrm{d}x$.

3. 设 $z=f(x,y)$ 由方程 $\mathrm{e}^z y-xz^2=2$ 所确定，求 $\frac{\partial z}{\partial x}$、$\frac{\partial z}{\partial y}$.

4. 设 $z=\mathrm{e}^u\sin v$，$u=x^2y, v=x+2y$，求 $\frac{\partial z}{\partial x}$.

5. 设函数 $z=y^2\cos(x+y)$，求 $\mathrm{d}z$.

五、综合题（共15分）.

1. 求函数 $z=(x-1)^2+(y-4)^2$ 的极值（7分）.

2. 计算 $\iint\limits_D xy\,\mathrm{d}\sigma$，其中 D 是由直线 $y=1, x=2, y=x$ 所围成的闭区域（8分）.

《高等数学》（B，下）试题3

一、是非题（每题2分，共5题，总10分）.

1. 对于二元函数来说，函数在某点的偏导数存在可以推出函数在该点连续.（　　）

2. 函数在某点取得极值且两个偏导数存在，则两个偏导数为零.（　　）

3. $z=f(x,y)$ 的两个混合偏导数 $\frac{\partial^2 z}{\partial x\partial y}$、$\frac{\partial^2 z}{\partial y\partial x}$ 未必相等.（　　）

4. 设 D 是由 $xy=1$ 及 $x+y=3$ 所围成的闭区域，则 $\iint\limits_D \mathrm{d}x\mathrm{d}y=\frac{3}{2}-2\ln 2$.（　　）

5. $\int_0^2\mathrm{d}x\int_x^{\sqrt{2x}}f(x,y)\mathrm{d}y=\int_0^2\mathrm{d}y\int_{\frac{y^2}{2}}^{y}f(x,y)\mathrm{d}x$.（　　）

二、单项选择题（每题3分，共5题，总15分）.

1. 函数 $f(x)=\mathrm{e}^x$ 在 $(-\infty,+\infty)$ 内（　　）.

A. 单调递增　　B. 单调递减　　C. 不单调　　D. 不连续

2. 设函数 $f(x)$ 在 $[a,b]$ 上连续，在 (a,b) 内可导，$f(a)=f(b)$，则曲线 $f(x)$ 在 (a,b) 内至少存在一点 ξ，使得 $f'(\xi)=($　　$)$.

A. 0　　B. 1　　C. 2　　D. 不存在

3. $\int_0^{+\infty}\frac{\mathrm{d}x}{1+x^2}=($　　$)$.

A. 0　　B. $\frac{\pi}{4}$　　C. $\frac{\pi}{2}$　　D. π

4. $\int_0^2\mathrm{d}x\int_x^{\sqrt{2x}}f(x,y)\mathrm{d}y=($　　$)$.

A. $\int_0^2\mathrm{d}y\int_x^{\sqrt{2x}}f(x,y)\mathrm{d}x$　　B. $\int_0^2\mathrm{d}y\int_{\frac{y^2}{2}}^{y}f(x,y)\mathrm{d}x$

C. $\int_0^2\mathrm{d}y\int_0^{y}f(x,y)\mathrm{d}x$　　D. $\int_2^0\mathrm{d}y\int_{\frac{y^2}{2}}^{y}f(x,y)\mathrm{d}x$

5. $\int_{-1}^1\frac{x\sin^2x}{\sqrt{1+x^2}}\mathrm{d}x=($　　$)$.

A. 0　　B. 1　　C. -1　　D. 2

三、填空题（每题 3 分，共 5 题，总 15 分）.

1. 曲线 $y=x^3-3x^2-x$ 的拐点坐标是______.

2. 设函数 $y=xy^2+\mathrm{e}^x$，则 $\frac{\mathrm{d}y}{\mathrm{d}x}$______.

3. $\frac{\mathrm{d}}{\mathrm{d}x}\int_{x^2}^1\sin t^2\mathrm{d}t=$______.

4. 设 $z=xz^2+\mathrm{e}^x$，则 $\frac{\partial z}{\partial x}$______.

5. 由曲线 $y=f(x)[f(x)\geqslant 0]$，$x=a$，$x=b$，$y=0$ 所围成图形绕 x 轴一周所得旋转体的体积为______.

四、计算题（每题 6 分，共 5 题，总 30 分）.

1. 计算 $\lim\limits_{x\to 0}\sqrt{x}\ln x$.　　2. 计算 $\int_0^4\frac{1}{1+\sqrt{x}}\mathrm{d}x$.

3. 计算 $\int x\sin x\mathrm{d}x$.

4. 求由曲线 $y^2=x$，与 $y=x^2$ 所围成图形的面积.

5. 设函数 $z=z(x,y)$ 由方程 $z^2y-xz^3=1$ 确定，求 $\frac{\partial z}{\partial x}$.

五、应用题（共 15 分）.

1. 计算二重积分 $\iint\limits_D 3x^2y^2\mathrm{d}x\mathrm{d}y$，其中 D 是由 x、y 轴和抛物线 $y=1-x^2$ 所围成的在第一象限内的闭区域（7 分）.

2. 欲做一个容积为 $300\mathrm{m}^3$ 的无盖圆柱形蓄水池，已知池底造价为周围单位造价的两倍，问蓄水池应怎样设计才能使总造价最低（8 分）？

《高等数学》（A，下）试题 1

一、是非题（下列结论正确的在括号里面划√，错误的划×，本大题共 5 个小题，每小题 4 分，共 20 分）

(1) 二元函数 $f(x,y)=x^2+y^2-2x-y$ 的驻点是 $(1,1/2)$. （ ）

(2) 空间柱面 $x^2+z=0$ 的母线平行于 y 轴. （ ）

(3) 设 D 是由 $y=1, x-y=0, x=0$ 所围成的闭区域，则 $\iint\limits_D \mathrm{d}x\mathrm{d}y=1/2$ （ ）

(4) 级数 $\sum\limits_{n=1}^{\infty}\dfrac{1}{\sqrt{n}}$ 发散. （ ）

(5) 微分方程 $y'+x^2y=x-1$ 是一阶线性微分方程 （ ）

二、单项选择题（本大题共 5 个小题，每小题 4 分，共 20 分）

(1) 若向量 $\vec{a}$，$\vec{b}$，$\vec{c}$ 两两垂直，且 $|\vec{a}|=1, |\vec{b}|=2, |\vec{c}|=3$，则 $|\vec{a}+\vec{b}+\vec{c}|=$（ ）.

A. 7　B. $\sqrt{7}$　C. 14　D. $\sqrt{14}$

(2) 极限 $\lim\limits_{(x,y)\to(0,3)}\dfrac{\sin xy}{x}=$（ ）.

A. 0　B. 1　C. 2　D. 3

(3) 函数 $z=x^2\mathrm{e}^y$，则 $z''_{xx}|_{(1,0)}=$（ ）.

A. 0　B. 1　C. 2　D. 3

(4) $\iint\limits_D x^2y\mathrm{d}\sigma=$（ ），其中 $D=\{(x,y)|0\leqslant x\leqslant 1, 0\leqslant y\leqslant 1\}$.

A. 1　B. $\dfrac{1}{2}$　C. $\dfrac{1}{3}$　D. $\dfrac{1}{6}$

(5) $\sum\limits_{n=1}^{\infty}u_n$ 收敛，则 $\lim\limits_{n\to\infty}u_n=$（ ）.

A. 0　B. 1　C. 2　D. 无法确定

三、填空题（本大题共 5 小题；每小题 4 分，共 20 分）

(1) 过 $(1,2,3),(-1,0,1)$ 点的直线方程是________.

(2) 函数 $f(x,y)=\dfrac{x^2+y^2}{xy}$，则 $f\left(\dfrac{x}{y},1\right)=$ ________.

(3) 设 $z=\mathrm{e}^{-y}\sin 2x$，则 $\mathrm{d}z=$ ________.

(4) 二次积分 $\int_0^1\mathrm{d}x\int_0^x f(x^2+y^2)\mathrm{d}y$ 在极坐标下的二次积分为________.

(5) 以 $y=c_1\mathrm{e}^{2x}+c_2\mathrm{e}^x$ 为通解的二阶常系数齐次线性微分方程是________.

四、计算题（每题 10 分，4 题，共 40 分）

(1) 求通过 x 轴和点 $(4,-3,-1)$ 的平面方程.

(2) 设 $z=u^2\ln v$，$u=\dfrac{x}{y}, v=3x-2y$，求 $\dfrac{\partial z}{\partial x}+\dfrac{\partial z}{\partial y}$.

(3) 判断级数 $\sum\limits_{n=1}^{\infty}\dfrac{2^n}{n!}$ 的敛散性.

(4) 计算 $\iint\limits_D xy\mathrm{d}\sigma$，其中 D 是由抛物线 $y^2=x$ 及直线 $y=x-2$ 所围成的在第一象限的闭区域.

《高等数学》(A，下) 试题 2

一、是非题（下列结论正确的在括号里面划√，错误的划×，本大题共 5 个小题，每小题 4 分，共 20 分）

(1) 函数 $z=\ln(x+y)$ 的定义域为 $\{(x,y)\mid x+y>0\}$. ( )

(2) 若 α,β,γ 为空间向量的三个方向角，则 $\cos^2\alpha+\cos^2\beta+\cos^2\gamma=1$. ( )

(3) 设 D 是由 $x=1,x-y=0,y=0$ 所围成的闭区域，则 $\iint\limits_D \mathrm{d}x\mathrm{d}y=1/2$. ( )

(4) 级数 $\sum\limits_{n=1}^{\infty}\left(\frac{1}{n}+\frac{1}{3^n}\right)$ 发散. ( )

(5) 微分方程 $(y')^3+x^2y=x-1$ 是一阶微分方程. ( )

二、单项选择题（本大题共 5 个小题，每小题 4 分，共 20 分）

(1) 已知 $\vec{a},\vec{b},\vec{c}$ 为单位向量，且满足 $\vec{a}+\vec{b}+\vec{c}=0$，则 $\vec{a}\cdot\vec{b}+\vec{b}\cdot\vec{c}+\vec{c}\cdot\vec{a}=$( )

A. $-\frac{3}{2}$ B. $\frac{3}{2}$ C. 2 D. 4

(2) 极限 $\lim\limits_{(x,y)\to(0,0)}\frac{\sqrt{xy+1}-1}{xy}=$( ).

A. 0 B. 1 C. $\frac{1}{2}$ D. 2

(3) 函数 $z=x^2\mathrm{e}^y$，则 $z''_{xy}\big|_{(1,0)}=$( ).

A. 0 B. 1 C. 2 D. 3

(4) $\iint\limits_D\sqrt{1-x^2-y^2}\mathrm{d}\sigma=$( )，其中 $D=\{(x,y)\mid x^2+y^2\leqslant 1\}$.

A. π B. $\frac{\pi}{2}$ C. $\frac{2\pi}{3}$ D. $\frac{4\pi}{3}$

(5) 若级数 $\sum\limits_{n=1}^{\infty}u_n$ 收敛，则 $\lim\limits_{n\to\infty}u_n=$( ).

A. 0 B. 1 C. 2 D. 无法确定

三、填空题（本大题共 5 小题；每小题 4 分，共 20 分）

(1) 过点 (1，2，1) 且与直线 $\frac{x-1}{2}=\frac{y}{-1}=\frac{2z-1}{1}$ 垂直的平面方程是________.

(2) 函数 $f(x,y)=\ln(y-x^2)$ 的定义域为________.

(3) 设 $z=\mathrm{e}^{2y}\sin x$，则 $\mathrm{d}z=$________.

(4) 二次积分 $\int_0^1\mathrm{d}x\int_0^x f(x,y)\mathrm{d}y$ 在极坐标下的二次积分为________.

(5) 二阶常系数齐次线性微分方程 $y''-3y'+2y=0$ 的通解为________.

四、计算题（每题 10 分，4 题，共 40 分）

(1) 已知空间点 $A(1,-1,2),B(5,-6,2),C(1,3,-1)$，

求 $\triangle ABC$ 的面积、从顶点 A 到 BC 边的高的长度.

(2) 判断级数 $\sum_{n=1}^{\infty}\frac{n!}{n\cdot 10^n}$ 的敛散性.

(3) 由方程 $x^2e^z=xy+yz$ 决定函数 $z=f(x,y)$，求 $\frac{\partial z}{\partial x}+\frac{\partial z}{\partial y}$.

(4) 求二重积分 $\iint\limits_D\left(1-\frac{x}{4}-\frac{y}{3}\right)d\sigma$，其中积分区域 D：$-2\leqslant x\leqslant 2$，$-1\leqslant y\leqslant 1$.

《高等数学》(A，下) 试题 3

一、是非题（下列结论正确的在括号里面划√，错误的划×，本大题共 5 个小题，每小题 4 分，共 20 分）

(1) $f(x,y)=\frac{xy}{1-x^2-y^2}$ 的定义域为 $\{(x,y)|x^2+y^2\neq 0\}$.　（　　）

(2) 空间旋转曲面 $2x^2+y+2z^2=1$ 的旋转轴为 x 轴.　（　　）

(3) 设 D 是由 $0\leqslant x\leqslant 1,0\leqslant y\leqslant 1$ 所围成的闭区域，则 $\iint\limits_D dxdy=4$.　（　　）

(4) 级数 $\sum_{n=1}^{\infty}\frac{1}{\sqrt{n^3}}$ 发散.　（　　）

(5) 微分方程 $y'''-xy''+2y=0$ 的通解中有 1 个任意常数.　（　　）

二、单项选择题（本大题共 5 个小题，每小题 4 分，共 20 分）

(1) 向量 $\vec{a}=(1,2,3)$，$\vec{b}=(-1,0,1)$，则 $\vec{a}+2\vec{b}=$（　　）.

A. (0，2，4)　　B. (−1，2，5)　　C. (1，3，6)　　D. (2，3，−1)

(2) 极限 $\lim\limits_{(x,y)\to(0,0)}\frac{xy}{x^2+y^2}=$（　　）.

A. 0　　B. 1　　C. 2　　D. 不存在

(3) 函数 $z=x^2e^y$，则 $z''_{yy}|_{(1,0)}=$（　　）.

A. 0　　B. 1　　C. 2　　D. 3

(4) $\iint\limits_D xyd\sigma=$（　　），其中 $D=\{(x,y)|0\leqslant x\leqslant 1,0\leqslant y\leqslant 1\}$.

A. 1　　B. $\frac{1}{2}$　　C. $\frac{1}{3}$　　D. $\frac{1}{4}$

(5) 级数 $\sum_{n=1}^{\infty}\frac{x^n}{2^n}$ 的收敛区间为（　　）.

A. (−1，1)　　B. (−2，2)　　C. $\left(-\frac{1}{2},\frac{1}{2}\right)$　　D. $\left(-\frac{1}{3},\frac{1}{3}\right)$

三、填空题（本大题共 5 小题；每小题 4 分，共 20 分）

(1) 过点 (1，2，1) 且与平面 $x+2y-z=1$ 平行的平面方程是________.

(2) 函数 $f(x,y)=x^2+e^y$，则 $f(1,0)=$________.

(3) 设 $z=e^{3x}\ln y$，则 $dz=$________.

(4) 二次积分 $\int_0^1dx\int_x^1 f(\sqrt{x^2+y^2})dy$ 在极坐标下的二次积分为________.

(5) 二阶常系数线性齐次微分方程 $y''-3y'=0$ 的通解为________.

四、计算题(每题10分,4题,共40分)

(1) 求抛物面 $z=4-x^2-2y^2$ 在点 $M_0(1,1,1)$ 处的切平面方程.

(2) 设 $z=e^u\ln v$,$u=x^2y,v=2x-3y$,求 $\frac{\partial z}{\partial x},\frac{\partial z}{\partial y}$.

(3) 判断级数 $\sum\limits_{n=1}^{\infty}\frac{n!}{3^n n^n}$ 的敛散性.

(4) 计算二重积分 $\iint\limits_D x\mathrm{d}\sigma$,其中积分区域 D 是由 $y=\ln x,x=e$ 及 x 轴所围成的区域.

附录Ⅲ 习题参考答案

第七章

习题 7-1

1. (1) ×；(2) ×；(3) √；(4) √；(5) √.

2. (1) 2，5，7，3；

   (2) (−3，2，1)，(3，2，−1)，(−3，−2，−1)，(−3，−2，1)，(3，2，−1)，(3，−2，−1)；

   (3) $(-a, a, a)$，$(a, -a, a)$，$(-a, -a, a)$，$(a, a, -a)$.

3. c (6，1，19)，d (9，−5，12).

4. A (−1，2，4)，B (8，−4，−2).

5. $\sqrt{34}$，$\sqrt{41}$，5.

6. (0，1，−2).

习题 7-2

1. (1) ×；(2) ×.

2. (1) $\vec{b}=-2\vec{a}$；

   (2) $\vec{b}-\frac{1}{2}\vec{a}$；

   (3) (−2，−3，−14)；

   (4) 2；

   (5) $\left(\frac{3}{\sqrt{14}}, \frac{1}{\sqrt{14}}, \frac{-2}{\sqrt{14}}\right)$.

3. −2，1，2；3.

4. 2；$-\frac{1}{2}$，$-\frac{\sqrt{2}}{2}$，$\frac{1}{2}$；120°，135°，60°.

5. (24，−5，−14)；$\left(\frac{24}{\sqrt{797}}, -\frac{5}{\sqrt{797}}, -\frac{14}{\sqrt{797}}\right)$.

6. $\cos\alpha=0$ 或 $\cos\alpha=\frac{2}{3}$.

7. $\cos\alpha=\pm\frac{\sqrt{3}}{3}$；$\left(\pm\frac{2\sqrt{3}}{3}, \pm\frac{2\sqrt{3}}{3}, \pm\frac{2\sqrt{3}}{3}\right)$.

8. (13，7，15)；13；7.

9. $\lambda=15$，$\mu=-\frac{1}{5}$.

习题 7-3

1. (1) $-\frac{3}{2}$；

   (2) $(-4, 2, -4)$；

   (3) $\pm\frac{3}{5}$；

   (4) $\frac{\pi}{3}$；

   (5) 13，13；

   (6) $\sqrt{14}$.

2. (1) √；(2) √.

3. $\pm 36\sqrt{5}$.

4. (1) $\pm\left(\frac{3}{5}, \frac{12}{25}, \frac{16}{25}\right)$；

   (2) 19/2；

   (3) $\frac{19}{\sqrt{106}}$.

习题 7-4

1. (1) √；(2) √.

2. (1) $(x-1)^2+(y-2)^2+(z-3)^2=9$；

   (2) $y^2+z^2=5x$；

   (3) $x^2+(y-1)^2+z^2=2$，$(0, 1, 0)$，$\sqrt{2}$；

   (4) Oz

   (5) 抛物线，平行 x 轴的柱体.

3. 略.

4. 略.

习题 7-5

1. (1) 空集；

   (2) $\frac{h^2}{a^2}-\frac{y^2}{b^2}+\frac{z^2}{c^2}=-1$，$\frac{x^2}{a^2}-\frac{k^2}{b^2}+\frac{z^2}{c^2}=-1$；

   (3) $z=\frac{x^2}{a^2}+\frac{h^2}{b^2}$.

2. (1) √；(2) ×；(3) ×.

3. 略.

4. 略.

5. $\begin{cases} z=\pm\sqrt{9-2t^2} \\ y=t \\ x=t. \end{cases}$

6. $2x^2-2x+y^2=8$.

7. $xOy: x^2+y^2=4$；$xOz: z=x^2$；$yOz: z=y^2$.

8. $xOy: x^2+y^2=a^2$；$xOz: x=a\cos\frac{z}{b}$；$yOz: y=a\sin\frac{z}{b}$.

9. $xOy: x^2+y^2-ax=0$；$xOz: z^2+ax=a^2$.

习题 7-6

1. (1) $3x-7y+5z=4$；

(2) $-9y+z+2=0$；

(3) $A_1A_2+B_1B_2+C_1C_2=0$，$\frac{A_1}{A_2}=\frac{B_1}{B_2}=\frac{C_1}{C_2}$；

(4) 10，1；

(5) $\frac{x}{3}+\frac{3y}{20}+\frac{z}{2}=1$；

(6) $(1, -1, -3)$.

2. $2x+9y-6z-121=0$.

3. (1) $y=-5$；

(2) $-9y+z+2=0$；

(3) $x+3y=0$.

4. $-2x+y+z=0$.

5. $-x\pm\sqrt{26}y-3z+3=0$.

6. $\frac{4}{3}\sqrt{21}$.

习题 7-7

1. (1) $\frac{x-4}{2}=y+1=\frac{z-3}{5}$；

(2) $\frac{x-3}{4}=\frac{y+2}{-2}=\frac{z-1}{-1}$；

(3) $-16x+14y+11z+65=0$；

(4) $\left(-\frac{1}{5}, \frac{13}{5}, \frac{1}{5}\right)$；

(5) 90°.

2. $\frac{x-1}{-1}=\frac{y-1}{\frac{1}{2}}=\frac{z-1}{\frac{3}{2}}$；$\begin{cases} x=1-t \\ y=1+\frac{1}{2}t \\ z=1+\frac{3}{2}t \end{cases}$.

3. (1) $\frac{x-4}{2}=\frac{y+1}{1}=\frac{z-3}{5}$；

(2) $\frac{x}{-2}=\frac{y-2}{3}=\frac{z-4}{1}$；

(3) $\frac{x-3}{2}=\frac{y}{3}=\frac{z-1}{1}$.

4. $\begin{cases}2x-y=0\\x+2y+1=0.\end{cases}$

5. $\theta=0$.

自测题

1. (1) ×；(2) √；(3) √；(4) ×；(5) √；(6) √.

2. (1) (−1，−6，−2)；

(2) 5；

(3) $\frac{1}{2}$；

(4) 2，$-2j-3k$；

(5) $\frac{2\pi}{3}$，−3；

(6) −3，0，0；

(7) −1，1；

(8) (1，−1，0)，$\sqrt{3}$；

(9) $x^2+y^2=1$；

(10) $\begin{cases}x^2+y^2=25\\z=0\end{cases}$.

3. 14.

4. (−3，15，12) 或 (3，−15，−12).

5. $|\vec{a}-\vec{b}|=\sqrt{10}$.

6. $\frac{3\sqrt{2}}{2}$.

7. $22x-19y-18z-27=0$.

8. $x+3y=0$ 或 $3x-y=0$.

9. $\frac{x+1}{2}=\frac{y-2}{-3}=\frac{z+1}{6}$.

10. $\frac{x-1}{0}=\frac{y-1}{1}=\frac{z+1}{-1}$.

第 八 章

习题 8-1

1. (1) ×；(2) √；(3) √.

2. (1) $t^2f(x,y)$；

(2) $-\frac{13}{12}$，$f(x,y)$；

(3) $\sqrt{1+\frac{1}{x^2}}$；

(4) $x^2\dfrac{1-y}{1+y}$；

(5) $y^2\leqslant 4x$，$0<x^2+y^2<1$；

(6) $x^2\geqslant y\geqslant 0$；

(7) $|y|\leqslant|x|$；

(8) $y^2=2x$.

3. (1) $\dfrac{1}{4}$；(2) 0；(3) ∞.

4. 略.

5. 略.

6. 略.

习题 8-2

1. (1) √；(2) ×；(3) √.

2. (1) $\dfrac{2}{y\sin\dfrac{2x}{y}}$，$-\dfrac{2x}{y^2\sin\dfrac{2x}{y}}$；

(2) $e^{xy}(1+xy+y^2)$，$e^{xy}(1+xy+x^2)$；

(3) $\dfrac{y}{z},\dfrac{x}{z},-\dfrac{xy}{z^2}$；

(4) $\dfrac{2xy}{(x^2+y^2)^2},-\dfrac{2xy}{(x^2+y^2)^2},\dfrac{y^2-x^2}{(x^2+y^2)^2}$；

(5) $-\dfrac{z^2}{xy}\left(\dfrac{x}{y}\right)^z$；

(6) $2f'(a,b)$.

3. (1) $z'_x=y^2(1+xy)^{y-1}$；$z'_y=(1+xy)^y\left[\ln(1+xy)+\dfrac{xy}{1+xy}\right]$.

(2) $u'_x=\dfrac{z(x-y)^{z-1}}{\sqrt{1-(x-y)^{2z}}}$；$u'_y=\dfrac{-z(x-y)^{z-1}}{\sqrt{1-(x-y)^{2z}}}$；$u'_z=\dfrac{(x-y)^z\ln(x-y)}{\sqrt{1-(x-y)^{2z}}}$.

4. $z''_x=y^x(\ln y)^2|_{(1,1)}=0$；$z''_{xy}=y^{x-1}(x\ln y+1)|_{(1,1)}=1$；$z''_{yy}=x(x-1)y^{x-2}|_{(1,1)}=0$.

5. $z'''_{xxy}=0$；$z'''_{xyy}=-\dfrac{1}{y^2}$.

6. $2z$.

7. 略.

8. (1) $du=\dfrac{-2t}{(s-t)^2}ds+\dfrac{2s}{(s-t)^2}dt$.

(2) $dx-dy$.

(3) $\Delta z=\ln 7.05-\ln 6$；$dz=\dfrac{1}{6}$.

9. -0.05.

习题 8-3

一、

1. 填空题

(1) $\frac{2x}{y^2}\ln(3x-2y)+\frac{3x^2}{(3x-2y)y^2}$，$-\frac{2yx^2}{y^3}\ln(3x-2y)-\frac{2x^2}{(3x-2y)y^2}$；

(2) $(\sin x+1)\ \mathrm{e}^{ax}$；

(3) $\frac{1+x}{1+x^2\mathrm{e}^{2x}}\mathrm{e}^x$

(4) $2xf'_u+y\mathrm{e}^{xy}f'_v$，$-2yf'_u+x\mathrm{e}^{xy}\mathrm{e}^{xy}(u=x^2-y^2,\ v=\mathrm{e}^{xy})$；

(5) $f'_u+yf'_v+yzf'_w(u=x,\ v=xy,\ w=xyz)$.

2. $(y+1)f'+xyf''$.

3. $f''_{uu}+\frac{2}{y}f''_{uv}+\frac{1}{y^2}f''_{vv}\left(u=x,v=\frac{x}{y}\right)$.

4. $4yf''_{uv}-\frac{2y^3}{x^2}f''_{vv}\left(u=2x,v=\frac{y^2}{x}\right)$.

5. $-\sin xf'_u+\mathrm{e}^{x+y}f'_w+\cos^2xf''_{uu}+2\cos x\mathrm{e}^{x+y}f''_{uw}+\mathrm{e}^{2x+2y}f''_{ww}(u=\sin x,w=\mathrm{e}^{x+y})$.

6. 略.

二、

1. (1) $\frac{x+y}{x-y}$；

(2) $\frac{\sqrt{xyz}-yz}{xy-\sqrt{xyz}},\frac{2\sqrt{xyz}-xz}{xy-\sqrt{xyz}}$；

(3) $\frac{z}{x+z},\frac{z^2}{y(z+x)}$；

(4) $\frac{z\ln z}{z\ln y-x},\frac{z^2}{xy-yz\ln y}$.

2. $-\frac{xy\mathrm{e}^z}{(\mathrm{e}^z-xy)^3}$.

3. $\frac{z^3-xyz^3-x^2y^2z}{(z^2-xy)^3}$.

4. 1.

5. 略.

6. 略.

习题 8-4

1. $\frac{x-1}{1}=\frac{y+2}{-1}=\frac{z-1}{-\frac{1}{2}}$；　$2x-2y-z=5$.

2. $\frac{x-2}{1}=\frac{y-1}{2}=z$；$x+2y+z=4$.

3. $\frac{x+3}{1}=\frac{y+1}{3}=\frac{z-3}{1}$.

4. 略.

5. 略.

习题 8-5

1. (1) √；(2) ×；(3) ×；(4) √；(5) ×；(6) √；(7) √；(8) √；(9) √；(10) √.

2. (1) (−1，3)；

 (2) 大，8；

 (3) 小，−3/e；

 (4) 1/4；

 (5) 1/4，−2.

3. 极大值 $f(3,2)=36$.

4. $\left(\frac{4}{5},\ \frac{3}{5},\ \frac{35}{12}\right)$.

5. $x=y=\frac{\sqrt{2}}{2}L$.

6. $x=y=\frac{1+\sqrt{3}}{2}$.

自测题

1. (1) √； (2) √； (3) √； (4) ×； (5) √； (6) ×； (7) √； (8) ×； (9) ×； (10) √；(11) ×；(12) ×；(13) ×；(14) √；(15) √；(16) √；(17) ×；(18) √；(19) √；(20) √；(21) ×

2. (1) D； (2) D； (3) D； (4) B； (5) C； (6) B； (7) B； (8) D； (9) A；(10) B；(11) B；(12) A；(13) D；(14) D；(15) A；(16) C；(17) D；(18) A；(19) A；(20) A；(21) A；(22) A；(23) B；(24) C；(25) D；(26) A；(27) B；(28) A；(29) C；(30) C；(31) D；(32) B；(33) A；(34) B；(35) D；(36) D；(37) A；(38) B.

3. (1) −1； (2) $\frac{1}{x^2+y^2}[(x-y)\mathrm{d}x+(x+y)\mathrm{d}y]$；

 (3) $\frac{1}{2}\mathrm{d}x-\frac{1}{2}\mathrm{d}y$； (4) z； (5) $\frac{x-1}{2}=\frac{y+2}{-1}=\frac{z+2}{1}$.

4. (1) $x\geqslant 0$；

 (2) $-1\leqslant x\leqslant 1$，$|y|\geqslant 1$；

 (3) $\frac{x^2}{a^2}+\frac{y^2}{b^2}\leqslant 1$；

 (4) $x+y<0$；

 (5) $(x,\ y)\neq(0,\ 0)$；

 (6) $r^2\leqslant x^2+y^2\leqslant R^2$.

5. (1) $z_x=2xy^2$，$z_y=2yx^2$；

 (2) $z_x=\frac{-1}{x}$，$z_y=\frac{1}{y}$；

(3) $z_x = ye^{xy} + 2xy$，$z_y = xe^{xy} + x^2$；

(4) $z_x = y\sqrt{R^2 - x^2 - y^2} - \dfrac{x^2 y}{\sqrt{R^2 - x^2 - y^2}}$，

$z_y = x\sqrt{R^2 - x^2 - y^2} - \dfrac{xy^2}{\sqrt{R^2 - x^2 - y^2}}$；

(5) $z_x = \dfrac{y^2 - x^2}{(x^2 + y^2)^{\frac{3}{2}}}$，$z_y = \dfrac{-xy}{(x^2 + y^2)^{\frac{3}{2}}}$；

(6) $z_x = e^{\sin x}\cos x\cos y$，$z_y = -e^{\sin x}\sin y$；

(7) $u_x = \dfrac{x}{\sqrt{x^2 + y^2 + z^2}}$，$u_y = \dfrac{y}{\sqrt{x^2 + y^2 + z^2}}$，$u_z = \dfrac{z}{\sqrt{x^2 + y^2 + z^2}}$；

(8) $u_x = 2xy^2z^2e^{x^2y^2z^2}$，$u_y = 2yx^2z^2e^{x^2y^2z^2}$，$u_z = 2zx^2y^2e^{x^2y^2z^2}$；

(9) $\dfrac{\partial^2 z}{\partial x^2} = \dfrac{x + 2y}{(x + y)^2}$，$\dfrac{\partial^2 z}{\partial y^2} = \dfrac{-x}{(x + y)^2}$，$\dfrac{\partial^2 z}{\partial x \partial y} = \dfrac{y}{(x + y)^2}$；

(10) $\dfrac{\partial^2 u}{\partial x \partial y \partial z} = (1 + 2yz + xyz + xy^2z^2)e^{xyz}$.

6. (1) $dz = \dfrac{1}{2\sqrt{xy}}dx - \dfrac{1}{2y}\sqrt{\dfrac{x}{y}}dy$；

(2) $dz = ab\sqrt{\dfrac{ax - by}{ax + by}}\left[\dfrac{xdy - ydx}{(ax - by)^2}\right]$；

(3) $dz = e^{x^2+y^2}(2xdx + 2ydy)$；

(4) $dz = \dfrac{ydx + xdy}{1 + x^2y^2}$；

(5) $dz = \dfrac{2xdx + 2ydy + 2zdz}{x^2 + y^2 + z^2}$.

7. (1) $\dfrac{\partial z}{\partial x} = \dfrac{2x + 3x^2}{y^2}\ln(3x - 2y)$，$\dfrac{\partial z}{\partial y} = -\dfrac{2x^2(1 + y)}{y^3}\ln(3x - 2y)$；

(2) $\dfrac{dz}{dt} = -e^{-t} - e^t$；

(3) $\dfrac{dz}{dx} = (\cos x - 6x^2)e^{\sin x - 2x^3}$；

(4) $\dfrac{dz}{dx} = \dfrac{x + 1}{3}$；

(5) $\dfrac{dy}{dx} = -\dfrac{y + 1}{x + 1}$；

(6) $\dfrac{dy}{dx} = \dfrac{y - xy^2}{x + x^2y}$；

(7) $\dfrac{dy}{dx} = \dfrac{y^2 - e^x}{\cos x - 2xy}$；

(8) $\dfrac{\partial z}{\partial x} = \dfrac{yz}{e^z - xy}$，$\dfrac{\partial z}{\partial y} = \dfrac{xz}{e^z - xy}$.

(9) 设 $z = f(u,v)$，则

$$dz = f_u du + f_v dv = f_u(ydx + xdy) + f_v\left(\frac{1}{y}dx - \frac{x}{y^2}dy\right)$$

$$=\left(yf_u+\frac{f_v}{y}\right)dx+\left(xf_u-\frac{xf_v}{y^2}\right)dy$$

$\frac{\partial z}{\partial x}=yf_u+\frac{f_v}{y},\frac{\partial z}{\partial y}=xf_u-\frac{xf_v}{y^2}$

$\frac{\partial^2 z}{\partial x^2}=y\left(yf_{uu}+\frac{1}{y}f_{uv}\right)+\frac{1}{y}\left(yf_{uv}+\frac{1}{y}f_{vv}\right)=y^2f_{uu}+2f_{uv}+\frac{1}{y^2}f_{vv}$

$\frac{\partial^2 z}{\partial y^2}=x\left(xf_{uu}-\frac{x}{y^2}f_{uv}\right)+\frac{2x}{y^3}f_v-\frac{x}{y^2}\left(xf_{uv}-\frac{x}{y^2}f_{vv}\right)=x^2f_{uu}-\frac{2x^2}{y^2}f_{uv}+\frac{x^2}{y^4}f_{vv}+\frac{2x}{y^3}f_v$

$x^2\frac{\partial^2 z}{\partial x^2}-y^2\frac{\partial^2 z}{\partial y^2}=4x^2f_{uv}-\frac{2x}{y}f_v=4uvf_{uv}-2vf_v$

在新变量 u,v 下方程 $x^2\frac{\partial^2 z}{\partial x^2}-y^2\frac{\partial^2 z}{\partial y^2}=0$ 可变为 $2uvf_{uv}-vf_v=0$.

(10) 略.

(11) 利用全微分的不变形计算，方程两边微分可得

$$dz=f_xdx+f_ydy,\ dx=\varphi_ydy+\varphi_zdz$$

消去 dy 可得

$$\varphi_ydz-f_ydx=\varphi_yf_xdx-\varphi_zf_ydz$$

$$\frac{dz}{dx}=\frac{f_y+\varphi_yf_x}{\varphi_y+\varphi_zf_y}$$

8. (1) $x=-4$，$y=1$ 极小值 -1；

(2) $x=2$，$y=-2$ 极大值 8.

9. $x=y=\frac{2\sqrt{3}}{3}a$，$z=\frac{\sqrt{3}}{3}a$.

10. $x=y=\frac{2\sqrt{2}}{3}r$，$z=\frac{h}{3}$.

第 九 章

习题 9-1

1. (1) √；(2) √.
2. (1) 连续；

(2) 以 D 为底，$f(x,y)$ 为顶面的曲顶柱体体积；

(3) $\geqslant$，$\leqslant$；

(4) $\leqslant$.

3. (1) $I_1\geqslant I_2$；(2) $I_1\leqslant I_2$.
4. (1) 16；(2) 76π.
5. 略.

习题 9-2

一、

1. (1)1；(2)$3\pi/2$；(3)$\int_0^r dy\int_{-\sqrt{r^2-y^2}}^{\sqrt{r^2-y^2}}f(x,y)dx$；(4)$\int_1^2 dx\int_{\frac{1}{x}}^{x}f(x,y)dy$；

(5) $\int_0^1 dy\int_{2-y}^{1+\sqrt{1-y^2}} f(x,y)dx$;

(6) $\int_{-1}^0 dy\int_{-2\arcsin y}^{\frac{\pi}{2}} f(x,y)dx+\int_0^1 dy\int_{\arcsin y}^{\frac{\pi}{2}} f(x,y)dx$;

(7) $\int_0^2 dx\int_{e^{-x}}^1 f(x,y)dy+\int_0^2 dx\int_{1+\sqrt{x}}^{1+\sqrt{2}} f(x,y)dy$;

(8) $\int_0^1 dy\int_0^{2y} f(x,y)dx+\int_1^3 dy\int_0^{3-y} f(x,y)dx$.

2. (1) $\frac{1}{4}[e^{b^2+d^2}+e^{a^2+c^2}-e^{b^2+c^2}-e^{a^2+d^2}]$;

(2) $\frac{19}{6}$;

(3) 略.

3. $\int_0^1 dx\int_0^{x^2} e^{\frac{y}{x}}dy=e-\frac{1}{2}$.

4. 略.

5. $\iint\limits_{x^2+y^2\leqslant 2}(6-3x^2-3y^2)d\delta=6\pi$.

二、

1. (1) 1) $\int_{-\frac{\pi}{2}}^{\frac{\pi}{2}} d\theta\int_0^{2\cos\theta} f(r^2,\theta)rdr$;

2) $\int_0^{2\pi} d\theta\int_1^2 e^r r dr$.

(2) 1) $\int_0^{\frac{\pi}{2}} d\theta\int_0^{2a\cos\theta} f(r^2)rdr$;

2) $\int_0^{\frac{\pi}{4}} d\theta\int_0^{\frac{1}{\cos\theta}} f(r)rdr+\int_{\frac{\pi}{4}}^{\frac{\pi}{2}} d\theta\int_0^{\frac{1}{\sin\theta}} f(r)rdr$;

3) $\int_{\frac{\pi}{4}}^{\frac{\pi}{3}} d\theta\int_0^{\frac{2}{\cos\theta}} f(\theta)rdr$;

4) $\int_0^{\frac{\pi}{4}} d\theta\int_{\frac{\sin\theta}{\cos^2\theta}}^{\frac{1}{\cos\theta}} f(r\cos\theta,r\sin\theta)rdr$.

2. (1) $\frac{\pi}{4}(2\ln 2-1)$; (2) $\sqrt{2}-1$; (3) $\frac{\pi}{3}R^3$; (4) -5π.

3. $\frac{\frac{\pi}{2}-1}{4}R^4$.

4. $\frac{3}{32}\pi a^4$.

习题 9-3

1. (1) $\frac{1}{6}abc$; (2) $\frac{1}{16}\pi a^4$.

2. $\frac{4}{3}$.

3. $\bar{x}=\frac{4}{5}$，$\bar{y}=\frac{9}{26}$.

自测题

1. (1) √；(2) ×；(3) √；(4) ×；(5) ×；(6) √；(7) ×；(8) ×；(9) √；(10) √；(11) √；(12) √.

2. (1) 4；(2) $\frac{1}{6}$；(3) 0；(4) $\int_{-\frac{1}{2}}^{1}\mathrm{d}y\int_{y^2}^{\frac{y+1}{2}}f(x,y)\mathrm{d}x$；(5) $I=\iint\limits_{D}\mathrm{e}^{x+y}\mathrm{d}\sigma=\mathrm{e}^2+1$；

 (6) $I=\int_0^1\mathrm{d}x\int_x^1 f(x,y)\mathrm{d}y$.

3. (1) A；(2) A；(3) C；(4) D；(5) B；(6) C；(7) A；(8) B；(9) D；(10) D；(11) B；(12) A；(13) A；(14) B；(15) C；(16) D；(17) A；(18) B.

4. (1) $\int_{-1}^{1}\mathrm{d}x\int_{-1}^{1}f(x,y)\mathrm{d}y$，$\int_{-1}^{1}\mathrm{d}y\int_{-1}^{1}f(x,y)\mathrm{d}x$.

 (2) $\int_0^1\mathrm{d}x\int_x^1 f(x,y)\mathrm{d}y$，$\int_0^1\mathrm{d}y\int_0^y f(x,y)\mathrm{d}x$.

 (3) $\int_1^{\mathrm{e}}\mathrm{d}x\int_0^{\ln x}f(x,y)\mathrm{d}y$，$\int_0^1\mathrm{d}y\int_{\mathrm{e}^y}^{\mathrm{e}}f(x,y)\mathrm{d}x$.

 (4) $\int_0^1\mathrm{d}x\int_x^1 f(x,y)\mathrm{d}y$，$\int_0^1\mathrm{d}x\int_x^1 f(x,y)\mathrm{d}y$.

 (5) $\int_{-2}^{0}\mathrm{d}x\int_0^{4-x^2}f(x,y)\mathrm{d}y+\int_0^2\mathrm{d}x\int_{2-\sqrt{4-x^2}}^{2+\sqrt{4-x^2}}f(x,y)\mathrm{d}y$，$\int_0^4\mathrm{d}y\int_{-\sqrt{4-y}}^{\sqrt{4y-y^2}}f(x,y)\mathrm{d}x$.

5. (1) $\int_1^4\mathrm{d}y\int_{\sqrt{y}}^{2}f(x,y)\mathrm{d}x+\int_2^8\mathrm{d}y\int_2^y f(x,y)\mathrm{d}x$；

 (2) $\int_0^1\mathrm{d}y\int_y^{2-y}f(x,y)\mathrm{d}x$.

6. 略.

7. (1) $\mathrm{e}-2$；(2) $\ln\frac{\sqrt{2}+1}{\sqrt{3}+1}+\frac{1}{2}\ln 2$；(3) $\frac{p^5}{21}$；(4) $\frac{76}{3}$；(5) $\frac{98}{9}a^4$；(6) $\pi(1-\mathrm{e}^{-R^2})$；

 (7) $1-\sin 1$.

8. 略.

9. (1) $\frac{3}{2}\pi$；(2) $\sqrt{2}\pi$.

10. $x=y=z=\frac{1}{\sqrt{3}}$.

11. $\frac{7}{8}\sqrt{2}$.

第 十 章

习题 10-1

1. (1) ×；(2) √；(3) ×.

2. (1) s_n 有界; (2) 0; (3) 3/2; (4) $3-u_1-u_2$; (5) 1; (6) $\frac{x}{1-x}$.

3. (1) 敛; (2) 敛.

4. (1) 散; (2) 敛; (3) 散; (4) 散; (5) 敛; (6) 散.

习题 10-2-1

1. (1) 敛; (2) 散; (3) 敛.

2. (1) 散; (2) 敛; (3) 敛.

习题 10-2-2

1. (1) 散; (2) 敛; (3) $0<a<1$ 时敛; $a\geqslant 1$ 时散.

2. (1) 敛; (2) 敛.

3. 略.

习题 10-3

1. (1) √; (2) √.

2. (1) 收敛; (2) $\sqrt{2}$; (3) $\left(-\frac{1}{3},\frac{1}{3}\right]$; (4) $(-3,3)$; (5) $(-\sqrt{2},\sqrt{2}]$; (6) $[1,3)$.

3. (1) $\left[-\frac{1}{2},\frac{1}{2}\right)$; (2) $(-\sqrt[3]{2},\sqrt[3]{2})$; (3) $[0,6)$.

4. $[-3,3]$.

5. (1) $\frac{1}{(1-x)^2}$; (2) $\frac{1}{2}\ln\left|\frac{x+1}{x-1}\right|$, $\sqrt{2}\ln(\sqrt{2}+1)$.

6. $\frac{3x-x^2}{(1-x)^2}$.

习题 10-4

1. (1) $x+\sum_{n=2}^{\infty}\frac{(-1)^n}{n(n-1)}x^n$, $-1<x\leqslant 1$;

   (2) $\sum_{n=0}^{\infty}\frac{(x\ln a)^n}{n!}x^n$, $-\infty<x<+\infty$;

   (3) $1+\sum_{n=1}^{\infty}\frac{(-1)^n}{2(2n)!}(2x)^{2n}$, $-\infty<x<+\infty$;

   (4) $\sum_{n=2}^{\infty}(2n-1)x^{n-1}$, $-1<x<1$.

2. $\sum_{n=0}^{\infty}(x-1)^n$, $0<x<2$.

3. $\ln 2+\sum_{n=1}^{\infty}\frac{(-1)^{n-1}}{n\cdot 2^n}(x-2)^n$, $0<x\leqslant 4$.

4. $\sum_{n=0}^{\infty}\left(\frac{1}{2^{n+!}}-\frac{1}{3^{n+1}}\right)(x+4)^n$, $-6<x<-2$.

5. $1+\frac{1}{2}(x-1)+\sum_{n=2}^{\infty}\frac{(-1)^{n-1}1\cdot3\cdot5\cdot\cdots\cdot(2n-3)}{2^n n!}(x-1)^n$, $0<x<2$.

自测题

1. (1) √；(2) ×；(3) ×；(4) √；(5) ×；(6) √.
2. (1) 散；(2) 散；(3) 散；(4) $a<\mathrm{e}$时敛，$a>\mathrm{e}$时散，$a=\mathrm{e}$时无法确定；(5) 敛；(6) 散.
3. 略.
4. 绝对收敛.
5. 绝对收敛.
6. 略.
7. (1) $x+\sum_{n=2}^{\infty}\frac{(-1)^n}{n(n-1)}x^n$, $-1<x\leqslant 1$;

   (2) $\frac{x^2+3x+9}{9}\mathrm{e}^x$, $-\infty<x<+\infty$.
8. (1) 1；(2) $\frac{5}{8}-\frac{3}{4}\ln 2$.
9. 1.6487.
10. $x+\sum_{n=1}^{\infty}\frac{2(-1)^{n-1}}{4n^2-1}x^{2n+1}$, $x\in[-1,1]$.

第 十 一 章

习题 11-1

1. (1) √；(2) √；(3) ×；(4) √.
2. (1) 2；(2) 3；(3) $yy'+x=0$；(4) $y'=1+y$.
3. $c=0$；$k=-0.03$.
4. 略.

习题 11-2

1. (1) √；(2) ×.
2. (1) $\frac{1}{2}\mathrm{e}^{-y^2}=\frac{1}{3}\mathrm{e}^{3x}+c$;

   (2) $(\mathrm{e}^x-2)^3=c\tan y$.
3. (1) $\cos y=\frac{\sqrt{2}}{2}\cos x$;

   (2) $3x^2+2y^3=3y^2+2y^3+5$.

习题 11-3

1. (1) $y=Y+y^*$;

   (2) $y^*=\frac{x-1}{x}\mathrm{e}^x+\frac{c}{x}$;

(3) $u=\frac{y}{x}$;

(4) $y=(x+c)(1+x^2)$;

(5) $y=x^2\left(c-\frac{1}{3}\cos 3x\right)$.

2. (1) $y=(x+c)(1+x^2)$; (2) $y=\frac{x}{3}+\frac{c}{x^2}$.

3. $y=xe^{-\sin x}$.

4. (1) $u=\frac{y}{x}$, $\sqrt{xy}-x=c$;

(2) $u=\frac{y}{x}$, $y^2=x^2(\ln x^2+1)$.

5. $y=2e^x-2(x+1)$.

6. $y=f(x)=\frac{1}{2}+ce^{2x}$.

7. (1) $r=Re^{-0.000433t}$;

(2) $v=\frac{E}{k}(1-e^{-\frac{k}{m}t})$.

习题 11-4

1. (1) $y=x\arctan x-\frac{1}{2}\ln(1+x^2)+c_1x+c_2$;

(2) $y=-\ln\cos(x+c_1)+c_2$;

(3) $y=-\frac{1}{2}x^2-x+c_1e^x+c_2$;

(4) $y=c_2e^{c_1x}$;

(5) $y=x^3+3x+1$.

2. $y=\frac{3}{2}(\arcsin x)^2$

3. (1) $y=-\frac{1}{a}\ln|ax+1|$;

(2) $y=\frac{1}{a^2}(e^{ax}-e^a)-\frac{1}{a}e^ax+\frac{1}{a}e^a$.

4. $y=\frac{x^3}{6}+\frac{1}{2}x+1$.

5. 略.

6. 略.

7. 略.

习题 11-5

1. (1) $y=c_1+c_2e^{4x}$;

(2) $y=(c_1+c_2x)e^{-\frac{1}{2}x}$;

(3) $y=e^{2x}(c_1\cos3x+c_2\sin3x)$；

(4) $y=e^{2x}(c_1\cos x+c_2\sin x)$；

(5) $y''-6y'+8y=0$.

2. (1) $y=-e^{4x}+e^{-x}$；

(2) $y=2\cos5x+3\sin5x$；

(3) $y=3e^{-2x}\sin5x$.

3. $y''-2y'+y=0$.

4. $y=\frac{2}{3}\cos\frac{3}{2}x+\sin\frac{3}{2}x$.

5. $y=\frac{1}{2}(\ln x)^2+\ln x$.

习题 11-6

1. (1) $y^*=(ax+b)e^x$；

(2) $y^*=a\cos x+b\sin x$；

(3) $y^*=x(a\cos x+b\sin x)$；

(4) $y^*=a\cos2x+b\sin2x$；

(5) $y^*=x(a\cos x+b\sin x)$.

2. (1) $y=e^{3x}(c_1x+c_2)+\frac{1}{2}x^2e^{3x}$；

(2) $y=e^x(c_1\cos2x+c_2\sin2x)+\frac{1}{17}\cos2x-\frac{4}{17}\sin2x$.

3. $y=e^x-e^{-x}+(x^2-x)e^x$.

4. $y=c_1e^x+c_2e^{2x}+x\left(\frac{1}{2}x-1\right)e^{2x}$；$c_1=-2,c_2=2$.

5. $y=c_1\cos x+c_2\sin x+\frac{1}{2}e^x$.

自测题

1. (1) √；(2) ×；(3) ×；(4) ×；(5) ×.

2. (1) D；(2) D；(3) C；(4) C；(5) B；(6) A.

3. 略.

4. $y=(\arcsin x)^2+\arcsin x$.

5. $\varphi(x)=-\frac{1}{3}e^{-\frac{x}{2}}+\frac{1}{3}e^x+1$.

6. $y=\frac{x^2-1}{2}$.

模 拟 试 题 1

一、1. $\frac{\partial z}{\partial x}=\frac{1}{e^z-1}$；

2. $df(1,1,1)=-dx+dy$；

3. $\iint\limits_{x^2+y^2\leqslant 1}\sqrt{1-x^2-y^2}\mathrm{d}x\mathrm{d}y=\dfrac{2}{3}\pi$；

4. $\lim\limits_{x\to\infty}u_n=1$；

5. 通解是 $\dfrac{1}{2}x^2+xy=c$.

二、1. C；2. B；3. A；4. D；5. B.

三、1. $\dfrac{\partial z}{\partial x}=\dfrac{1}{y}\left(\cot\dfrac{y}{x}+\tan\dfrac{y}{x}\right)$；$\dfrac{\partial z}{\partial y}=-\dfrac{x}{y^2}\left(\cot\dfrac{y}{x}+\tan\dfrac{y}{x}\right)$.

2. $\int_1^2\mathrm{d}x\int_{(x-1)^2}^1 \mathrm{e}^{\frac{y}{x}}\mathrm{d}y$.

3. -2π.

4. 敛.

5. $y=\dfrac{4-5\mathrm{e}^{\cos x}}{\sin x}$.

6. $f'_v+xf'_{uv}+xyf'_{vv}$；$u=x$，$v=xy$.

7. $-1<x<1,\dfrac{x}{(1-x)^2}$.

8. $y=c_1\mathrm{e}^x+c_2\mathrm{e}^{-x}+x^2\mathrm{e}^x$.

四、1. $x=\dfrac{N}{9\mathrm{e}^{Nkt}+1}$.

2. $x=32/15$，$y=22/15$.

五、因为 $\lim\limits_{n\to\infty}\left|\dfrac{a_{n+1}}{a_n}\right|\leqslant\lim\limits_{n\to\infty}\left|\dfrac{b_{n+1}}{b_n}\right|$

所以 $\sum\limits_{n=1}^{\infty}a_n$ 收敛.

模 拟 试 题 2

一、1. B；2. A；3. C；4. D；5. D.

二、1. $\mathrm{e}^2(2\mathrm{d}y+\mathrm{d}x)$；

2. $\dfrac{2}{3}\pi a^3$；

3. 2；

4. $-2\leqslant x<2$；

5. $c_1x+c_2\mathrm{e}^{-x}+3+x^2$.

三、1. $8(x-3)-9(y-1)-22(z+2)=0$.

2. $\dfrac{\partial^2 z}{\partial x\partial y}=f'_u+xyf''_{uu}+2y^2f''_{uv}+2x^2f''_{uu}+2xyf''_{vv}$；$u=xy$，$v=x^2+y^2$.

3. $\int_0^1\mathrm{d}x\int_{x^2}^1\dfrac{xy}{\sqrt{1+y^3}}\mathrm{d}y=\int_0^1\mathrm{d}y\int_0^{\sqrt{y}}\dfrac{xy}{\sqrt{1+y^3}}\mathrm{d}x$.

4. $\dfrac{1}{(1-x)^2}$.

5. $\dfrac{x}{\cos x}$.

6. $(2+x)\mathrm{e}^{-\frac{1}{2}x}$.

7. $\sqrt{72}$，$\sqrt{6}$.

四、1. 8π.

2. $x=y=2$，$z=3$.

五、略.

模 拟 试 题 3

一、1. A；2. B；3. A；4. B；5. C；6. C；7. C；8. B.

二、1. -1，$-2i-2j-3k$；

2. -1，1；

3. 1/2，0；

4. $2xy\mathrm{e}^{y(x^2+y^2)}$，$(x^2+3y^2)\mathrm{e}^{y(x^2+y^2)}$；

5. 1/6；

6. $\int_0^1 \mathrm{d}x\int_0^x \mathrm{e}^{x^2}\mathrm{d}y$；

7. 充分；

8. $Y=c_1\cos x+c_2\sin x$.

三、1. $\dfrac{x}{-3}+\dfrac{y}{2}+\dfrac{z}{8}=1$.

2. 略.

3. 16/5.

4. $y=\sin x=x-\dfrac{1}{3!}x^3+\dfrac{1}{5!}x^5-\cdots+\dfrac{(-1)^n}{(2n+1)!}x^{2n+1}+\cdots$.

5. $y=\mathrm{e}^{-x}(c_1\cos 2x+c_2\sin 2x)$.

6. 驻点：$x=\pm 1$，$y=\pm 2$.

模 拟 试 题 4

一、1. ×；2. ×；3. ×；4. √；5. √

二、1. D；2. D；3. C；4. D；5. A

三、1. $\dfrac{x-1}{1}=\dfrac{y-2}{-1}=\dfrac{z-3}{1}$ 或 $\dfrac{x+1}{1}=\dfrac{y}{-1}=\dfrac{z-1}{1}$.

2. $\dfrac{x^2+y^2}{xy^2}$.

3. $2\mathrm{e}^{-y}\cos 2x\mathrm{d}x-\mathrm{e}^{-y}\sin 2x\mathrm{d}y$.

4. $\int_0^{\frac{\pi}{4}}\mathrm{d}\theta\int_0^{\sec\theta} rf(r^2)\mathrm{d}r$.

5. $y''-3y'+2y=0$.

四、1. 设平面的一般式方程为 $Ax+By+Cz+D=0$.

因为平面过 x 轴，则 $A=D=0$，

又因为平面过(4，－3，－1)点，则该坐标满足所设平面方程；

有 $-3B-C=0$，可得 $C=-3B$，

所以有 $By-3Bz=0$，

所求平面方程为 $y-3z=0$.

2. 可求得：$\frac{\partial z}{\partial u}=2u\ln v, \frac{\partial z}{\partial v}=\frac{u^2}{v}$；

$\frac{\partial u}{\partial x}=\frac{1}{y}, \frac{\partial v}{\partial x}=3; \frac{\partial u}{\partial y}=-\frac{x}{y^2}, \frac{\partial v}{\partial y}=-2$；

根据复合函数的链式法则，有

$$\frac{\partial z}{\partial x}=\frac{\partial z}{\partial u}\frac{\partial u}{\partial x}+\frac{\partial z}{\partial v}\frac{\partial v}{\partial x}$$

$$=2u(\ln v)\frac{1}{y}+\frac{u^2}{v}\cdot 3=\frac{2x}{y^2}\ln(3x-2y)+\frac{3x^2}{(3x-2y)y^2}$$

$$\frac{\partial z}{\partial y}=\frac{\partial z}{\partial u}\frac{\partial u}{\partial y}+\frac{\partial z}{\partial v}\frac{\partial v}{\partial y}$$

$$=2u(\ln v)\left(-\frac{x}{y^2}\right)+\frac{u^2}{v}\cdot(-2)=-\frac{2x^2}{y^3}\ln(3x-2y)-\frac{2x^2}{y^2(3x-2y)}$$

所以 $\frac{\partial z}{\partial x}+\frac{\partial z}{\partial y}$

$$=\left(\frac{2x}{y^2}\ln(3x-2y)+\frac{3x^2}{(3x-2y)y^2}\right)-\left(\frac{2x^2}{y^3}\ln(3x-2y)+\frac{2x^2}{y^2(3x-2y)}\right)$$

$$=\frac{2xy-2x^2}{y^3}\ln(3x-2y)+\frac{x^2}{(3x-2y)y^2}.$$

3. 令 $u_n=\frac{2^n}{n!}$.

由于 $\frac{u_{n+1}}{u_n}=\frac{2^{n+1}}{(n+1)!}\Big/\frac{2^n}{n!}=\frac{2}{n+1}\to 0(n\to\infty)$，

根据比值判别法，原级数收敛.

4. 参考教材 P64 页［例 9-5］.

模拟试题 5

一、1. ×；2. √；3. ×；4√；5. ×

二、1. A；2. C；3. C；4. C；5. A

三、1. $4x-2y+z-1=0$.

2. $\{(x,y)\,|\,y-x^2>0\}$.

3. $dz=e^{2y}\cos x dx+2e^{2y}\sin x dy$.

4. $\int_0^{\frac{\pi}{4}}d\theta\int_0^{\sec x}f(r\cos\theta,r\sin\theta)r\,dr$.

5. $y=c_1e^x+c_2e^{2x}$.

四、1. 向量$\vec{AB}=(4,-5,0)$，$\vec{AC}=(0,4,-3)$，

则$\vec{AB}\times\vec{AC}=(15,12,16)$，$|\vec{AB}\times\vec{AC}|=\sqrt{15^2+12^2+16^2}=25$，

根据向量积的几何意义，有所求面积为$\dfrac{25}{2}$；

向量$\vec{BC}=(-4,9,-3)$，则$|\vec{BC}|=\sqrt{(-4)^2+9^2+(-3)^2}=\sqrt{106}$，

所以点 A 到 BC 边的长度为$\dfrac{25}{\sqrt{106}}$.

2. 因为$\lim\limits_{n\to\infty}\dfrac{u_{n+1}}{u_n}=\lim\limits_{n\to\infty}\dfrac{\dfrac{(n+1)!}{(n+1)\cdot 10^{n+1}}}{\dfrac{n!}{n\cdot 10^n}}=\lim\limits_{n\to\infty}\dfrac{n}{10}=\infty>1$，

根据比值判别法原级数发散.

3. 设 $F(x,y,z)=x^2\mathrm{e}^z-xy-yz$，

根据隐函数的求导法则有

$$\frac{\partial z}{\partial x}=-\frac{F_x}{F_z}=-\frac{y-2x\mathrm{e}^z}{y-x^2\mathrm{e}^z},\frac{\partial z}{\partial y}=-\frac{F_y}{F_z}=-\frac{x+z}{y-x^2\mathrm{e}^z}$$

所以$\dfrac{\partial z}{\partial x}+\dfrac{\partial z}{\partial y}=\dfrac{y-2x\mathrm{e}^z}{x^2\mathrm{e}^z-y}+\dfrac{x+z}{x^2\mathrm{e}^z-y}=\dfrac{x+y+z-2x\mathrm{e}^z}{x^2\mathrm{e}^z-y}$.

4. 参考教材第 64 页［例 9-3］.

模　拟　试　题　6

一、1. √；2. √；3. √；4. ×；5. √

二、1. B；2. D；3. B；4. A；5. B.

三、1. $x+2y-z-5=0$.

2. 2.

3. $3\mathrm{e}^{3x}\ln y\mathrm{d}x+\dfrac{\mathrm{e}^{3x}}{y}\mathrm{d}y$.

4. $\int_{\frac{\pi}{4}}^{\frac{\pi}{2}}\mathrm{d}\theta\int_0^{\csc\theta}rf(r)\mathrm{d}r$.

5. $y=c_1+c_2\mathrm{e}^{3x}$（c_1,c_2 为任意常数）.

四、1. 令 $F(x,y,z)=z-4+x^2+2y^2$，则

$F_x(x,y,z)=2x,F_y(x,y,z)=4y,F_z(x,y,z)=1$；

$F_x(1,1,1)=2,F_y(1,1,1)=4,F_z(1,1,1)=1$；

所求切平面方程为：$2(x-1)+4(y-1)+(z-1)=0$，

即 $2x+4y+z-7=0$.

2. 可求得$\dfrac{\partial z}{\partial u}=\mathrm{e}^u\ln v,\dfrac{\partial z}{\partial v}=\dfrac{\mathrm{e}^u}{v}$；

$$\frac{\partial u}{\partial x}=2xy,\frac{\partial v}{\partial x}=2;\frac{\partial u}{\partial y}=x^2,\frac{\partial v}{\partial y}=-3;$$

根据复合函数的链式法则，有

$$\frac{\partial z}{\partial x}=\frac{\partial z}{\partial u}\frac{\partial u}{\partial x}+\frac{\partial z}{\partial v}\frac{\partial v}{\partial x}$$

$$=(e^u\ln v)2xy+\frac{e^u}{v}\cdot 2=2xye^{x^2y}\ln(2x-3y)+\frac{2e^{x^2y}}{2x-3y};$$

$$\frac{\partial z}{\partial y}=\frac{\partial z}{\partial u}\frac{\partial u}{\partial y}+\frac{\partial z}{\partial v}\frac{\partial v}{\partial y}$$

$$=(e^u\ln v)x^2+\frac{e^u}{v}\cdot(-3)=x^2e^{x^2y}\ln(2x-3y)-\frac{3e^{x^2y}}{2x-3y}.$$

3\. 因为 $\lim\limits_{n\to\infty}\frac{u_{n+1}}{u_n}=\lim\limits_{n\to\infty}\frac{\frac{(n+1)!}{3^{n+1}(n+1)^{n+1}}}{\frac{n!}{3^n}}$

$$=\lim_{n\to\infty}\frac{n^n}{3(n+1)^n}=\lim_{n\to\infty}\frac{1}{3\left(1+\frac{1}{n}\right)^n}=\frac{1}{3e}<1;$$

根据比值判别法原级数收敛.

4\. 参考教材 P64 页［例 9-4］.

《高等数学》（B，下）试题 1

一、1. ×；2. √；3. ×；4. √；5. √.

二、1. $f(x)$；

2\. $x+y>0$；

3\. 0；

4\. $1-y$；

5\. $\sin^2 x$；

6\. y^2+e^x；

7\. xe^x-e^x+c

8\. $\int_0^1 dx\int_x^{\sqrt{x}} f(x,y)dy$；

9\. 0；

10\. $2xy\,dx+x^2dy$.

三、1. $-\frac{1}{3}(1-2x)^{\frac{3}{2}}+c$.

2\. $\frac{1}{4}(\pi-\sqrt{3})$.

3\. $4-2\ln 3$.

4\. $-x\cos x+\sin x+c$.

5\. 1/3.

6\. $\frac{1}{2}$.

7\. $\frac{z^2}{2y-3xz}$.

8. 略.

9. $\frac{\partial z}{\partial x}=\frac{2x}{y^2}\ln(3x-2y)+\frac{3x^2}{(3x-2y)y^2}$；$\frac{\partial z}{\partial y}=-\frac{2x^2}{y^3}\ln(3x-2y)-\frac{2x^2}{(3x-2y)y^2}$.

10. 9.

四、$x=y=4$，$h=2$.

《高等数学》（B，下）试题 2

一、1. √；2. ×；3. √；4. √；5. √.

二、1. C；2. B；3. A；4. A.

三、1. 0；

2. $\frac{x-1}{3}=\frac{y+2}{-3}=\frac{z}{-1}$；

3. $2x\cos y$；

4. 1/6；

5. $x-2y+z+2=0$；

6. 3/2；

7. $(-1, 3, -1)$；

8. $(\cos t-\sin^2 t)e^{\cos t}$；

9. $y=z$；

10. 3/4.

四、1. 1.

2. $8-4\ln 3$.

3. $z_x=\frac{e^z}{ye^z-2x}$；$z_y=\frac{e^z}{2xz-ye^z}$.

4. $\frac{\partial z}{\partial x}=e^{x^2y}[\cos(x+2y)+2xy]$.

5. $dz=-y^2\sin(x+y)dx+[2y\sin(x+y)-y^2\sin(x+y)]dy$.

五、1. $x=1$，$y=4$，极小值 0.

2. 9/8.

《高等数学》（B，下）试题 3

一、1. ×；2. √；3. √；4. √；5. √.

二、1. A；2. A；3. C；4. B；5. A.

三、1. $x=1$；

2. $\frac{e^x+y^2}{1-2xy}$；

3. $-2x\sin x^2$；

4. $\frac{e^x+z^2}{1-2xz}$；

5. $\pi\int_a^b f^2(x)dx$.

四、1. 0；

2. $4-2\ln 3$；

3. $-x\cos x+\sin x+c$；

4. 1/6；

5. $\dfrac{z^2}{2y-3xz}$.

五、1. 52/315.

2. $r=\sqrt[3]{\dfrac{150}{\pi}}$；$h=2r$.

《高等数学》(A，下) 试题 1

一、

(1) √；(2) √；(3) √；(4) √；(5) √.

二、

(1) D，(2) D，(3) C，(4) D，(5) A.

三、

(1) $\dfrac{x-1}{1}=\dfrac{y-2}{-1}=\dfrac{z-3}{1}$ 或 $\dfrac{x+1}{1}=\dfrac{y}{-1}=\dfrac{z-1}{1}$；

(2) $\dfrac{x^2+y^2}{xy^2}$；

(3) $2e^{-y}\cos 2x\mathrm{d}x-e^{-y}\sin 2x\mathrm{d}y$；

(4) $\int_0^{\frac{\pi}{4}}\mathrm{d}\theta\int_0^{\sec\theta}rf(r^2)\mathrm{d}r$；

(5) $y''-3y'+2y=0$.

四、

(1)

解：设平面的一般式方程为 $Ax+By+Cz+D=0$

因为平面过 x 轴，则 $A=D=0$；

又因为平面过 (4，−3，−1) 点，则该坐标满足所设平面方程；

有 $-3B-C=0$，可得 $C=-3B$，

所以有 $By-3Bz=0$，

所求平面方程为：$y-3z=0$.

(2)

解：可求得：$\dfrac{\partial z}{\partial u}=2u\ln v$，$\dfrac{\partial z}{\partial v}=\dfrac{u^2}{v}$；

$\dfrac{\partial u}{\partial x}=\dfrac{1}{y}$，$\dfrac{\partial v}{\partial x}=3$；$\dfrac{\partial u}{\partial y}=-\dfrac{x}{y^2}$，$\dfrac{\partial v}{\partial y}=-2$；

根据复合函数的链式法则有：

$$\frac{\partial z}{\partial x}=\frac{\partial z}{\partial u}\frac{\partial u}{\partial x}+\frac{\partial z}{\partial v}\frac{\partial v}{\partial x}$$

$$=2u(\ln v)\frac{1}{y}+\frac{u^2}{v}\cdot 3=\frac{2x}{y^2}\ln(3x-2y)+\frac{3x^2}{(3x-2y)y^2}$$

$$\frac{\partial z}{\partial y}=\frac{\partial z}{\partial u}\frac{\partial u}{\partial y}+\frac{\partial z}{\partial v}\frac{\partial v}{\partial y}$$

$$=2u(\ln v)\left(-\frac{x}{y^2}\right)+\frac{u^2}{v}\cdot(-2)=-\frac{2x^2}{y^3}\ln(3x-2y)-\frac{2x^2}{y^2(3x-2y)}$$

所以$\frac{\partial z}{\partial x}+\frac{\partial z}{\partial y}$

$$=\left(\frac{2x}{y^2}\ln(3x-2y)+\frac{3x^2}{(3x-2y)y^2}\right)-\left(\frac{2x^2}{y^3}\ln(3x-2y)+\frac{2x^2}{y^2(3x-2y)}\right)$$

$$=\frac{2xy-2x^2}{y^3}\ln(3x-2y)+\frac{x^2}{(3x-2y)y^2}.$$

(3)

解：令 $u_n=\frac{2^n}{n!}$

由于$\frac{u_{n+1}}{u_n}=\frac{\frac{2^{n+1}}{(n+1)!}}{\frac{2^n}{n!}}=\frac{2}{n+1}\to 0(n\to\infty)$，

根据比值判别法，原级数收敛.

(4) 参考教材 P64 页［例 9-5］.

《高等数学》（A，下）试题 2

一、

(1) √；(2) √；(3) √；(4) √；(5) √.

二、

(1) A，(2) C，(3) C，(4) C，(5) A.

三、

(1) $4x-2y+z-1=0$；

(2) $\{(x,y)\mid y-x^2>0\}$；

(3) $\mathrm{d}z=\mathrm{e}^{2y}\cos x\mathrm{d}x+2\mathrm{e}^{2y}\sin x\mathrm{d}y$；

(4) $\int_0^{\frac{\pi}{4}}\mathrm{d}\theta\int_0^{\sec x}f(r\cos\theta,r\sin\theta)r\,\mathrm{d}r$；

(5) $y=c_1\mathrm{e}^x+c_2\mathrm{e}^{2x}$.

四、

(1)

解：向量$\vec{AB}=(4,-5,0)$，$\vec{AC}=(0,4,-3)$

则$\vec{AB}\times\vec{AC}=(15,12,16)$，$|\vec{AB}\times\vec{AC}|=\sqrt{15^2+12^2+16^2}=25$，

根据向量积的几何意义，有所求面积为：$\frac{25}{2}$；

向量$\vec{BC}=(-4,9,-3)$，则$|\vec{BC}|=\sqrt{(-4)^2+9^2+(-3)^2}=\sqrt{106}$，

所以点 A 到 BC 边的长度为$\frac{25}{\sqrt{106}}$.

(2)

$$解：因为\lim_{n\to\infty}\frac{u_{n+1}}{u_n}=\lim_{n\to\infty}\frac{\frac{(n+1)!}{(n+1)\cdot 10^{n+1}}}{\frac{n!}{n\cdot 10^n}}=\lim_{n\to\infty}\frac{n}{10}=\infty>1$$

根据比值判别法原级数发散.

(3)

解：设 $F(x,y,z)=x^2e^z-xy-yz$，

根据隐函数的求导法则有

$$\frac{\partial z}{\partial x}=-\frac{F_x}{F_z}=-\frac{y-2xe^z}{y-x^2e^z},\frac{\partial z}{\partial y}=-\frac{F_y}{F_z}=-\frac{x+z}{y-x^2e^z}$$

所以$\frac{\partial z}{\partial x}+\frac{\partial z}{\partial y}=\frac{y-2xe^z}{x^2e^z-y}+\frac{x+z}{x^2e^z-y}=\frac{x+y+z-2xe^z}{x^2e^z-y}$.

(4) 参考教材第 64 页 [例 9-3].

《高等数学》(A，下) 试题 3

一、

(1) ×；(2) ×；(3) ×；(4) ×；(5) ×

二、

(1) B，(2) D，(3) B，(4) A，(5) B.

三、

(1) $x+2y-z-5=0$，

(2) 2

(3) $3e^{3x}\ln y\mathrm{d}x+\frac{e^{3x}}{y}\mathrm{d}y$

(4) $\int_{\frac{\pi}{4}}^{\frac{\pi}{2}}\mathrm{d}\theta\int_0^{\csc\theta}rf(r)\mathrm{d}r$

(5) $y=c_1+c_2e^{3x}$ (c_1,c_2 为任意常数)

四、

(1)

解：令 $F(x,y,z)=z-4+x^2+2y^2$，则

$F_x(x,y,z)=2x,F_y(x,y,z)=4y,F_z(x,y,z)=1$;

$F_x(1,1,1)=2,F_y(1,1,1)=4,F_z(1,1,1)=1$;

所求切平面方程为 $2(x-1)+4(y-1)+(z-1)=0$,

即 $2x+4y+z-7=0$.

(2)

解：可求得 $\frac{\partial z}{\partial u}=e^u\ln v,\frac{\partial z}{\partial v}=\frac{e^u}{v}$;

$\frac{\partial u}{\partial x}=2xy,\frac{\partial v}{\partial x}=2;\frac{\partial u}{\partial y}=x^2,\frac{\partial v}{\partial y}=-3;$

根据复合函数的链式法则有

$$\frac{\partial z}{\partial x}=\frac{\partial z}{\partial u}\frac{\partial u}{\partial x}+\frac{\partial z}{\partial v}\frac{\partial v}{\partial x}$$

$$=(e^u\ln v)2xy+\frac{e^u}{v}\cdot 2=2xye^{x^2y}\ln(2x-3y)+\frac{2e^{x^2y}}{2x-3y};$$

$$\frac{\partial z}{\partial y}=\frac{\partial z}{\partial u}\frac{\partial u}{\partial y}+\frac{\partial z}{\partial v}\frac{\partial v}{\partial y}$$

$$=(e^u\ln v)x^2+\frac{e^u}{v}\cdot(-3)=x^2e^{x^2y}\ln(2x-3y)-\frac{3e^{x^2y}}{2x-3y}.$$

(3)

解：因为$\lim\limits_{n\to\infty}\frac{u_{n+1}}{u_n}=\lim\limits_{n\to\infty}\frac{\frac{(n+1)!}{3^{n+1}(n+1)^{n+1}}}{\frac{n!}{3^n}}$

$$=\lim_{n\to\infty}\frac{n^n}{3(n+1)^n}=\lim_{n\to\infty}\frac{1}{3\left(1+\frac{1}{n}\right)^n}=\frac{1}{3e}<1;$$

根据比值判别法原级数收敛.

(4) 参考教材 P64 页［例 9-4］.